CAILIAO LIXUE
（JIANMING BAN）

最新规范

材料力学（简明版）

主　编　邓建华　刘益军

副主编　石东艳　张　煜　王功琴　王文星

参　编　江　山　杨　露　杨秀清

主　审　王玲玲

重庆大学出版社

内容提要

本书系统阐述了材料力学的基本理论及计算方法。不同于国内多数教材按拉伸、压缩、弯曲、扭转等变形方式进行分类讲解的传统模式，本书从内力、应力和变形的角度展开叙述，其理论体系与材料服役时对强度、刚度和稳定性的要求相契合；同时兼顾了强度理论、变形计算、超静定结构、压杆稳定、能量法及动应力分析等核心内容，力求在保持简洁表述的前提下，帮助读者深入理解材料的力学行为。此外，本书还对弹性与塑性本构理论进行了简要介绍，并展示各向异性本构模型在FRP复合材料分层预测中的应用实例。针对颈缩现象，本书扩展讨论了大变形状态下颈缩截面轴向平均应力与材料真实强度的不等价性，并引入了Bridgman效应修正理论。

本书适用于土木工程等专业的本科生、工程技术人员，同时也是结构分析、设备设计及材料研究领域的参考资料。

图书在版编目（CIP）数据

材料力学：简明版／邓建华，刘益军主编.
重庆：重庆大学出版社，2025. 6. --（高等学校土木工程本科教材）. -- ISBN 978-7-5689-5292-7
Ⅰ. TB301
中国国家版本馆 CIP 数据核字第 2025M8N490 号

材料力学(简明版)
CAILIAO LIXUE(JIANMINGBAN)

主　编　邓建华　刘益军
副主编　石东艳　张　煜　王功琴　王文星
参　编　江　山　杨　露　杨秀清
主　审　王玲玲

策划编辑：杨粮菊

责任编辑：谭　敏　　版式设计：杨粮菊
责任校对：谢　芳　　责任印制：张　策

*

重庆大学出版社出版发行
出版人：陈晓阳
社址：重庆市沙坪坝区大学城西路21号
邮编：401331
电话：(023)88617190　88617185(中小学)
传真：(023)88617186　88617166
网址：http://www.cqup.com.cn
邮箱：fxk@ cqup.com.cn(营销中心)
全国新华书店经销
重庆新荟雅科技有限公司印刷

*

开本：787mm×1092mm　1/16　印张：16.5　字数：410千
2025年6月第1版　　2025年6月第1次印刷
ISBN 978-7-5689-5292-7　定价：49.00元

前言

　　材料力学是一门研究物体在外力作用下力学行为的学科,它是工程学科中不可或缺的重要基础。无论是传统的土木工程、机械设计,还是新兴的航空航天、能源技术,材料力学都为我们提供了理解和分析材料力学性能的科学工具。材料力学是设计和优化各类工程结构的关键。随着科技的不断进步,材料力学的研究不仅在理论上取得了重要突破,也在工程实践中发挥了越来越重要的作用。

　　本书的编写基于贵州大学力学教研室多年教学与实践的积累,力求做到内容的系统性、逻辑性和实践性相统一。在内容安排上,教材较全面地覆盖了材料力学的基本知识和核心内容,从基本的内力分析、应力与应变的基本概念,到复杂的超静定结构、能量法及动应力分析等问题,逐步引导学生深入理解材料在各种复杂条件下的力学行为。

　　本书第1章主要介绍材料力学的研究任务、发展历史、研究对象以及基本假设。通过对这些基础知识的讲解,帮助学生从宏观上理解材料力学的学科框架。第2章至第3章,分别介绍了内力分析与内力图的绘制、应力的概念及其分析方法;讲解了如何在不同加载条件下,计算和分析构件内部的应力分布,从而为后续的强度分析打下基础。第4章详细讨论了应力状态与强度理论,讲解了不同应力状态下材料的强度条件与本构模型,使学生能够理解在复杂应力状态下材料的破坏机制。第5章至第7章,则主要围绕变形、刚度、超静定和压杆稳定性进行讲解。在工程设计中,变形和刚度是重要参数,可判断结构变形与承载能力,超静定分析能解决多重约束下的力学问题,而稳定性分析不同于强度和刚度分析,对工程设计至关重要。第8章讲解了能量法的基本原理。能量法是一种非常有效的分析方法,适用于求解超静定结构和复杂力学问题。第9章着重讲解了动应力分析,主要介绍了构件在运动过程中的动应力变化,冲击荷载下的应力分布以及疲劳破坏的分析方法,这对于实际工程中动态荷载的处理至关重要。最后,第10章介绍了截面几何性质的分析方法,包括静矩、形心位置、惯性矩等内容。这些几何性质是结构设计中不可忽视的因素。

本书的编写力求在系统性与应用性之间找到平衡。每一章末都配有对应的习题,旨在帮助学生更好地理解和掌握所学知识。此外,书中还简单介绍了弹性本构与塑性本构的基本理论,在 4.8 节中通过各向异性本构的实例分析,展示了本构模型在解决实际问题中的应用价值。单轴拉伸和压缩试验是研究材料力学行为最基础的实验方法之一,本书在 4.9 节中针对金属的颈缩现象进行了分析,阐述了工程中采用平均应力概念分析在大变形情况下容易引入较大误差,启发读者辩证地应用理论,并了解其应用范围和局限性。

本书由贵州大学力学教研室组编,其中第 1、4、8、9 章由刘益军编写,第 2、3 章由杨露、石东艳、邓建华编写,第 5、10 章由邓建华、王文星、张煜编写,第 6、7 章由王功琴、杨秀清、邓建华编写。本书图片由江山绘制,习题由王玲玲执笔。全书由刘益军统稿,邓建华校核。

本书不仅适用于本科生的学习,也可作为研究生和工程技术人员的参考书。由于编者水平有限,书中难免存在错漏之处,衷心希望读者批评指正。

编　者

2025 年 1 月

目录

第 1 章
绪 论

1.1 材料力学的任务

工程结构或机械通常是由不同的元件组合而成的,这些元件统称为构件(或零件)。例如建筑物的梁和柱、机床的轴和齿轮等,如图 1.1 所示。

(a)梁

(b)柱

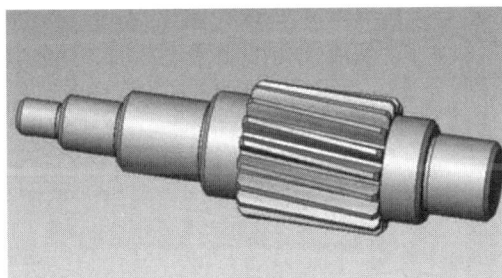

(c)轴

(b)齿轮

图 1.1　常见的构件

构件在使用过程中可能会受到各种形式的力的作用。例如办公楼在使用中可能会受到风荷载、雪荷载、自身重力荷载的作用,也有可能受到地振动荷载的作用。机械中的轴承会受到支持反力的作用,齿轮之间存在啮合力,机械和结构物在承受外荷载的作用时,为了保证整体能够正常工作,局部的构件必须保证能够正常工作。而构件在外荷载作用下能够保证正常工作,则需要构件具备足够的承载能力。承载能力首先需要满足构件不至于被破坏,即需要足够的强度;其次构件的变形不能超过工程允许的范围,即需要足够的刚度;最后一些细长的构件受到较大轴向压力作用时会偏离原来工作的平衡位置,从而丧失工作能力,因此需要足够的稳定性,如图1.2所示。但对一些有特殊要求的构件,例如车上的缓冲弹簧,机床的隔振装置,要求有较大的变形来减小振动。因此设计中要根据各构件的作用来确定其形状、尺寸和选用合适的材料。

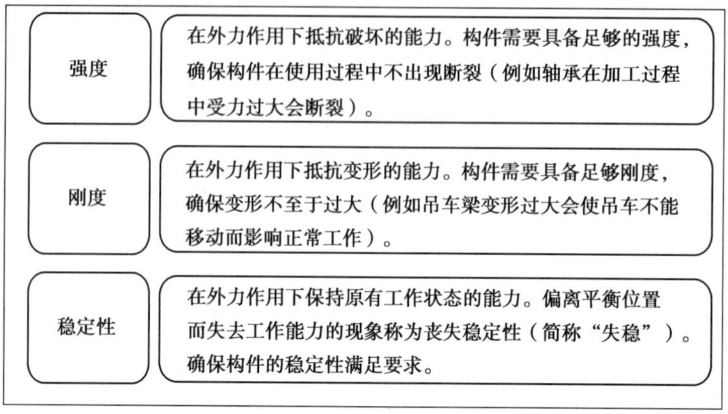

强度	在外力作用下抵抗破坏的能力。构件需要具备足够的强度,确保构件在使用过程中不出现断裂(例如轴承在加工过程中受力过大会断裂)。
刚度	在外力作用下抵抗变形的能力。构件需要具备足够刚度,确保变形不至于过大(例如吊车梁变形过大会使吊车不能移动而影响正常工作)。
稳定性	在外力作用下保持原有工作状态的能力。偏离平衡位置而失去工作能力的现象称为丧失稳定性(简称"失稳")。确保构件的稳定性满足要求。

图1.2 构件在外荷载作用下能够保证正常工作能力的要求

构件的承载能力需要满足上述的强度、刚度、稳定性的要求,除了需要针对构件的几何特征进行设计外,构件所采用的材料也是一个关键因素。例如,在进行办公楼梁构件的设计时,除了要满足梁构件需要具备一定的高度和宽度之外,组成梁构件的混凝土、钢筋材料也需要重点考量。实际上构件是由材料构成的,研究构件的承载力很大程度上需要研究材料的力学性质。不同的材料在变形、破坏等方面呈现出来的力学性质不一样,例如混凝土偏脆性破坏,而钢筋是一种塑性材料,偏塑性破坏。因此在构件设计过程中需要充分考虑材料的力学行为。材料的力学性质,必须由实验来测定;理论研究的结果需要通过实验进行验证;很多实际的工程问题,尚无理论结果,必须借助于实验方法来解决。因此,理论研究和实验分析都是完成材料力学的任务所必须的重要方法。可以说,材料力学是一门理论与实验并重的学科。此外,经济性也是构件设计需要考虑的因素,在上述要求都满足的条件下,应通过材料力学的方法进行计算,尽量采用经济性的设计以降低成本,达到最优化的结果。同时,在设计过程中如果涉及绿色环保等要求,也需要在满足上述要求的前提下进行综合设计。

1.2 材料力学发展历史简述

材料力学是一门与人类生产活动联系十分密切的学科。人类因为生产生活的需要推进了材料力学理论的发展,而理论的发展能够指导人类的生产实践,人类生产力水平的不断提升推动了材料力学新的研究课题产生,又促进了学科的不断发展。

从古代人类建造房屋开始,人类就有意识地总结材料力学方面的知识。例如人类很早就认识到石具具有较好的抗压强度,我国隋朝的工匠李春主持修建的赵州桥就是极其优秀的代表,图1.3所示为赵州桥。

图 1.3 赵州桥

坝陵河大桥是 G60 上海至昆明高速公路贵州境内的一座大桥,跨越坝陵河大峡谷。主桥采用双塔单跨钢桁架悬索桥,主跨跨径为 1 088 m,全长为 2 237 m,桥面与水面的距离为 370 m,是世界首座山区峡谷千米级跨径桥梁,如图 1.4 所示。桥梁的建造主要利用了钢索具有较高抗拉强度的特性。

图 1.4 坝陵河大桥

此外,自然界中的竹材也具有较好的抗拉强度。《华阳国志》记载:秦朝蜀郡太守李冰在成都的都江和检江上建造了 7 座桥,其中的笮桥就是竹索桥。四川安澜索桥是一座典型的竹索桥,竹索桥充分发挥了材料的抗拉伸性能,如图 1.5 所示。

图 1.5 安澜竹索桥

在木结构的建造方面,我国宋代的李诚在其著作《营造法式》中提出了矩形梁截面的高宽比为3:2,近似于材料力学强度设计需满足$\sqrt{2}:1$与刚度设计需要满足$\sqrt{3}:1$的合理截面设计要求。在木塔的设计方面,我国也取得了辉煌的成就,建于公元1056年的应县木塔总高为67.13 m,底部直径为30 m,是国内外现存最大的木塔建筑,如图1.6所示。

图1.6 应县木塔

在中世纪,随着文艺复兴以及工业革命的推进,材料力学逐渐从经验总结发展成为一门比较系统的科学。伽利略于1638年发表了《关于两种新科学的叙述及其证明》一书,通常被认为是材料力学开始形成一门科学的标志。伽利略提出了梁中性层计算的假定来研究梁的弯曲问题,虽然与实际的结果相差较大,但伽利略为后来人们采用数学方法计算梁截面提供了思路参考。同时,伽利略采用实验与理论分析相结合的方法进行科学研究,也为后来学者的研究指明了科学问题研究方法。

胡克在1678年基于实验观察提出了材料力学中一个重要的定理——胡克定律,即弹性变形与外力成正比的关系。胡克定律构建了线弹性体的弹力与变形之间的桥梁,具有重要的理论价值和应用价值。欧拉在1744年提出了细长压杆欧拉稳定公式,解决了稳定性计算的问题。在经历了多次较为严重的由于失稳而引起的安全事故之后,人们才意识到设计中除了要满足强度和刚度的要求外,还需要满足稳定性要求,压杆稳定问题才在工程设计中被考虑。可见人们对于结构构件的承载力要求是一个不断认识和完善的过程。

19世纪以来,随着生产的迅速发展,人们发现一些构件需要承受随时间而交替变化的外力的作用,从而促进了对材料疲劳破坏的研究。同时,某些构件长期在有腐蚀的环境中工作,这就涉及材料的环境力学研究。此外,高层和大跨结构的建设,大型水利工程的建造,动力和机械设备的制造,航空航天事业的推进和发展,都会推动材料和冶金工业的发展,以提供高强、高韧、耐高温等符合服役要求的材料,并针对这些高性能的材料进行材料力学行为的进一步研究。

近些年来,仿生类材料引起了人们的研究兴趣,这些材料往往具有特殊的结构,从而具有较高的强度、较低的比重,以及优异的抗冲击性能。如珍珠母的"砖块-灰石"结构,如图1.7(a)所示,可以将其组分的韧性提升上千倍,同时可以保留其材料的强度。螳螂虾内的Bouligand结构,每层相对于相邻层扭转特定角度,这种结构特征也能显著地增强结构的韧性,如图1.7(b)所示。

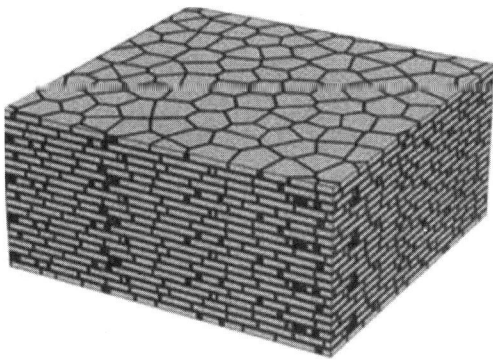

（a）珍珠母的"砖块-灰石"结构　　　　（b）螳螂虾内的Bouligand结构

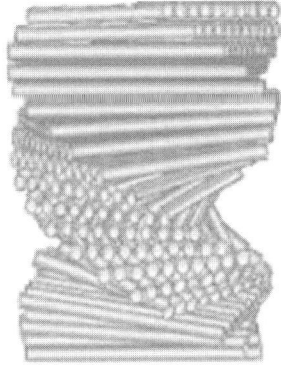

图 1.7 仿生类材料结构示意图

1.3 材料力学的研究对象

材料力学的研究对象是构件,工程上的构件根据其空间几何特征的不同可以归纳为杆、板、壳和块体四大类。其几何形状以及结构尺寸有所区别,如图 1.8 所示。

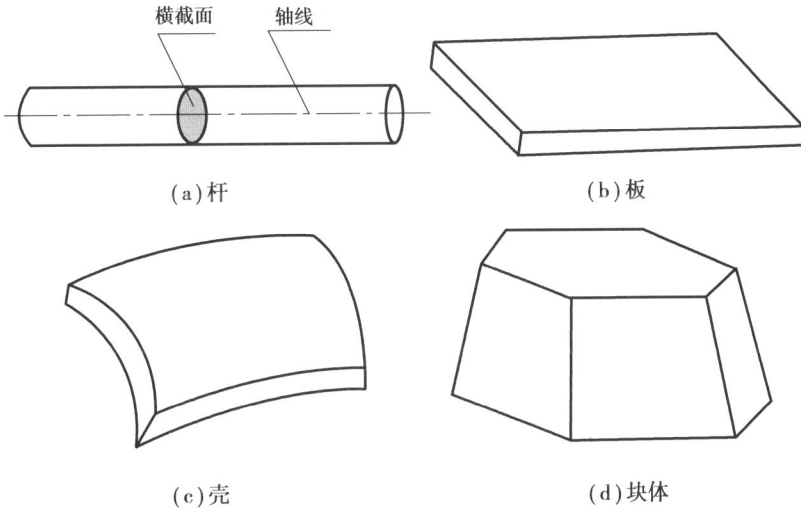

（a）杆　　　　　　　　　　（b）板

（c）壳　　　　　　　　　　（d）块体

图 1.8 构件根据其空间几何特征的分类

不同构件的几何特征见表 1.1,其中核电站的外层保护结构一般是壳体结构,水利水电站结构一般为块体结构,建筑结构中的楼板属于板结构,这些结构一般在弹性力学或高等材料力学中进行研究,有些也使用有限元方法进行研究。材料力学主要研究的是杆件结构。

如图 1.8(a)所示,杆件的两个主要几何因素是横截面和轴线,横截面与杆件的轴线是相互垂直,其中所有横截面形心的连线称为杆的轴线,垂直于轴线方向的截面为横截面。

表 1.1　不同构件的几何特征

构件	几何特征
杆件	纵向(长度方向)尺寸远大于横向(垂直于长度方向)尺寸的构件
板	厚度方向的尺寸远小于其他两个方向的尺寸,中面(平分厚度的曲面)为平面的这类构件
壳	厚度方向的尺寸远小于其他两个方向的尺寸,中面(平分厚度的曲面)为曲面的这类构件
块体	长、宽和高 3 个方向的尺寸相差不多的构件

其中,杆件也可以按照轴线和截面进行划分,见表 1.2,而在材料力学中研究得较多的是等直杆,即为等截面的直杆。

表 1.2　杆件的类别

类别	轴线特征
直杆	轴线为直线的杆件[图 1.9(a)、(b)、(c)]
曲杆	曲杆——轴线为曲线的杆件[图 1.9(d)、(e)]
类别	截面特征
等截面杆	各横截面的形状、大小均相同的杆件[图 1.9(a)、(d)]
变截面杆	各横截面的形状、大小不相同的杆件[图 1.9(b)、(e)]

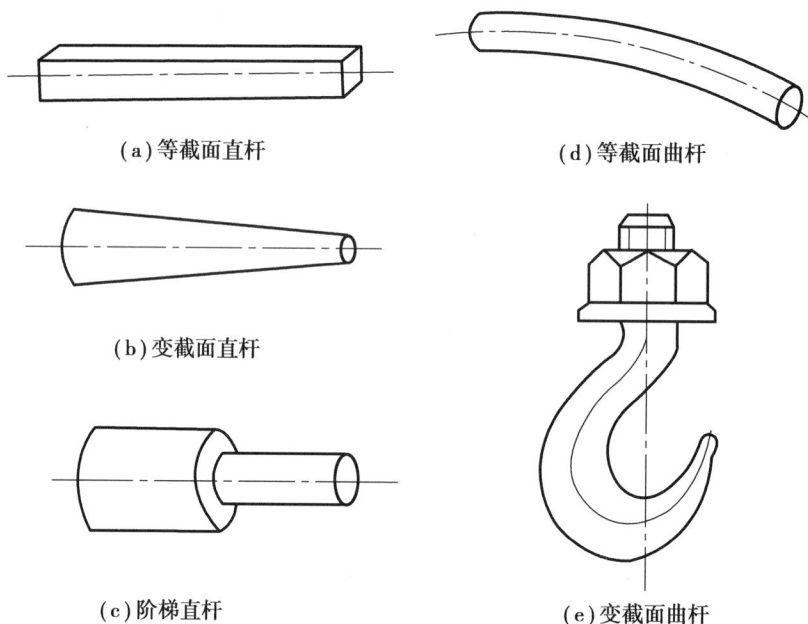

(a)等截面直杆　　　　　　(d)等截面曲杆

(b)变截面直杆

(c)阶梯直杆　　　　　　(e)变截面曲杆

图 1.9　构件根据其轴线和截面进行的分类

1.4　材料力学的基本假设

制作构件材料的物质在外力作用下都会发生不同程度的变形,因而这些材料称为可变形的固体材料,简称材料。

实际材料的性质是十分复杂的,而在针对复杂材料的科学研究中,一般将所研究材料的次要性质予以忽略但又不失去其本质特征,只保留物体的主要性质,从而建立了理想化的模型。这样将使研究工作大大简化。例如在理论力学研究中的刚体假设,理想约束假设等。同样,在材料力学的研究中,对可变形固体也有如下基本假设:

连续性假设 认为物体是密实的,构件的整个体积内充满了物质,材料之间无间隙。而实际的工程材料并非密实的,例如混凝土结构就包含了空隙,但是由于其尺寸相对于混凝土结构宏观的尺寸较小,对计算结果影响不大,因此在计算中可以忽略不计。

均匀性假设 认为物体的力学性质不随物质点的坐标改变而改变,即构件内各点的力学性质一致。实际工程材料在微观尺度上并非均匀,例如金属的晶粒在微观尺度排列上具有随机性,同时性能可能也有所区别。但是在宏观尺度上由于统计的平均,构件内各点的力学性质可以认为与位置坐标无关。

各向同性假设 认为物体内各点处沿各个方向的力学性质是相同的。常见的金属材料即可认为是各向同性假设,但从实际微观尺度上看,晶粒的取向不同可能造成各向同性假设不成立,同理在宏观尺度上由于统计的平均,并不表现其方向性的特征,而满足各向同性假设。

常见的木材和竹材并不满足各向同性假设,其属于各向异性材料,例如木材的横纹和纵纹力学性质具有较大的差异。还有目前应用较多的纤维增强复合材料(如碳纤维增强树脂基复合材料、玻璃纤维增强树脂基复合材料、凯夫拉纤维增强树脂基复合材料)也属于各向异性材料,各向异性材料属于复合材料力学的研究范围。而材料力学的主要研究对象为各向同性的可变形杆件。

材料力学中所研究的构件在外荷载作用下会产生变形,一般情况下可以认为构件在外荷载作用下的变形较小,其量级远小于构件尺寸的量级。因此可以认为构件变形前与变形后的尺寸近似一致,从而在列静力学平衡方程时可以按照构件的原始尺寸进行计算,即满足小变形假设,在进行几何关系研究时,可以采用等价无穷小,例如 $\theta \approx \tan\theta, \theta \approx \sin\theta$,从而简化计算分析过程。

工程上所用的材料(如 Q235 钢),当外荷载的大小不超过其比例极限时,卸载时,构件可以恢复原来的形状(不产生任何变形),当外荷载继续增加时,卸载后,构件只能部分地恢复原来的形状,而残留部分的变形不能消失,其中可以恢复的部分变形称为弹性变形,卸载后不能恢复的变形称为塑性变形。如果构件的外荷载的大小不超过其比例极限,所产生的变形全部为弹性变形。构件在正常工作时其外荷载的大小不能超过弹性极限,如果构件产生塑性变形,通常认为构件不满足工作需要,因此在设计时一般也限于线弹性设计。

1.5 几个基本原理

为便于分析材料力学问题,除上述若干基本假定外,材料力学研究常采用下述 3 个基本原理。

(1)叠加原理

材料力学研究的变形多限于线弹性小变形范围,此范围内变形与外荷载呈线性映射,故构件受合荷载产生的变形,可视为各单独荷载所致变形的叠加。不仅变形遵循叠加原理,应力、内力、支座反力等其他与外荷载呈线性关系的物理量,也满足该叠加原理。

例如,构件受复杂外荷载时,直接求变形较难,可将其分解为若干基本简单荷载,分别算出各简单荷载作用下的变形,再叠加,能大幅简化分析。如图 1.10(a)所示的梁受到了集中力、均布荷载、集中力偶的作用,跨中点的位移可以认为是由图 1.10(b)、图 1.10(c)、图 1.10(d)单独作用时跨中点位移的叠加。同样,支座反力、应力、内力也满足类似的叠加原理。

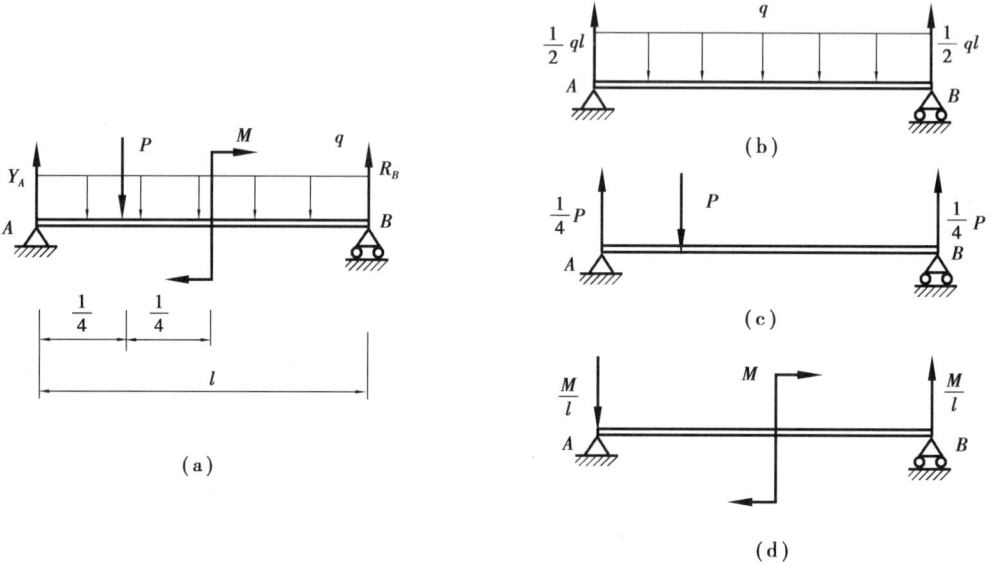

图 1.10　叠加原理示意图

需注意,若某物理量与外荷载不满足线性映射关系,叠加原理就不可用。如弯曲应变能与外荷载呈非线性关系,因此在计算图 1.10(a)中的弯曲应变能时就不能使用叠加原理。

（2）刚化原理

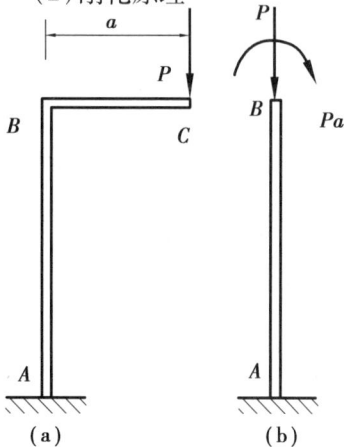

图 1.11　刚化原理简化示意图

理论力学基于刚体假设开展研究,材料力学虽以变形体为研究对象,但在特定情形下,若不影响结构其余部分受力、变形与整体平衡,变形体可简化成刚体以简化分析过程。例如在图 1.11(a)中为了研究 AB 端杆件的变形与应力状态时,可以将 BC 端视为刚体,运用理论力学中力系的简化原理,可以得到如图 1.11(b)所示的主矢与主矩。图 1.11(a)与图 1.11(b)力系对于 AB 杆的作用效果是等效的。需注意,用刚化原理简化时,构件所受作用效果须前后等效,如果在图 1.11(b)上将荷载 P 继续向 BA 轴线方向移动,虽力系等效,但会改变 AB 轴向受力状态,故不等效。

（3）圣维南原理

法国力学家圣维南（Adhémar Jean Claude Barréde Saint-Venant）针对平面应力与平面应变问题,提出一种边界条件简化原理:用静力等效力系替换弹性体小部分边界上原有力系时,仅边界附近应力分布显著改变,远处各点应力几乎不受影响。

如图 1.12 所示的轴向受力构件,虽然(a)、(b)、(c)3 种端部的约束不同,根据圣维南原理,端部的小区域应力可能因受到影响而有所区别,但是(a)、(b)、(c)远离端部的中间区域 *AB* 的应力和应变可认为近似相等。因此这些构件可统一抽象为拉杆的力学模型,如图 1.12(d)所示。

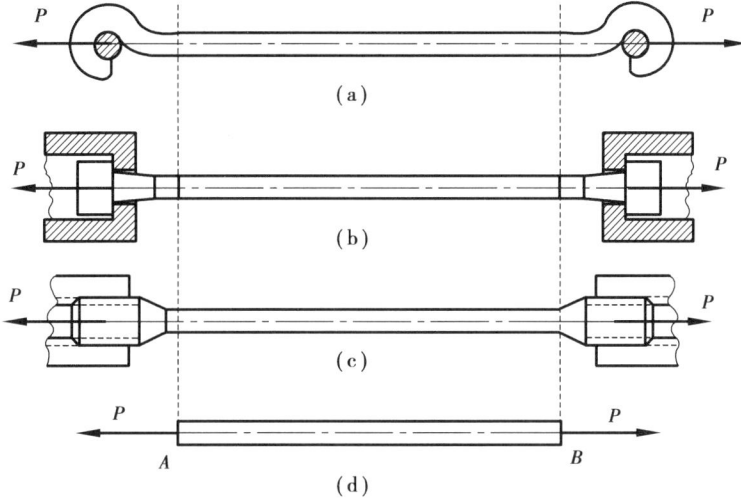

图 1.12 边界条件简化示意图

1.6 外力 内力 变形

1. 外力

构件上的外力包括荷载与约束反力,荷载大小和方向通常已知,约束反力需经计算确定。荷载按照作用时间可以分为**静荷载**和**动荷载**:静荷载指作用在结构或构件上,大小、方向和作用点不随时间变化的荷载,这类荷载通常由结构自身重量、固定设备等产生;**动荷载**指作用大小与方向随时间变化的荷载,如冲击荷载(短时间急剧变化)、循环荷载(随时间周期性改变)。按照作用范围,常见的荷载的种类包括均布荷载、三角形分布荷载、一般分布荷载、集中荷载,见表 1.3。

表 1.3 荷载的种类

荷载种类(按作用范围分类)	特征	
均布荷载		如图所示,荷载均匀分布,合力的大小为 qa,作用点在矩形的形心 c 处。

续表

荷载种类(按作用范围分类)	特征	
三角形分布荷载	$\dfrac{2}{3}a$ $\dfrac{1}{3}a$ a	如图所示,荷载三角分布,其合力的大小为 $\dfrac{1}{2}qa$,作用点在三角形的形心处。
一般分布荷载	$q(x)$ c x	分布如图所示,其合力的大小为曲线围成的面积,作用点在其形心处。
集中荷载	q P M	当荷载的作用范围与构件尺寸相比可以忽略不计时,可以简化为集中力或者集中力偶。

材料力学中的约束与理论力学的约束基本一致,常见的约束包括铰支、滚动支座、固支3种约束形式,如图1.13所示。

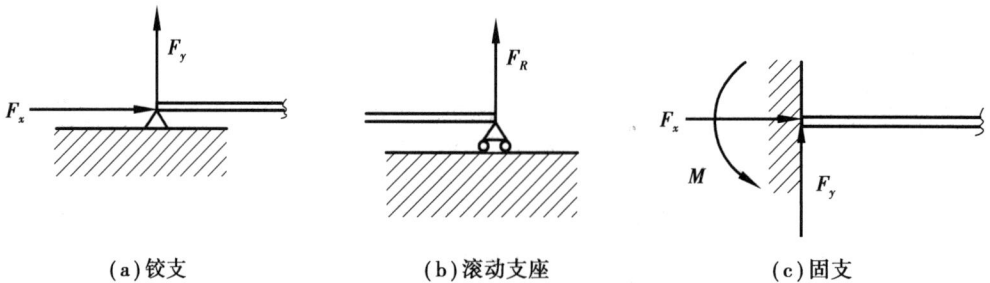

(a)铰支   (b)滚动支座   (c)固支

图 1.13　约束形式

与理论力学类似,荷载大小和方向一般已知,约束反力需计算确定:静定问题用静力平衡条件求解,超静定问题则要建立相应的补充方程才能求解。

为便于分析,工程结构与构件常采用适当简化得计算简图,分析时抓主要矛盾、略次要矛盾,以满足计算精度要求。图 1.14(a)可简化为受集中荷载的简支梁;图 1.14(b)可简化为受集中荷载的外伸梁;图 1.14(c)可简化为悬臂梁。将实际工程问题抽象为计算简图时,需注意约束与实际相符,因约束定义错误可能导致计算出现较大误差,分析时应留意。

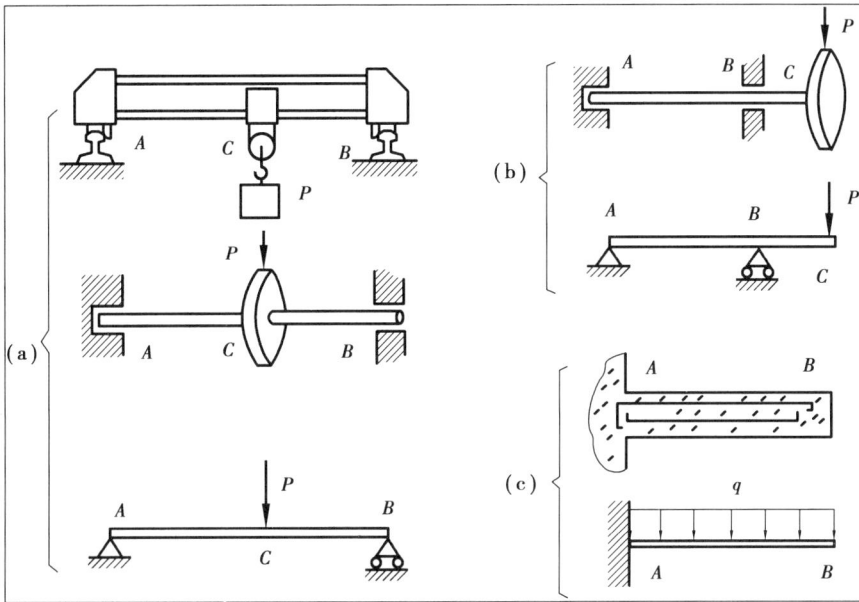

图 1.14　工程结构与构件的计算简图

2. 内力

构件在外荷载下会变形,其内部质点因相对位置改变而产生相互作用力。工程上把这种因外力引起的构件内部各部分之间的相互作用称为构件的内力。内力随外力增减而变,内力过大时,构件可能发生塑性变形乃至破坏,在材料力学分析里,内力分析是关键的计算环节。

如图 1.15(a)所示是某个受力体构件受到外荷载作用,为了显示和计算某个截面的内力,可在该截面处用一假想的平面 m-m 将构件分成两部分。其中 A 部分在外力 F_1、F_k 以及截面内力主矢 F_{RC} 和主矩 M_c 作用下维持平衡;同理,B 部分在外力 F_{k+1}、F_n 以及截面内力主矢 F'_{RC} 和主矩 M'_c 作用下维持平衡。其中,内力主矢 F_{RC} 和主矩 M_c 与内力主矢 F'_{RC} 和主矩 M'_c 大小相等,方向相反,通过向坐标轴投影可以列出如下平衡方程:

$$\begin{cases} \sum F_x = 0, \sum M_x = 0; \\ \sum F_y = 0, \sum M_y = 0; \\ \sum F_z = 0, \sum M_z = 0。 \end{cases} \quad (1.1)$$

3. 变形

杆件因外荷载的位置、大小与方向各异,致使其变形多样,构件变形可分为 4 种基本形式,见表 1.4。工程中单纯一种变形少见,多为拉伸/压缩、弯曲、扭转、剪切这 4 种基本变形的不同组合,即**组合变形**。如弯曲与拉伸/压缩组合变形、弯曲与扭转的组合变形等,组合变形的分析也是基于基本变形而进行的。

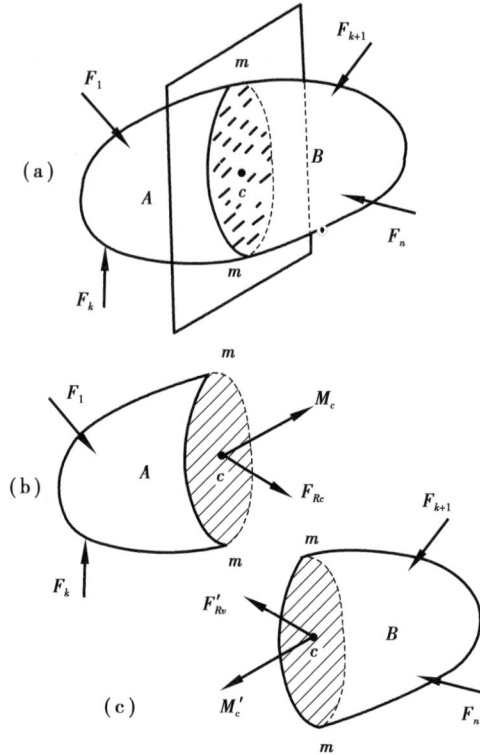

图 1.15 受力体构件在外荷载作用下的内力示意图

表 1.4 变形的基本形式

构件变形形式	特征
轴向拉伸或压缩	杆件的两端承受沿轴线方向的外力,杆件将沿着轴向产生拉伸或压缩变形,如图 1.16(a)所示。
扭转	杆件上作用于垂直于轴线平面的外力偶,使杆的相邻横截面绕轴线发生相对转动,轴线依然为直线,如图 1.16(b)所示。
弯曲	外力或外力偶作用于杆件的纵向平面,导致杆轴线的曲率发生改变,轴线变为曲线,如图 1.16(c)所示。
剪切	杆件受大小相等、方向相反的两个横向力作用,当两力作用线间距离较小时,两力作用线之间的横截面将沿外力作用方向相对错动。这种变形式称为剪切,如图 1.16(d)所示。

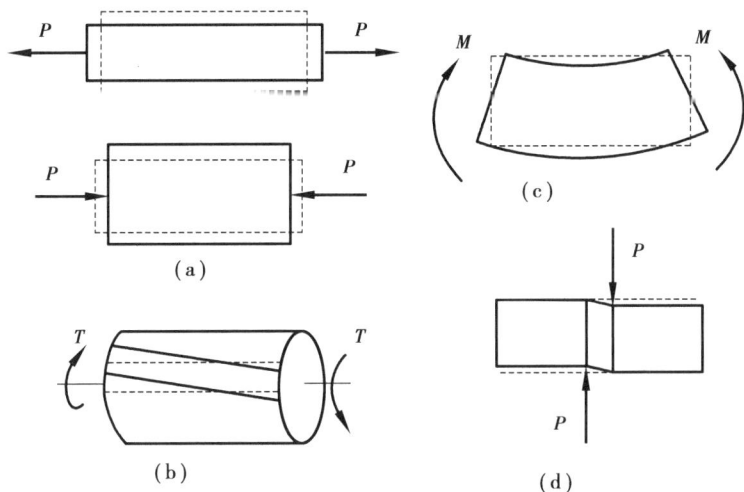

图 1.16　变形基本形式的示意图

1.7　应力和应变概念　胡克定律

1. 应力

构件受到外荷载的作用,杆件的内力可以利用截面法求得,当截面的内力大小达到一定的极值时,构件将会破坏。但是仅仅知道构件的内力并不能完全有效地预测构件的危险程度,例如粗细不同的两根杆件受到相同的轴向拉伸荷载作用时,两根杆件任意截面的内力虽然都是一样的,但是细杆较粗杆更加容易破坏。因此研究构件的强度问题除了需要考虑截面的内力,还需要同时考虑截面的几何性质。在此引入了应力的概念。定义应力为某点的内力分布集度,如图 1.17(a)所示。

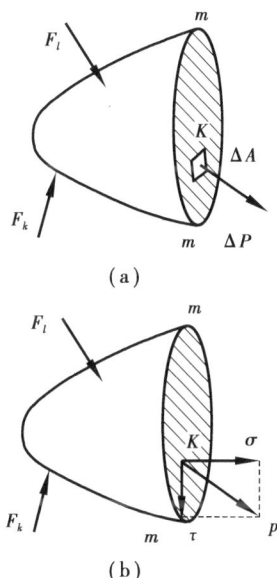

$m\text{-}m$ 截面上的微元面积为 ΔA,则 ΔA 上的平均应力为

$$P_m = \frac{\Delta P}{\Delta A} \qquad (1.2)$$

其中,ΔP 为 ΔA 上分布内力的合力。当 ΔA 趋近为零时,则有

$$P_m = \lim_{\Delta A \to 0} \frac{\Delta P}{\Delta A} \qquad (1.3)$$

此时应力趋向于某个极限,即该点的实际的应力大小,单位为帕斯卡或简称为帕(Pa),$1\ \text{Pa} = 1\ \text{N/m}^2$,$1\ \text{MPa} = 10^6\ \text{Pa}$,$1\ \text{GPa} = 10^9\ \text{Pa}$。$P_m$ 为 K 点的总应力,其方向一般既不与截面垂直,也不与截面相交,因此一般可以把 P_m 进行切向和法向的分解。其中法向的分量用 σ(正应力)表示,切向应力用 τ(切应力)表示,很显然,σ 是由于荷载 P_m 的法向分量引起的,τ 是由于荷载 P_m 的切向分量引起的。

图 1.17　应力分布示意图

正应力和切应力的正负规定为:正应力背离截面为正、指向截面为负;切应力使单元体发生顺时针转动为正,逆时针转动为负(相对观察者)。围绕某点截取一个正六面体的单元体,边长如图 1.18 所示。如图 1.19 所示,τ、τ'为正值,τ''、τ'''为负值。值得注意的是,此处应力的正负号仅仅是反映材料的变形,与列静力学平衡方程中的正负号是不同的,需要注意区分。

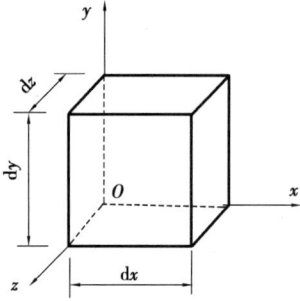

图 1.18　正六面体单元体

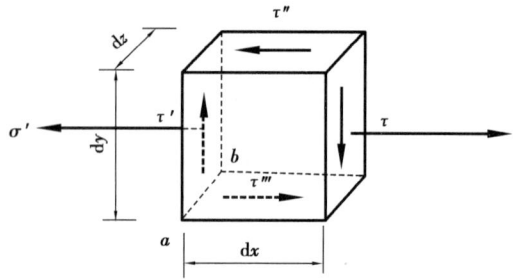

图 1.19　单元体上切应力分布示意图

通过静力学平衡方程很容易得到

$$\sum F_x = 0 \quad \sigma \mathrm{d}y\mathrm{d}z - \sigma' \mathrm{d}y\mathrm{d}z = 0 \tag{1.4}$$

从而有 $\sigma = \sigma'$,即平行截面的正应力相等。

此外,对如图 1.19 所示剪切应力列类似的平衡方程,可以得到

$$\sum F_y = 0 \quad \tau' \mathrm{d}y\mathrm{d}z - \tau \mathrm{d}y\mathrm{d}z = 0 \tag{1.5}$$

从而有 $\tau = \tau'$,即平行截面剪切应力大小相等。

同理对图 1.19 中 ab 边取矩

$$\sum M_{\overline{ab}} = 0 \quad (\tau \mathrm{d}y\mathrm{d}z)\mathrm{d}x - (\tau'' \mathrm{d}x\mathrm{d}z)\mathrm{d}y = 0 \tag{1.6}$$

从而有 $\tau = \tau''$,即单元体正交截面上的切应力同时指向(或同时背离)两截面的交线,大小相等,符号相反,称为切应力互等定理。

2. 应变

如前所述,微元体上作用有应力,则该微元体会产生变形,定义某点的变形程度为该点的应变。与应力类似,应变也分为正应变(或线应变)和切应变(或切应变)。

其中,正应变描述该点线变形的程度。如图 1.20(a)所示,A 点有正交的微小线段 $\overline{AB}$ 和 $\overline{AC}$,设 $\overline{AB} = \Delta x$,$\overline{AC} = \Delta y$。变形后沿 x 方向有伸长量 Δu,沿 y 方向有缩短量 Δv。定义

$$\left.\begin{aligned} \varepsilon_x &= \lim_{\Delta x \to 0} \frac{\Delta u}{\Delta x} = \frac{\mathrm{d}u}{\mathrm{d}x} \\ \varepsilon_y &= -\lim_{\Delta y \to 0} \frac{\Delta v}{\Delta y} = -\frac{\mathrm{d}v}{\mathrm{d}y} \end{aligned}\right\} \tag{1.7}$$

ε_x、ε_y 分别是 x,y 方向的线应变,一般约定以伸长为正,缩短为负。如图 1.20(b)所示,采用微元直角的改变量来描述切应变,用 γ 表示,在图中可以看出,此时 γ 的大小为 γ_{xy}。

3. 胡克定律

对于工程中常见的构件,实验研究表明,应力与应变之间存在一定的联系,在线弹性加载范畴内,应力-应变关系可通过胡克定律(Hooke's law)予以描述,此定律构建起应力与应变间的联系桥梁。通常假设正应力只引起线应变,而切应力只引起同一平面内的切应变,如图 1.21 所示。

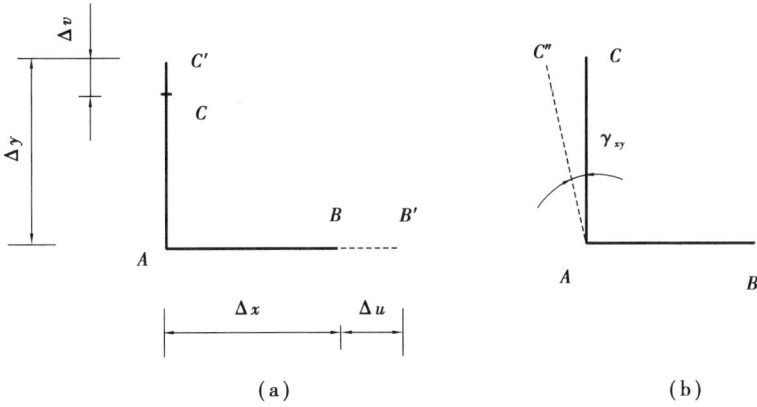

图 1.20　线应变与切应变示意图

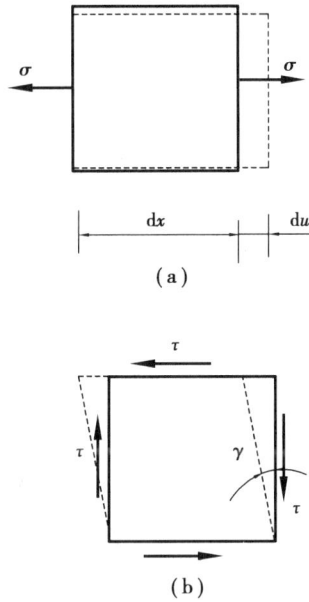

图 1.21　正应力与切应力对应变形示意图

$$\sigma = E\varepsilon \quad 或 \quad \varepsilon = \frac{\sigma}{E} \tag{1.8}$$

$$\tau = G\gamma \quad 或 \quad \gamma = \frac{\tau}{G} \tag{1.9}$$

其中比例系数 E 为材料的弹性模量或杨氏模量。E 的单位与应力单位相同,工程上一般采用 MPa 或 GPa。比例系数 G 为材料的剪切弹性模量。G 的单位与应力单位相同,常用 MPa 或 GPa。对于复杂应力状态的单元体,其应力-应变关系将被广义胡克定律代替。

第2章
内力 内力图

2.1 内力及其符号规定

工程中常有一些由杆件连接的结构,这些杆有直线杆、曲线杆等。当杆的轴线与外力在同一平面内时,称为平面问题;当杆的轴线与外力不在同一平面内时,称为空间问题。材料力学的分析计算以平面问题为主。

由于构件内部物质的连续性,截面上的内力具备连续分布的特性。将截面上的内力向该截面的形心 c 进行简化,可获得过 c 的内力主矢 F_{Rc} 和主矩 M_c,如图 2.1(a)所示。为计算方便,将主矢 F_{Rc} 和主矩 M_c 分别沿图示坐标系正交分解,得到主矢的 3 个分量 F_{Rx}、F_{Ry}、F_{Rz},如图 2.1(b)所示和主矩的 3 个分量 M_x、M_y、M_z,如图 2.1(c)所示。

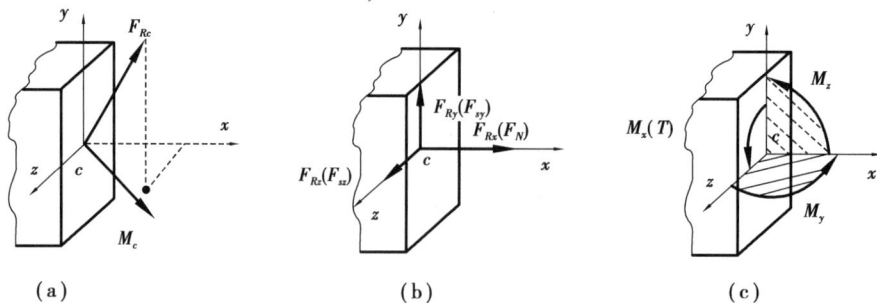

（a）　　　　　　　　（b）　　　　　　　　（c）

图 2.1 内力的简化与分解

在材料力学中根据杆件的变形形式可将这 6 个分量归纳为 4 种内力,并对 4 种内力都作了相关的符号规定。

1. 轴力

垂直于横截面且通过截面形心的内力分量 F_{Rx} 改用 F_N 表示,称为轴力。背离截面的轴力,称为轴向拉力,以正号表示;指向截面的轴力,称为轴向压力,以负号表示,如图 2.2 所示。

2. 扭矩

作用面为杆的横截面的内力偶矩 M_x 改用 T 表示,称为扭矩。扭矩正负号由右手螺旋定则确定;右手四指顺扭矩转向握住轴线,大拇指(矩矢)方向背离截面者为正号,反之为负号,如图 2.3 所示。

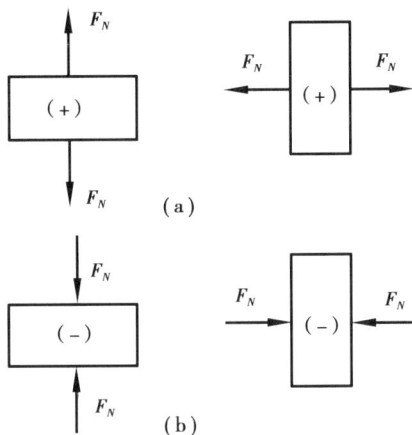

图 2.2　轴力正负号约定示意图　　　　图 2.3　扭矩轴力正负号约定示意图

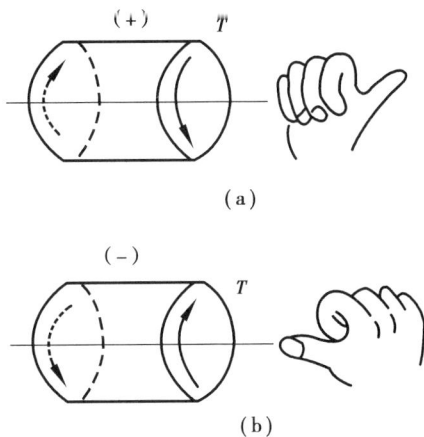

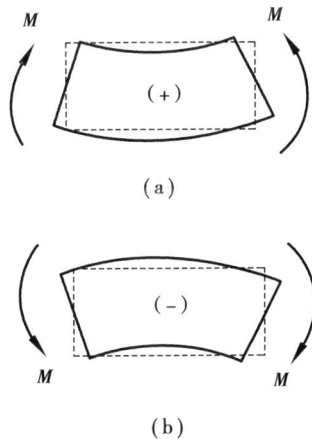

3. 剪力

作用线沿横截面切线方向,并过截面形心的两个内力分量 F_{Ry}、F_{Rz} 改用 F_{sy}、F_{sz} 表示,称为剪力。在平面问题中,只有一个方向的剪力,则脚标可以去掉,用 F_s 表示。剪力正负号规定使微杆段有顺时针转动趋势者为正号,反之为负号。如果是水平位置安放的梁,其横截面上的剪力 F_s 则可以用"左上右下为正"来记忆。而空间情况的剪力符号则将在弹性力学中进一步规定,如图 2.4 所示。

4. 弯矩

作用面平行于轴线的两个内力偶矩 M_y、M_z 仍用 M_y、M_z 表示,称为弯矩。在平面问题中,只有同一平面的弯矩,则脚标可以去掉,用 M 表示。对于水平位置安放的梁则规定使微梁段呈上凹下凸变形的弯矩符号为正,反之为负。

由此可以看出内力的符号与坐标轴的方向无关,只与杆件的变形有关,如图 2.5 所示。

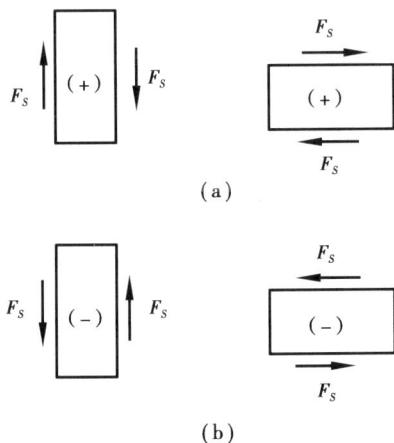

图 2.4　剪力正负号约定示意图　　　　图 2.5　弯矩正负号约定示意图

2.2　截面法求内力

材料力学通常用截面法求解杆的横截面上的内力。

设某构件如图 2.6 所示,构件在 n 个力作用下平衡,求 m-m 截面上的内力。用一个假想平面沿 m-m 把构件截成 A、B 两部分,A 部分上有 k 个外力作用,B 部分上有 n-k 个外力作用,这 n 个外力组成一个平衡力系。以 m-m 截面的形心 c 为该力系的简化中心,对图中所示的构件整体,可建立如下平衡方程:

$$\left. \begin{array}{l} \sum_{i=1}^{k} F_i + \sum_{j=k+1}^{n} F_j = 0 \\ \sum_{i=1}^{k} M_c(F_i) + \sum_{j=k+1}^{n} M_c(F_j) = 0 \end{array} \right\} \tag{2.1}$$

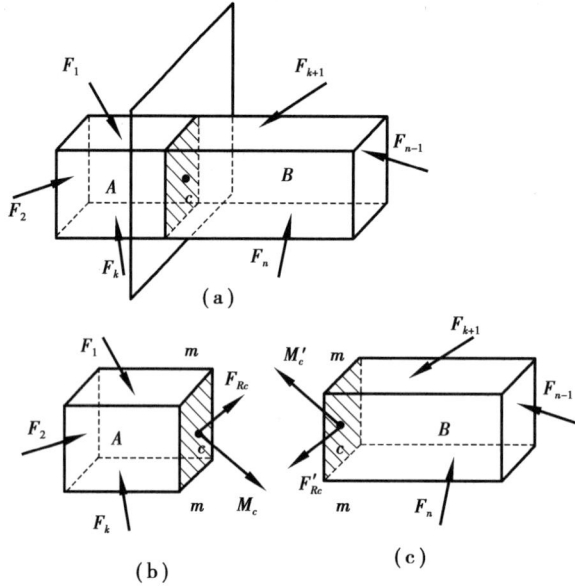

图 2.6　采用截面法求解杆件横截面内力的示意图

现以 m-m 截面左侧的 A 部分为研究对象,去掉的 B 部分对 A 部分的作用,可以由过 m-m 截面形心 c 的内力主矢 F_{Rc} 和主矩 M_c 代替,作出如图 2.6 所示的 A 部分受力图,根据平衡,可建立 A 部分所受力的平衡方程:

$$\left. \begin{array}{l} \sum_{i=1}^{k} F_i + F_{Rc} = 0 \\ \sum_{i=1}^{k} M_c(F_i) + M_c = 0 \end{array} \right\} \tag{2.2}$$

当 A 部分的 k 个外力已知时,可以求解 m-m 截面上的主矢 F_{Rc} 和主矩 M_c。

同理,如果以 B 部分为研究对象,去掉的 A 部分对 B 部分的作用,可以由过 m-m 截面形心 c 的内力主矢 F'_{Rc} 和主矩 M'_c 代替,作出如图 2.6 所示的 B 部分的受力图,根据作用力与反作用力定理可知,F_{Rc} 和 F'_{Rc} 互为作用力和反作用力,M_c 和 M'_c 互为作用力矩和反作用力矩。根

据 B 部分所有力的平衡方程:

$$\left.\begin{array}{l} \sum\limits_{j=k+1}^{n} F_j + F'_{Rc} = 0 \\[2mm] \sum\limits_{j=k+1}^{n} M_c(F_j) + M'_c = 0 \end{array}\right\} \qquad (2.3)$$

可以求解 $m\text{-}m$ 截面上的主矢 F'_{Rc} 和主矩 M'_c。

这种利用平衡条件求解内力的方法,称为平衡法。

比较式(2.1)、式(2.2),可以看出:

$$F_{Rc} = \sum_{j=k+1}^{n} F_j$$

$$M_c = \sum_{j=k+1}^{n} M_c(F_j)$$

即 A 部分 $m\text{-}m$ 截面上的内力主矢 F_{Rc} 和主矩 M_c 与 B 部分上外力静力等效。因此,直接由截面一侧的外力,也能求出截面上的内力,不必作受力图和列平衡方程,这种方法较平衡法简单,所以可称为简易法(或直接法)。

求解内力时,一般要先求出构件上的约束反力,经仔细校核无误后,按正确的方向画在图上,作为求解内力的已知条件。

下面具体介绍平衡法和简易法。

1. 平衡法

平衡法的分析计算过程,可以简化为 3 个字:截、代、平。

①截:用假想截面将构件沿所求截面处截成两部分,选取任一侧部分作为研究对象。

②代:用截面上的内力代替去掉部分的作用,作出研究对象的受力图(由于工程中大多数构件的受力不很复杂,可直接判断截面上有哪种类型的内力,不必将所有内力都画出)。

③平:由研究对象的平衡条件,列出相应的平衡方程,求解截面上的内力。

使用平衡法时,一般都按材料力学的规定将未知内力设为正方向,这样求解所得到的代数值符号与内力符号一致。

例 2.1　某直杆受力情况如图 2.7(a)所示,试求解指定 1-1、2-2 截面上的内力。

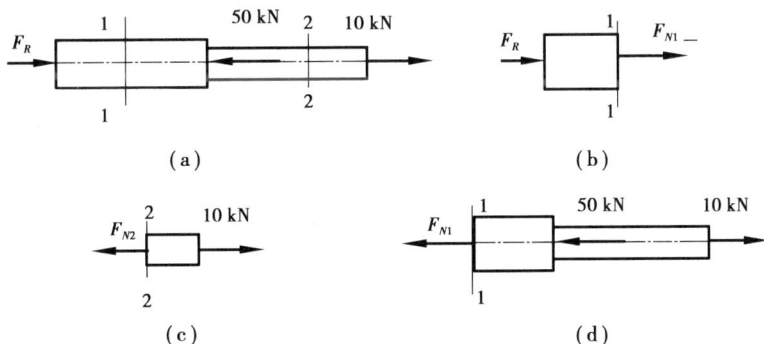

图 2.7　直杆受力图

解：

① 由静力平衡方程 $\sum F_x = 0$，可求得杆的固定端处反力

$$F_R = 40 \text{ kN}$$

按正确方向画在图2.7(a)中。

② 内力计算。由于杆上外力(包括荷载和反力)均沿杆的轴线，可以判定杆的横截面上只有轴力 F_N，其他类型内力均为零。

现以1-1截面左侧部分为研究对象，设1-1截面上的轴力 F_{N1} 为正，由图2.7(b)有

$$\sum F_x = 0 \quad F_{N1} + F_R = 0$$

$$F_{N1} = -40(\text{kN})$$

结果为负值，即1-1截面上有负的轴力，大小为40 kN，同时负号也说明图2.7(b)中 F_{N1} 的指向设反了。如果以1-1截面右侧部分为研究对象，仍设1-1截面上的轴力为正号。则受力图如图2.7(d)所示，有

$$\sum F_x = 0 \quad -F_{N1} - 50 + 10 = 0$$

$$F_{N1} = -40(\text{kN})$$

仍求得1-1截面上有负轴力(轴向压力)，大小为40 kN。因此无论以截面哪一侧为研究对象，都可求解截面内力。一般以外力简单易解，且不易出错的一侧为研究对象较好。对于本例而言，图2.7(b)较图2.7(d)简单，但需先计算 F_R，若 F_R 求解错误，将直接影响计算结果，而图2.7(d)外力均为已知，不易出错。因此解题时可综合考虑以上因素，没有固定的方法。

由以上考虑，现以2-2截面右侧为研究对象，设2-2截面上的轴力 F_{N2} 为正号，如图2.7(c)所示，有

$$\sum F_x = 0 \quad -F_{N2} + 10 = 0$$

$$F_{N2} = 10(\text{kN})$$

结果为正值，说明2-2截面上有正轴力(轴向拉力)，大小等于10 kN。

工程机械中的转轴、传动轴等构件，以传递扭转力偶矩为主。一般已知各齿轮传递的功率和转轴的转速，需转换为扭转力偶矩 M_e。轴的传递功率常以千瓦(kW)表示，写为 P，轴的转速为 $n(\text{r/min})$，由功率与力偶矩的关系式

$$P = M_e \omega = \frac{n\pi}{30} \quad M_e = \frac{30}{\pi} \frac{P}{n}$$

可得扭转外力偶矩的计算公式

$$M_e = 9.55 \frac{P}{n}(\text{kN} \cdot \text{m}) \tag{2.4}$$

例2.2 图2.8(a)所示转轴，转速 n 为300 r/min，主动轮 C 输入功率 $P_1 = 500$ kW，不计轴承摩擦消耗的功率，3个从动轮输出的功率分别为 $P_2 = 150$ kW，$P_3 = 150$ kW，$P_4 = 200$ kW。试求指定1-1和2-2截面上的内力。

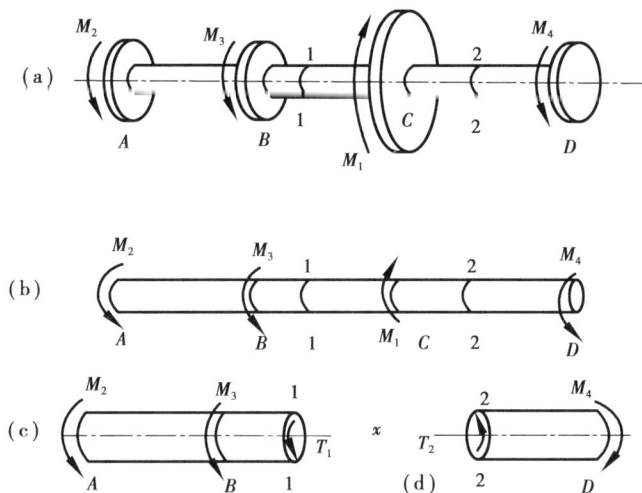

图 2.8 例 2.2 转轴受力图

解：

①计算轴上各轮传递的力偶矩，由公式(2.4)：

$$M_1 = 9.55 \frac{P_1}{n} = 9.55 \frac{500}{300} = 15.9 (\text{kN} \cdot \text{m})$$

$$M_2 = 9.55 \frac{P_2}{n} = 9.55 \frac{150}{300} = 4.78 (\text{kN} \cdot \text{m})$$

$$M_3 = M_2$$

$$M_4 = 9.55 \frac{P_4}{n} = 9.55 \frac{200}{300} = 6.37 (\text{kN} \cdot \text{m})$$

②以轴为研究对象，简化为图 2.8(b)所示的计算简图。

由于轴上荷载均为扭转力偶，所以轴的横截面上只有扭矩 T，其他内力为零。

以 1-1 截面左侧部分轴为研究对象，设 1-1 截面上的扭矩 T_1 为正号，作受力图如图 2.8(c)所示，列平衡方程(以轴线为 x 轴)

$$\sum M_x = 0 \quad T_1 + M_2 + M_3 = 0$$

$$T_1 = -(M_2 + M_3) = -(4.78 + 4.78) = -9.56 (\text{kN} \cdot \text{m})$$

结果为负值，说明 1-1 截面上的扭矩为负扭矩，实际方向与图中所设方向相反。

以 2-2 截面右侧部分轴为研究对象，设 2-2 截面上的扭矩 T_2 为正号，作受力图如图 2.8(d)所示，列平衡方程：

$$\sum M_x = 0 \quad -T_2 + M_4 = 0$$

$$T_2 = M_4 = 6.37 (\text{kN} \cdot \text{m})$$

结果为正值，说明 2-2 截面上有正扭矩，实际方向与图 2.8 中所设方向相同。

例 2.3 如图 2.9(a)所示简支梁，试求指定的 1-1、2-2 截面上的内力(图中 1-1 截面指无限接近 C 处并位于 C 左侧的截面，2-2 截面指无限接近 D 处并位于 D 右侧的截面)。

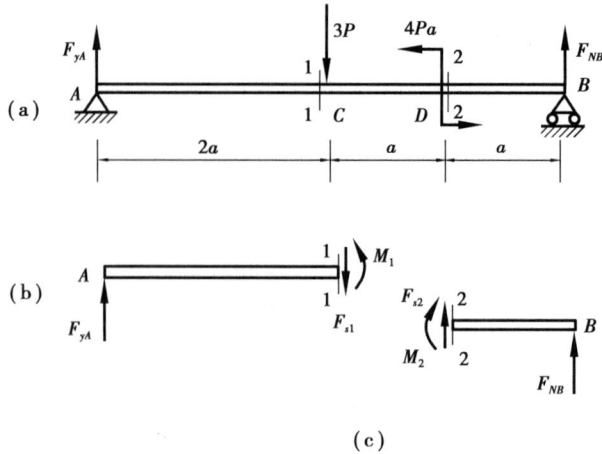

图 2.9　例 2.3 简支梁受集中荷载作用的内力分析示意图

解:

①计算支座反力。

$$F_{yA} = \frac{5}{2}P \quad F_{NB} = \frac{1}{2}P$$

校核无误后按正确方向画在图 2.9 上。

②计算内力。由于外力中没有沿梁的轴线方向的外力和作用面垂直于轴线的外力偶,因此可判断横截面上轴力 F_N 和扭矩 T 均为零。

以 1-1 截面左侧部分梁为研究对象,作受力图如图 2.9(b)所示。截面上有剪力 F_{s1} 及弯矩 M_1,均设为正号,列平衡方程:

$$\sum F_y = 0 \quad F_{yA} - F_{s1} = 0$$

$$F_{s1} = F_{yA} = \frac{5}{2}P$$

以 1-1 截面形心为矩心:

$$\sum M_c = 0 \quad M_1 - F_{yA} \cdot 2a = 0$$

$$M_1 = 5Pa$$

所得结果均为正值,说明 1-1 截面上有正剪力 $F_{s1} = \frac{5}{2}P$ 及正弯矩 $M_1 = 5Pa$。

以 2-2 截面右侧部分梁为研究对象,作受力图如图 2.9(c)所示,2-2 截面上有剪力 F_{s2} 及弯矩 M_2,均设为正号,列平衡方程:

$$\sum F_y = 0 \quad F_{s2} + F_{NB} = 0$$

$$F_{s2} = -\frac{1}{2}P$$

以 2-2 截面形心为矩心

$$\sum M_D = 0 \quad a \times F_{NB} - M_2 = 0$$

$$M_2 = \frac{1}{2}Pa$$

所得结果说明, 2-2 截面上有负剪力 $F_{s2} = -\dfrac{1}{2}P$ 及正弯矩 $M_2 = \dfrac{1}{2}Pa$。

由以上 3 例可以看出,用平衡法求截面上的内力时,一律将相关未知内力设为正,结果的正负号即为内力的正负号。若计算结果为正值,说明内力实际方向与假设方向一致;若计算结果为负值,说明内力实际方向与假设方向相反。

值得注意的是,按受力图列平衡方程求解未知内力时,应按静力学方法确定力的投影符号或力矩符号,而与材料力学中内力的符号规定无关,二者不要混淆。

2. 简易法(或直接法)

简易法是从静力等效的观点来分析计算杆的横截面上的内力。由前面的分析可知,截面一侧杆上所有外力对另一侧杆的截面形心的作用与该截面上的内力为静力等效。因而可以利用刚化原理和静力学中的合力投影定理、合力矩定理,直接求出截面上的内力。

(1)轴力

截面上的轴力等于该截面一侧所有外力在截面法线方向投影的代数和。为使所求得的轴力符合正负号规定,背离截面的外力为正;指向截面的外力为负。

如图 2.10(a)所示,欲求图中杆 $m\text{-}m$ 截面上的轴力时,可假想用白纸沿 $m\text{-}m$ 截面处将杆的一部分覆盖,如图 2.10(b)所示。以白纸覆盖杆件右侧,则根据 $m\text{-}m$ 截面左侧露出部分的所有外力可直接写为

$$F_{Nm} = 10 - 15 = -5(\text{kN})$$

计算值为负,说明 $m\text{-}m$ 截面上有负的轴力,大小为 5 kN。

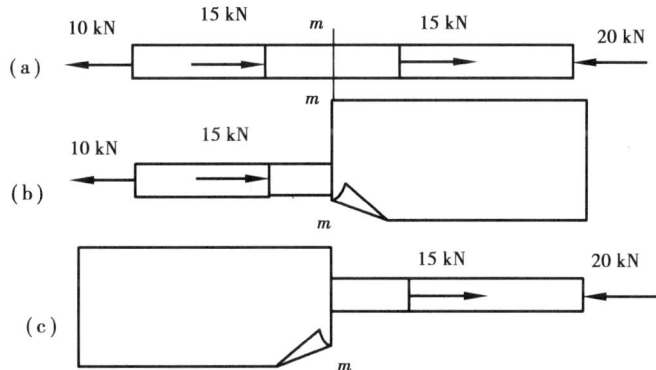

图 2.10　简易法计算轴力示意图

同样,若用白纸沿 $m\text{-}m$ 截面覆盖杆的右侧,如图 2.10(c)所示,$m\text{-}m$ 截面上的轴力可直接写为

$$F_{Nm} = 15 - 20 = -5(\text{kN})$$

与前面所求的结果相同。

因此,用白纸覆盖时,不论盖上截面的哪一侧都可得到相同的结果,一般以露出部分的外力易于计算为好。实际计算时,并不需要画出 2.10(b)图或 2.10(c)图,只需用一张白纸覆盖就可直接写出算式求解。简易法比平衡法求解更为直接、简单快捷,因此求内力多采用简易法。

(2)扭矩

横截面上的扭矩等于截面一侧所有外力对杆轴之力矩的代数和。为使所求得的扭矩符

合正负号规定,规定(利用右手螺旋法则):右手4个手指顺力矩转向握住轴线,大拇指(矩矢方向)背离截面者为正;大拇指(矩矢方向)指向截面者为负。

例2.4 如图2.11所示某转轴,试用简易法求指定的1-1、2-2截面上的内力。

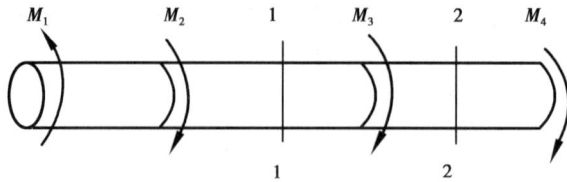

图2.11 转轴受力示意图

解:由于外力均为扭转力偶,故横截面上只有扭矩,其他内力为零。

用白纸沿1-1截面覆盖转轴右侧如图2.12(b)所示,1-1截面上的扭矩可直接写为

$$T_1 = M_1 - M_2$$

用白纸沿2-2截面覆盖转轴左侧如图2.12(c)所示,2-2截面上的扭矩可直接写为

$$T_2 = M_4$$

截面2-2上有正扭矩,其值等于M_4。

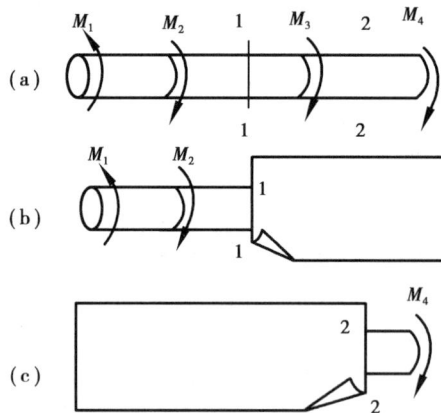

图2.12 简易法求解扭矩示意图

3.剪力和弯矩

弯曲变形杆件的横截面上常常同时有剪力和弯矩。

截面上的剪力等于截面一侧所有外力在截面切线方向投影的代数和。为使求得剪力符合正负号规定,使研究对象顺时针转动趋势的外力取正值,反之取负。工程上的梁,通常水平安放,截面左侧向上的外力取正值,反之取负;截面右侧向下的外力取正值,反之取负。可以用"左上右下为正"来帮助记忆。

截面上的弯矩等于截面一侧所有外力对截面形心的力矩代数和。当梁水平安放时,规定使截面一侧杆有上凹下凸弯曲趋势者起正弯矩作用,反之起负弯矩作用。

例2.5 图2.13(a)所示为简支梁。已知$q=2$ kN/m,$M=4$ kN·m,$l=4$ m,试用简易法求解指定1-1、2-2截面上的内力(1-1截面无限接近C点,并为C的左侧截面;2-2截面无限接近C点,并为C的右侧截面)。

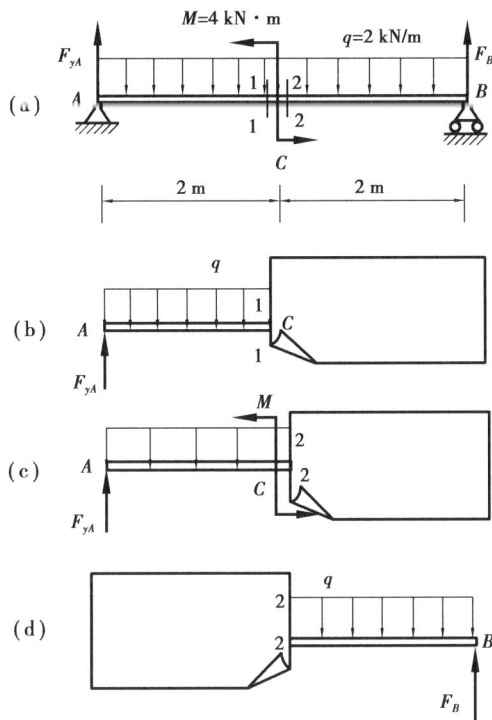

图 2.13　简易法求解剪力和弯矩示意图

解：

①计算支座反力。

梁的反力　$F_{Ay}=5$ kN，$F_B=3$ kN，校核无误后按正确方向画在图上。

②计算内力。梁上有使梁产生弯曲变形的荷载，因此梁的横截面上有剪力和弯矩，但没有轴力和扭矩。

用白纸沿 1-1 截面覆盖如图 2.13（b）所示，利用直接法有：

$$F_{s1}=F_{Ay}-q\,\frac{l}{2}=5-2\times 2=1(\text{kN})$$

$$M_1=F_{Ay}\cdot\frac{l}{2}-\frac{q}{2}\left(\frac{l}{2}\right)^2=5\times 2-\frac{2}{2}\times 2^2=6(\text{kN}\cdot\text{m})$$

用白纸沿 2-2 截面覆盖如图 2.13（c）所示，利用直接法有：

$$F_{s2}=F_{Ay}-q\,\frac{l}{2}=5-2\times 2=1(\text{kN})$$

$$M_2=F_{Ay}\cdot\frac{l}{2}-\frac{q}{2}\left(\frac{l}{2}\right)^2-M=5\times 2-\frac{2}{2}\times 2^2-4=2(\text{kN}\cdot\text{m})$$

求 2-2 截面上的内力也可用白纸沿 2-2 截面覆盖如图 2.13（d）所示，利用直接法有

$$F_{s2}=-F_B+q\,\frac{l}{2}=-3+2\times 2=1(\text{kN})$$

$$M_2=F_B\cdot\frac{l}{2}-\frac{q}{2}\left(\frac{l}{2}\right)^2=3\times 2-\frac{2}{2}\times 2^2=2(\text{kN}\cdot\text{m})$$

与前面图 2.13（c）覆盖方法所求结果相同。因此覆盖时以外力计算较简单一侧露出为好，即用图 2.13（d）所示方法计算较为简单。

2.3 直杆的内力方程

一般情况下,杆段上的内力是随横截面的位置而改变的。若将内力随横截面位置的改变用函数关系表示,则称为杆件的内力方程。

对于直杆,一般以杆轴线为 x 轴(原点和方向可自定),各横截面的位置用变量 x 表示,即可列出各内力的内力方程:

$$F_N = F_N(x) \qquad 轴力方程$$
$$T_n = T_n(x) \qquad 扭矩方程$$
$$F_s = F_s(x) \qquad 剪力方程$$
$$M = M(x) \qquad 弯矩方程$$

(其中 x 的定义域在杆的长度范围内)

由前面的一些例题可知,在外力发生变化处(如在集中外力或集中外力偶作用处),两侧相邻截面上的相应内力的大小和符号会不相同。此时,内力方程为分段函数(交界点就是外力发生改变处),需要注明各段函数所对应的定义域。

列内力方程,一般采用简易法。

例 2.6 图 2.14(a)所示外伸梁,均布荷载 q 作用于 AB 段,集中力 $P = qa$ 作用于外伸自由端,试列出该梁的内力方程。

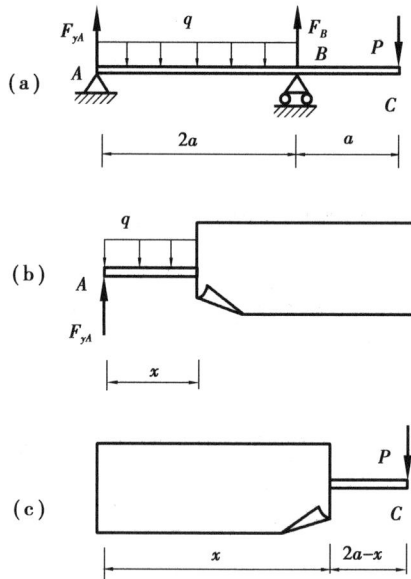

图 2.14　简易法求解外伸梁内力方程示意图

解:

①支座 A、B 处的反力。

$F_{yA} = \dfrac{1}{2}qa$,$F_B = \dfrac{5}{2}qa$ 按正确方向画在图上。

②内力方程。

沿 AB 段 x 处覆盖如图 2.14(b)所示,有:

$$F_{s1}(x) = F_{yA} - qx = \frac{1}{2}qa - qx \quad (0,2a)$$

$$M_1(x) = F_{yA} \cdot x - qx\left(\frac{x}{2}\right) = \frac{1}{2}qax - \frac{1}{2}qx^2 \quad [0,2a]$$

为简化计算,BC 段可用白纸沿任意 x 处覆盖如图 2.14(c)所示,有

$$F_{s2}(x) = P = qa \quad (2a,3a)$$

$$M_2(x) = -P(3a - x) \quad [2a,3a]$$

将内力方程合并为下列形式:

$$F_s(x) = \begin{cases} \dfrac{1}{2}qa - qx & (0,2a) \\[2mm] qa & (2a,3a) \end{cases}$$

$$M(x) = \begin{cases} \dfrac{1}{2}qax - \dfrac{1}{2}qx^2 & [0,2a] \\[2mm] -P(3a - x) & [2a,3a] \end{cases}$$

2.4　内力与荷载分布集度的微分关系

从 2.3 节实例中可以看出内力方程的函数形式与分布荷载集度有关,这种关系是具有普遍性的。

1. 弯矩、剪力与横向荷载集度间的微分关系

设直梁某段上有横向分布荷载集度 $q(x)$,为 x 的连续函数,规定 $q(x)$ 向上为正,如图 2.15(a)所示。用截面法在 x 处截取长为 dx 的梁段 mn 为研究对象如图 2.15(b),左侧 m-m 截面上有剪力 $F_s(x)$ 和弯矩 $M(x)$,右侧 n-n 截面上由于受增量 dx 的影响,剪力和弯矩也有相应的增量,分别为 $F_s(x)+dF_s(x)$ 和 $M(x)+dM(x)$。为方便计算,两截面上的内力均设为正号,并设 dx 微梁段内无集中力和集中力偶作用。当 dx 极微小时,该梁段上的横向分布荷载可视为均匀分布。由 dx 梁段的平衡,可列出平衡方程如下:

$$\sum F_y = 0$$

$$F_s(x) - [F_s(x) + dF_s(X)] + q(x)dx = 0 \tag{2.5}$$

得

$$q(x) = \frac{dF_s(x)}{dx} \tag{2.6}$$

以 n-n 截面形心 c 为力矩中心,有

$$\sum M_c = 0$$

$$M(x) + dM(x) - M(x) - F_s(x)dx - q(x)dx \cdot \frac{1}{2}dx = 0 \tag{2.7}$$

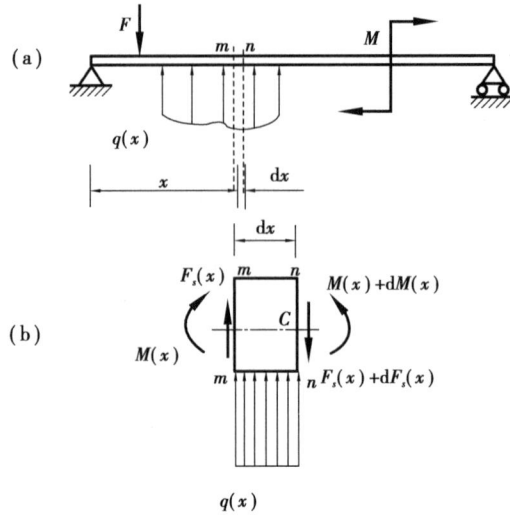

图 2.15　直梁某段横向分布荷载集度 $q(x)$ 及微段内力分析示意图

略去高次微量,整理后得

$$F_s(x) = \frac{dM(x)}{dx} \tag{2.8}$$

由以上两式可得

$$q(x) = \frac{d^2 M(x)}{dx^2} \tag{2.9}$$

即有弯矩、剪力与横向荷载集度 $q(x)$ 间的微分关系

$$F_s(x) = \frac{dM(x)}{dx} \tag{2.10}$$

$$q(x) = \frac{dF_s(x)}{dx} = \frac{d^2 M(x)}{dx^2} \tag{2.11}$$

x 截面上的剪力对 x 的一阶导数等于该处的横向分布荷载集度 $q(x)$;x 截面上的弯矩对 x 的一阶导数等于该处的剪力,弯矩对 x 的二阶导数等于该处的横向分布荷载集度 $q(x)$。

根据上述微分关系,可以得到以下推论:

①在无横向荷载作用的梁段内(即 $q = 0$),该梁段的剪力方程为常数,弯矩方程为 x 的一次函数。

②在均匀分布的横向荷载($q =$ 常数)作用的梁段,其对应的剪力方程为 x 的一次函数,弯矩方程为 x 的二次函数。

③若梁段上为线性分布的横向荷载,其对应的剪力方程为 x 的二次函数,弯矩方程为 x 的三次函数。

以此类推,工程中以①②两种情况较为多见。

2.轴力与轴向分布荷载集度 p 之间的微分关系

设某直杆受轴向分布荷载 $p(x)$ 作用,$p(x)$ 是 x 的连续函数,如图 2.16(a)所示。截取 x 处 dx 长度的杆段为研究对象如图 2.16(b)所示,杆段的 x 截面上有轴力 $F_N(x)$,由于 dx 的影响,杆段的($x+dx$)截面上有轴力 $F_N(x)+dF_N(x)$,为计算方便,两截面上的轴力均设为正号。当 dx 极微小时,dx 杆段上的轴向分布荷载可视为均匀分布。以 dx 杆段为研究对象,列平衡方程

$$\sum F_x = 0$$

$$F_N(x) + \mathrm{d}F_N(x) - F_N(x) - p(x)\mathrm{d}x = 0 \tag{2.12}$$

$$p(x) = \frac{\mathrm{d}F_N(x)}{\mathrm{d}x} \tag{2.13}$$

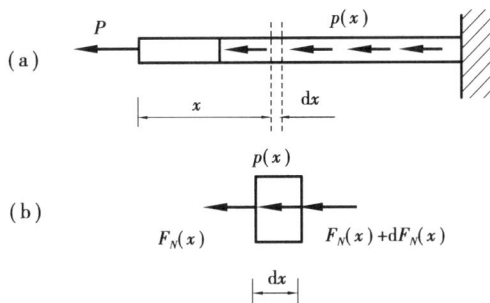

图2.16　直杆受轴向分布荷载作用
微段受力分析图

横截面上的轴力 $F_N(x)$ 对 x 的一阶导数等于该处的轴向荷载集度 $p(x)$。所以无轴向外力作用的杆段,轴力方程为常数;均匀分布的轴向荷载作用杆段,轴力方程为 x 的一次函数。

3. 扭矩与分布扭转力偶集度 t 之间的微分关系

设某轴受扭转力偶作用如图2.17所示,$t(x)$ 是 x 的连续函数。用同样的方法,可以得到扭转力偶集度与扭矩间的微分关系式

$$t(x) = \frac{\mathrm{d}T_n(x)}{\mathrm{d}x} \tag{2.14}$$

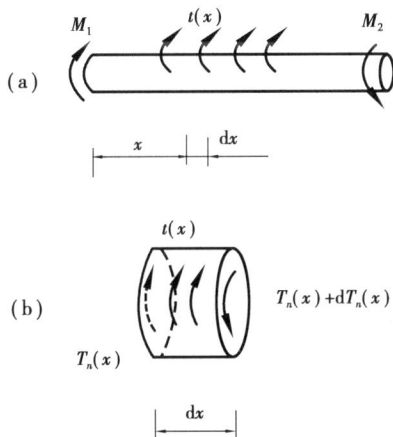

图2.17　直杆受轴向分布扭矩作用
微段受力分析图

横截面上的扭矩 $T_n(x)$ 对 x 的一阶导数等于该处的分布扭转力偶集度 $t(x)$。所以无扭转力偶作用的轴段,扭矩方程为常数;均匀分布扭转力偶作用的轴段,扭矩方程为 x 的一次函数。

2.5 直杆内力图

列出内力方程,可以较方便地求出杆的任意横截面的内力,但不能很快地判断和比较杆件上各横截面的内力值。为了能一目了然地表明杆件各个截面的内力沿轴线的变化情况,在设计计算中常把各横截面的内力用图形来表示。取横轴平行于杆的轴线,表示杆的各横截面的位置;纵轴垂直于杆的轴线,表示对应横截面上的内力值,由此画出内力关于 x 的函数曲线。这样得出的图形称为杆件的内力图。当直杆水平放置时,常以 x 轴作为横坐标轴,以垂直于 x 轴的纵坐标轴作为内力轴,土木专业的弯矩图,由于设计施工的需要,其弯矩轴以垂直向下为正。

由于内力方程的函数关系一般都较简单,大多为常数、一次函数和二次函数的形式,因而对应的函数图形分别为平行直线段、斜直线段和二次抛物线段。作平行线段,只需一个点,即只需确定一个截面上的内力值;作斜直线段,需确定两个截面上的内力值;二次抛物线则需判定是否含有极值点,即需确定三个截面的内力值。这些帮助绘制内力图的截面称为控制截面,常选择杆的端截面、内力函数分段处的两侧截面和极值截面。

绘制内力图的一般步骤如下:

①求杆的约束反力,经校核无误后,将反力按正确方向画出。

②根据内力方程的函数关系判断杆上各段内力图的大致形状,选定控制截面。

③计算控制截面上的内力值,按比例和形状作杆的内力图。

注意:内力图的横轴要与原杆轴线平行并与其一一对应。

④作完图后应利用荷载和内力间的微分关系、外力对内力图的影响关系,对照检查内力图正确与否。这是很重要的一个步骤,因为内力图是进行杆件强度和刚度计算的基础。内力图若有错误,则杆件的计算、设计都会随之出错。因此一定要养成校核内力图的好习惯。

由内力方程的函数关系绘制内力图,是绘制直杆内力图的基本方法。由内力与荷载集度间的微分关系,根据函数及其图形的特点,归纳出表2.1和表2.2,供内力图形的判断和检查时参考。

表2.1 荷载集度与内力图形状

荷载集度		内力图形状		控制截面个数
轴向荷载集度 p	$p=0$	轴力 F_N	平行直线段	一个
	$p=c$		斜直线段	两个
扭转力偶集度 t	$t=0$	扭矩 T_n	平行直线段	一个
	$t=c$		斜直线段	两个
横向荷载集度 q	$q=0$	剪力 F_s	平行直线段	一个
		弯矩 M	斜直线段	两个
	$q=c$	剪力 F_s	斜直线段	两个
		弯矩 M	二次抛物线段	三个

表 2.2　集中荷载对内力图形状的影响

集中荷载	内力图形状
轴向力	轴力图有台阶,突变值为该力数值。
扭转力偶	扭矩图有台阶,突变值为该力偶数值。
横向力	剪力图有台阶,突变值为该力数值;弯矩图有尖角,但无台阶。
弯曲力偶	剪力图不变;弯矩图有台阶,突变值为该力偶数值。

1. 按函数关系作内力图

例 2.7　某阶梯杆受力如图 2.18(a)所示,试作该杆的轴力图。

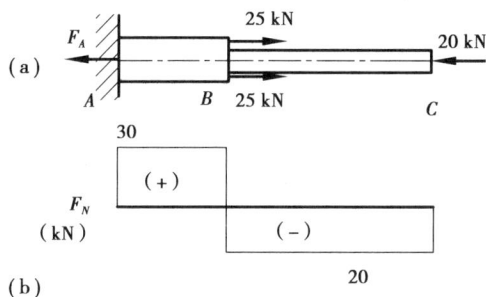

图 2.18　阶梯杆轴力分析示意图

解:

①固定端 A 处反力: $F_A = 30$ kN。

②轴力方程。

杆上各段 $p = 0$,故轴力方程为常数。

列杆的轴力方程

$$F_N(x) = \begin{cases} 30 & (AB\ \text{段}) \\ -20 & (BC\ \text{段}) \end{cases}$$

③轴力图。

控制截面及其轴力值

$F_{NA} = 30$ kN, $F_{NC} = -20$ kN　作轴力图如图 2.18(b)所示。

检查:杆上 A、B、C 三处有集中外力作用(支座反力也视为集中外力),对应轴力图的 A、B、C 三处有台阶;突变值为该处的集中力数值: A 处台阶突变值为 30 kN, C 处台阶突变值为 20 kN, B 处台阶突变值为 $30 - (-20) = 50$ kN(为 B 处两个集中之和)。同时也可以看出,若已知轴力图,可以反推出作用于杆上的轴向外力。

例 2.8　图 2.19(a)所示为悬臂梁,自由端 A 受集中荷载 F 作用,试作该梁的剪力图和弯矩图。

解:

①固定端反力 $F_B = F$, $M_B = Fl$。

②内力方程。

梁上无分布荷载作用,剪力图为平行线段,弯矩图为斜直线段。

列剪力方程和弯矩方程

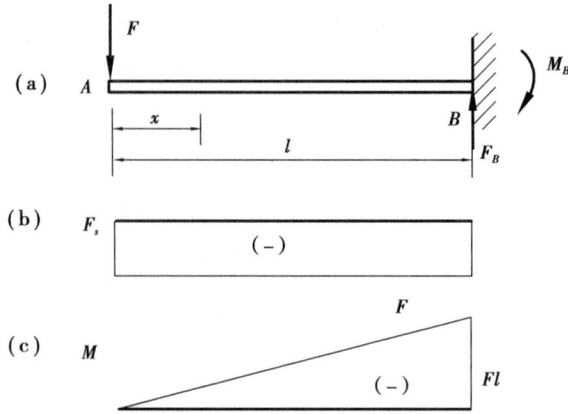

图 2.19 悬臂梁受集中荷载作用内力分析示意图

$$F_s(x) = -F \quad (0, l)$$
$$M(x) = -Fx \quad [0, l]$$

③内力图。

控制截面及其剪力值、弯矩值

$$F_{sA} = F_s(0) = -F$$
$$M_A = M(0) = 0$$
$$M_B = M(l) = -Fl$$

作剪力图和弯矩图如图 2.19(b)、(c)所示。

检查:A、B 处有集中力,对应处 F_s 图有台阶,突变值分别等于 F 和 F_B;B 处有反力偶,对应处图有台阶,突变值等于 M_B。

例 2.9　如图 2.20(a)所示悬臂梁,全梁受均匀分布的横向荷载作用,集度为 q。试作此梁的剪力图和弯矩图。

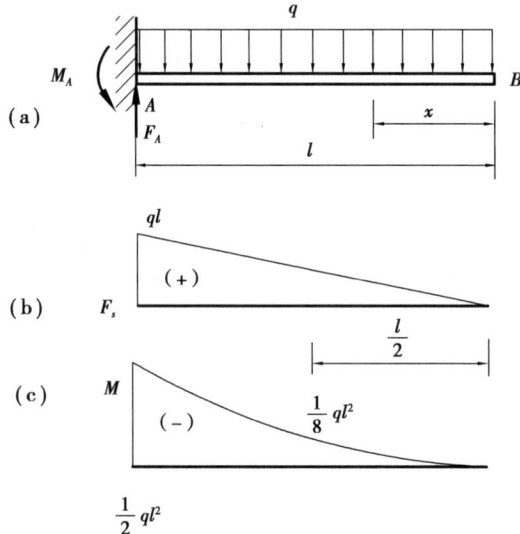

图 2.20　悬臂梁受均布荷载作用内力分析示意图

解：

①固定端 A 处反力 $F_A = ql, M_A = \dfrac{1}{2}ql^2$。

②内力方程。

梁上作用均布荷载，剪力图为斜直线段，弯矩图为二次抛物线。为了方便计算，坐标原点取在梁的右端 B 处，列梁的剪力方程和弯矩方程

$$F_s(x) = qx \quad [0,l]$$

$$M(x) = -\frac{1}{2}qx^2 \quad [0,l]$$

③内力图。

控制截面及其剪力值和弯矩值

$$F_{sB} = F_s(0) = 0$$

$$F_{sA} = F_s(l) = ql$$

$$M_B = M(0) = 0$$

$$M_A = M(l) = -\frac{1}{2}ql^2$$

由于弯矩方程为二次抛物线，还需定出极值点。令 $F_s(x) = 0$，求得 $x = 0$ 处弯矩有极值；$M_{极} = M(0) = 0$；再取 $x = \dfrac{l}{2}$ 处 $M\left(\dfrac{l}{2}\right) = -\dfrac{1}{8}ql^2$，有三个控制截面的弯矩值，可作出二次抛物线。

作梁的剪力图和弯矩图如图 2.20(b)、(c)所示。A 处有反力 F_A 和反力偶 M_A，对应剪力图有台阶(突变值等于 F_A)，弯矩图有台阶(突变值等于 M_A)。

例 2.10　如图 2.21(a)所示简支梁，全梁受横向均匀分布荷载 q 作用，试作此梁的剪力图和弯矩图。

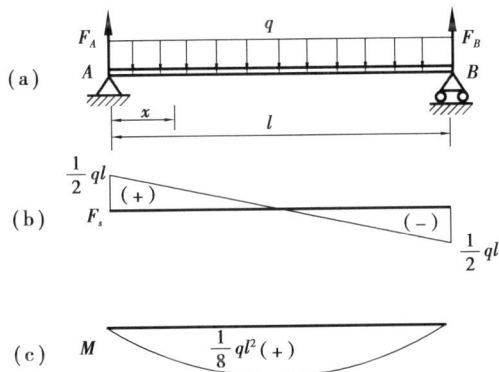

图 2.21　简支梁受均布荷载内力分析示意图

解：

①由对称性可得梁的反力

$$F_A = F_B = \frac{1}{2}ql$$

梁上 $q =$ 常数，剪力图为斜直线段，弯矩图为二次抛物线。

②梁的剪力方程和弯矩方程。

$$F_s(x) = F_A - qx = \frac{ql}{2} - qx \quad (0,l)$$

$$M(x) = F_A x - qx \cdot \frac{x}{2} = -\frac{1}{2}qlx - \frac{1}{2}qx^2 \quad [0, l]$$

③内力图。

控制截面上的剪力和弯矩

$$F_{sA} = F_s(0) = \frac{1}{2}ql$$

$$F_{sB} = F_s(l) = -\frac{1}{2}ql$$

$$M_A = M(0) = 0$$
$$M_B = M(l) = 0$$

令剪力方程 $F_s(x) = 0$,得 $x = \frac{l}{2}$ 处,弯矩有极值:

$$M_{极} = M\left(\frac{l}{2}\right) = -\frac{1}{8}ql^2$$

作剪力图和弯矩图如图 2.21(b)、(c)所示。可以看出,当梁的结构和外力关于同一轴对称时,剪力图为反对称图形,弯矩图为对称图形。

利用对称性求结构的反力、作内力图(特别是剪力图和弯矩图),是材料力学中常用的方法,这样可以简化运算,同时又能检查计算结果的正确性。但一定要注意,只有在外力和结构都关于同一轴对称(或反对称)时,才能利用对称性进行分析计算。

例 2.11 如图 2.22 所示简支梁在 C 点处受集中力 F 作用。试作此梁的剪力图和弯矩图。

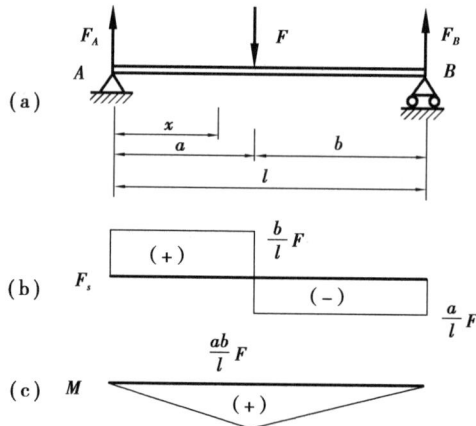

图 2.22 简支梁受集中荷载作用内力分析示意图

解:

①梁端支座反力

$$F_A = \frac{b}{l}F, \quad F_B = \frac{a}{l}F$$

②内力方程。

外荷载分段作用,剪力方程和弯矩方程都为分段函数。两段梁上均无荷载作用,剪力图为两条平行直线段,弯矩图为两条斜直线段。列剪力方程、弯矩方程

$$F_s(x) = \begin{cases} \dfrac{F}{l}b & (0,a) \\[2mm] -\dfrac{F}{l}a & \langle a,l \rangle \end{cases}$$

$$M(x) = \begin{cases} \dfrac{b}{l}Fx & [0,a) \\[2mm] \dfrac{b}{l}Fx - F(x-a) & (a,l] \end{cases}$$

在内力方程中出现一些边界项,如 CB 段 $M(x)$ 的第二项 $-F(x-a)$,一般不将括号打开合并同类项,因为在求控制截面上的内力值时,由于控制截面在边界处,将该处的 x 值代入时,这一项即为零,便于计算。故内力方程有时并不追求数学形式的完美,而偏于简便计算。

③内力图。

各控制截面内力值

$$F_{sA} = F_{s1}(0) = \frac{b}{l}F$$

$$F_{sB} = F_{s2}(l) = -\frac{a}{l}F$$

$$M_A = M_1(0) = 0$$

$$M_{C左} = M_1(a) = \frac{ab}{l}F$$

$$M_{C右} = M_2(a) = \frac{ab}{l}F$$

$$M_B = M_2(l) = 0$$

作剪力图、弯矩图如图 2.22(b)、(c)所示。

A、B、C 三处有集中力作用,对应处剪力图有台阶,突变值为该力值;根据微分关系,由于斜率突变,该处弯矩图有折点。

简支梁两端铰链支座无反力偶,当梁的铰支端处没有外力偶作用时,该处的弯矩值为零。

例 2.12　如图 2.23(a)所示简支梁 C 处受集中力偶 M 作用。试作此梁的剪力图和弯矩图。

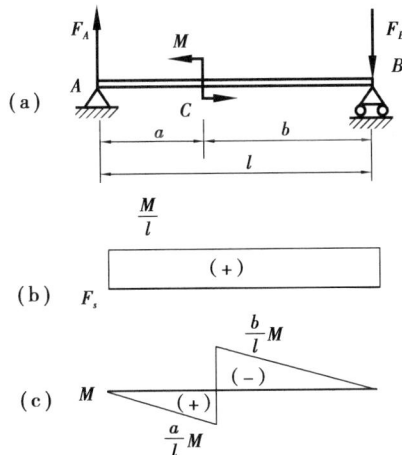

图 2.23　简支梁受集中力偶作用内力分析示意图

解:

①支座反力:

$$F_A = \frac{M}{l}, F_B = \frac{M}{l}(\text{向下})$$

②内力方程。

梁上无均布荷载作用,剪力图为平行线段,弯矩图为斜直线段。列剪力方程和弯矩方程:

$$F_s(x) = \frac{M}{l} \quad (0, l)$$

$$M(x) = \begin{cases} \dfrac{M}{l}x & [0, a) \\ \dfrac{M}{l}x - M & (a, l] \end{cases}$$

③内力图。

各控制截面内力值

$$F_s(0) = \frac{M}{l}$$

$$M_A = M_1(0) = 0$$

$$M_{C左} = M_1(a) = \frac{M}{l}a$$

$$M_{C右} = M_2(a) = \frac{M}{l}a - m = -\frac{M}{l}b$$

$$M_B = M_2(l) = 0$$

作剪力图,弯矩图如图2.23(b)、(c)所示。

集中力偶作用处,剪力图不变,弯矩图有台阶,突变值为该力偶值;剪力图为常数的梁段,弯矩图为斜率相等的两段平行斜直线段;无力偶作用的简支梁的铰支端,弯矩值为零。

由以上各例题可以发现,在集中力(或集中力偶)作用处,剪力图(或弯矩图)会有突变,似乎在该处的横截面上,内力无确定值。但事实并非如此,集中力 F 实际上是作用在很短的一段梁上的分布力的简化,若将此分布力看作 Δx 在长度范围内均匀分布,则实际剪力图是按直线规律连续变化的。同样,其他集中力、集中力偶作用处的内力图也是连续变化的。由于这种变化对整体的影响极小,故分布力在作用范围与构件原始尺寸相比极小时,可简化为集中力或集中力偶,内力图也就略去了极小段的连续变化而以台阶形式代替。

实际工程杆件,由于外力作用形式不同,横截面上的内力也随之不同,归结起来有轴力、扭矩、剪力和弯矩这4种内力。在工程上可以根据内力来判断杆的变形形式:杆横截面上只有轴力,称为轴向拉伸(或压缩)变形;只有扭矩,称为扭转变形;只有剪力和弯矩,称为弯曲变形;以上统称为基本变形。当横截面上有两种或两种以上的内力时,则称为组合变形(或复杂变形)。例如横截面上有轴力和扭矩,称为拉(或压)扭组合变形;有轴力和弯矩,称为拉(或压)弯组合变形;有扭矩和弯矩,称为弯扭组合变形……

一般来说,作出杆件的内力图,就可以判断杆的各段属于什么形式的变形。

2.简易法作内力图

简易法作内力图,不必写出内力方程,只需先定性判断各段内力曲线的形状,再用简易法求出各控制截面上的内力值,就可直接绘制内力图。作完内力图后,仍需参照表 2.1、表 2.2 作必要的检查。

用简易法作梁的剪力图(F_s 图)和弯矩图(M 图)时,要注意以下几个特点:

①先要明确各梁段 F_s 图、M 图的形状。常见有两种情况:梁段上没有横向荷载,对应 F_s 图为平行直线段,M 图为斜直线段;梁段上有均匀分布的横向荷载,对应 F_s 图为斜直线段,M 图为二次抛物线中的一段。并不是所有二次抛物线形状的弯矩图在该段内都有极值:若 F_s 图的斜直线段与 x 轴相交,交点处对应横截面上的弯矩值即为极值(此时可利用相似三角形求出 $F_s=0$ 的截面位置,从而求出该截面上的弯矩极值);若 F_s 图的斜直线段不与 x 轴相交,那么该梁段内弯矩图没有极值点。

②当梁上均布荷载向下作用时,对应的 F_s 图为向下倾斜的直线,M 图为张口向上的抛物线中的一段。

③对称性。若梁的几何结构和荷载都对同一轴是对称的,则 F_s 图反对称,M 图对称;若梁的几何结构和外力都对同一轴是反对称的,则 F_s 图对称,M 图反对称。

④梁的端部若是铰支座,当铰支座处没有外力偶作用时,弯矩值恒为零。对于连接两根梁的中间铰,也具有端铰支座的性质,当该铰处无外力偶作用时,弯矩值恒为零;对同一根梁起支撑作用的中间铰支座,不具有上面的特性。

⑤作复杂杆件的内力图,需要先对构件所受外力进行分析:沿杆轴线方向的外力产生轴力;垂直于杆轴线方向的外力产生剪力和弯矩;力线不过轴线的外力产生扭矩或弯矩。经过分析确定各杆段上的内力形式,再作出相应的内力图。

例 2.13　如图 2.24(a)所示外伸梁,外伸端 C 处有集中力,支座 A 处有集中力偶,AB 梁段上有均布荷载作用。试作该梁的剪力图和弯矩图。

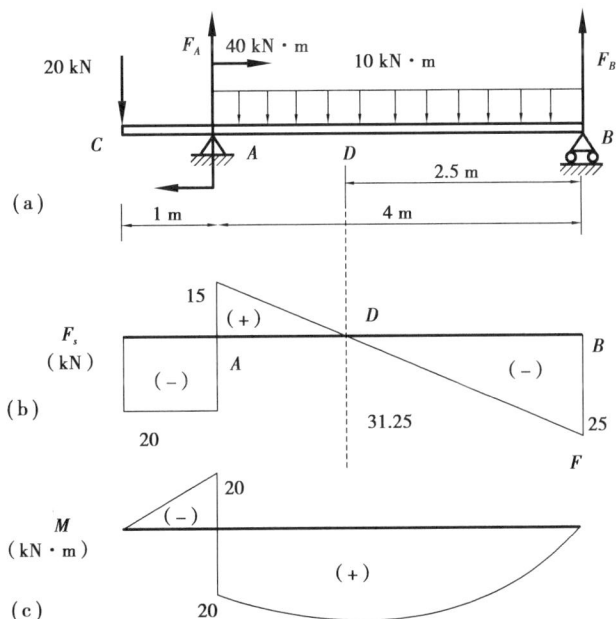

图 2.24　外伸梁内力分析示意图

解:

①支座反力 $F_A=35$ kN,$F_B=25$ kN。

②内力图。

列表见表 2.3：

表 2.3

图	$CA(q=0)$		$AB(q\downarrow)$		
F_s 图 M 图	平行线段 斜直线段		斜直线段 抛物线段		
控制截面	C	A	A	D	B
F_s(kN)	-20	-20	15	0	-25
M(kN·m)	0	-20	20	极值31.25	0

CA 段无外力，F_s 图为平行直线段，M 图为斜直线段；AB 段 $q=C$，F_s 图为斜直线段，M 图为二次抛物线段，F_s 图与 x 轴相交于点 D，由相似三角形关系：

$$\frac{DB}{AB} = \frac{BF}{AE+BF}$$

得 $DB=2.5$ m，可求 D 处弯矩极值：

$$M_D = F_B \cdot 2.5 - \frac{1}{2}q(2.5)^2 = 31.25 \text{ kN·m}$$

A 处有集中力 F_A 和集中力偶 M，对应 F_s 图有台阶(突变值等于 F_A)。弯矩图也有台阶(突变值等于 M)；B、C 两处各有集中力，对应剪力图有台阶(突变值分别等于该处的集中力 F 和 R_B)，弯矩图有折点，无台阶；B 为端铰支座，对应弯矩值为零。

3. 叠加法作内力图

由于内力方程是荷载的线性齐次式，因此可以用叠加的方法。由简单荷载的内力图叠加得到复杂荷载的内力图。因工程中很多杆件是以弯曲变形为主，弯矩图是设计计算的主要依据，故这里以弯矩图为例介绍叠加法。

如图 2.25 所示悬臂梁受集中力 P 和均布荷载共同作用，其剪力方程和弯矩方程

$$F_s(x) = -F - qx$$

$$M(x) = -Fx - \frac{1}{2}qx^2$$

分别是荷载 F 和 q 的线性齐次式，其中第一项可视为 F 单独作用时的内力如图 2.25(b)所示，第二项可视为 q 单独作用时的内力如图 2.25(c)所示，因此梁实际剪力图和弯矩图可以由图 2.25(b)、(c)的剪力图和弯矩图代数叠加得到图 2.25(a)。

例 2.14 简支梁如图 2.26 所示，试用叠加法作该梁的剪力图和弯矩图。

解：

将该梁分解为集中力偶和均布荷载单独作用的两种情况如图 2.26(b)、(c)所示分别作这两种情况的剪力图(F_{s1}、F_{s2})和弯矩图(M_1、M_2)。

剪力图叠加：由于 F_{s1}、F_{s2} 图均为直线段，故叠加后的 F_s 图仍为直线，控制截面上的剪力值代数相加，最后得到的阴影部分图形，即为实际剪力图。

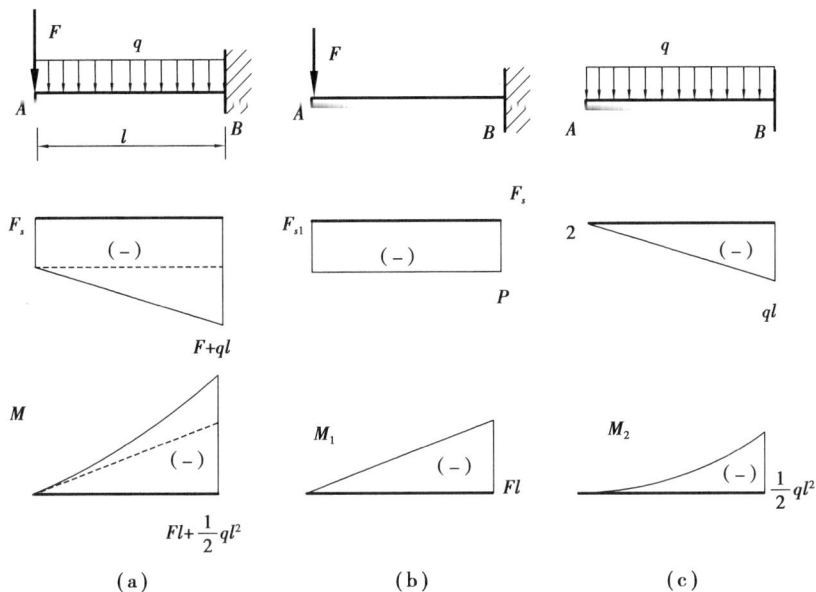

（ a ）　　　　　　　　　（ b ）　　　　　　　　　（ c ）

图 2.25　悬臂梁受集中力 P 和均布荷载共同作用示意图

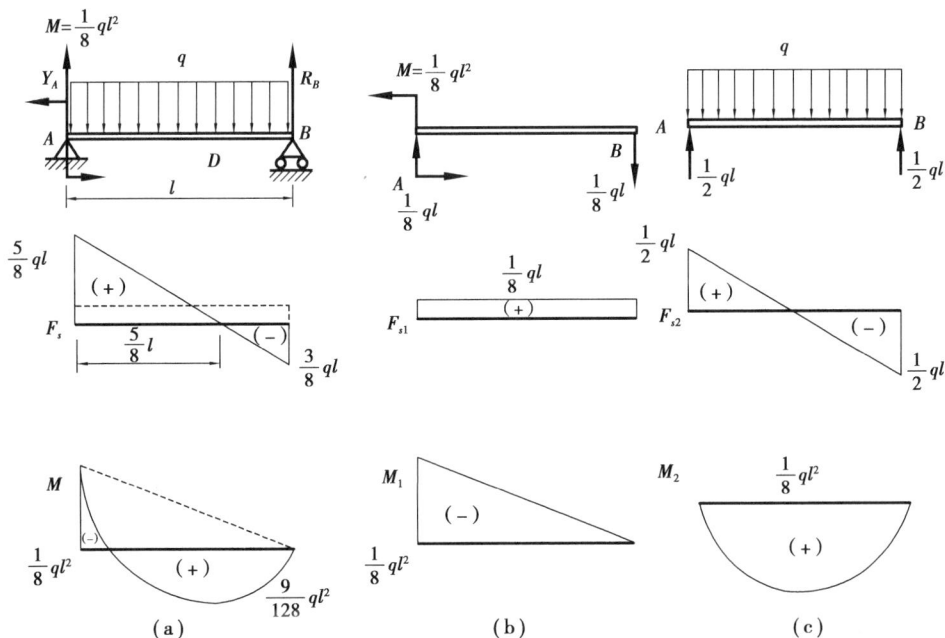

（ a ）　　　　　　　　　（ b ）　　　　　　　　　（ c ）

图 2.26　利用叠加法作内力图

弯矩图叠加：M_1 图为斜直线，M_2 图为二次曲线，叠加后的 M 图应为二次曲线。由于实际剪力图 F_s 的斜直线与横轴相交，交点 D 处截面上弯矩有极值，由相似三角形

$$\frac{AD}{AB} = \frac{\dfrac{5}{8}ql}{\dfrac{5}{8}ql + \dfrac{3}{8}ql}$$

得 $AD = \dfrac{5}{8}ql$。

可求得 D 截面上的弯矩极值

$$M_{极} = M_D = M_{D1} + M_{D2}$$

$$= -\frac{ql^2}{8} \times \left(1 - \frac{5}{8}\right) + \left[\frac{ql}{2} \times \frac{5}{8}l - \frac{q}{2}\left(\frac{5}{8}l\right)^2\right]$$

$$= \frac{9}{128}ql^2$$

将弯矩图 M_1、M_2 叠加,阴影部分为叠加后的实际弯矩图。由 M 图可知,最大弯矩值在梁的 A 端截面上,M_D 虽是弯矩极值,但并不是弯矩的最大值,即极值不一定是最大值。

需要说明的是工程设计中所用的最大内力值,是指内力的最大绝对值,不能用代数值来判断。

2.6 曲杆及刚架的内力图

1. 平面曲杆的内力方程和内力图

工程结构或机械中的一些构件是曲线杆,如拱、链环、吊钩、活塞环等,通常都有一个纵向对称面,其轴线是一条在纵向对称面内的平面曲线。当外力或外力偶作用于纵向对称面内时,曲杆在该平面内主要发生弯曲变形,故称为平面曲杆。平面曲杆横截面上的内力一般有弯矩 M、剪力 F_s 和轴力 F_N。

如图 2.27(a)所示平面曲杆,其轴线为 1/4 圆弧段,轴线半径为 R,自由端受垂直荷载 F 作用。为分析方便,以 φ 角为变量,在极角 φ 处假想把杆截分成两部分,取 φ 截面右侧部分为研究对象。φ 截面上的内力符号规定:背离截面的轴力为正;在研究截面附近取一小段,使其产生顺时针转动趋势的剪力为正;使轴线的曲率增加的弯矩为正,弯矩画在曲杆的受拉侧,可以不标注正负号。其他内力图必须标明正负号。设图中 φ 截面上的内力均设为正值,由 CB 段的平衡条件可得:

$$\sum F_t = 0 \quad F_s - F\cos\varphi = 0 \quad F_s = F\cos\varphi \quad (a)$$

$$\sum F_n = 0 \quad F_N + F\sin\varphi = 0 \quad F_N = -F\sin\varphi \quad (b) \qquad (2.15)$$

$$\sum M_c = 0 \quad M - FR\sin\varphi = 0 \quad M = FR\sin\varphi \quad (c)$$

即 φ 截面上弯矩、剪力为正,轴力为负。

2. 平面刚架的内力图

工程中有一些由多根杆件刚性联接组成的框架结构,其计算简图称为刚架。在这类简图中,杆与杆的连接点称为结点。其中可以相对转动的连接点称为铰结点,画成铰链连接(一般金属桁架的连接点为铆接或焊接,虽具有一定的刚性,但实际受力时连接点处由于弯矩产生的应力远小于由轴力产生的应力,因此桁架结构中的结点一般视为铰结点);不能相对转动的连接点称为刚结点,构架受力变形时,刚结点处各杆的夹角始终保持不变。由刚结点连接的框架构件称为刚架。

当未知反力和内力能由静力平衡条件确定的称为静定刚架。刚架各杆的轴线与荷载和反力都在同一平面内时,称为平面刚架;各杆轴线与外力不在同一平面内时,称为空间刚架。

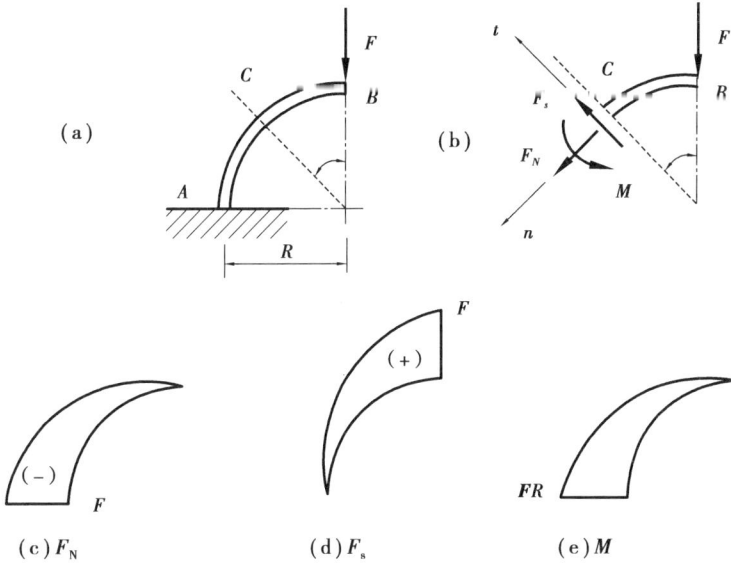

图 2.27 平面曲杆的内力图

刚架的内力方程通常为分段函数。除荷载改变处以外,刚结点处也是函数分段点,各杆横截面的位置坐标可自行规定,一般原点取在杆段的端截面处,所以要在图中标明位置坐标。

平面刚架内力图的横坐标轴是与刚架轴线平行的折线段,与这些线段垂直的坐标表示对应截面的内力数值。绘制内力图时,轴力图和剪力图可画在折线段的任一侧,需标明正负号;弯矩图一般按土木专业规定,画在刚架的受拉侧,不标正负号。各控制截面的内力值都应标注在图上。

例 2.15 平面直角刚架如图 2.28(a)所示,试作该刚架的内力图。

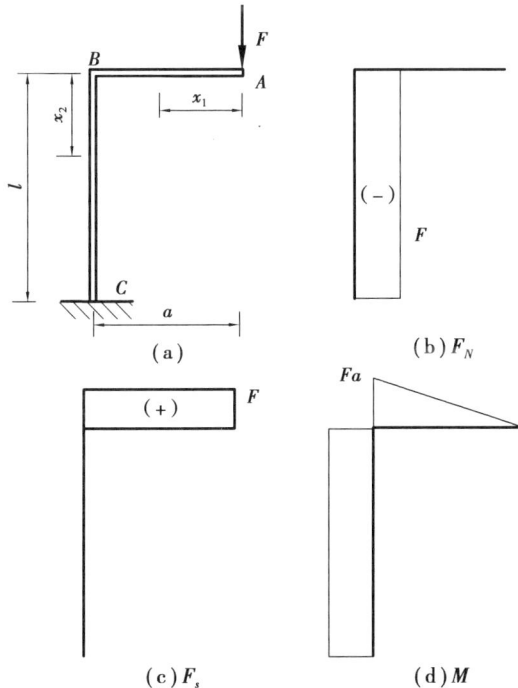

图 2.28 平面直角刚架的内力图

解:

刚架分为 AB、BC 两段:

AB 段:位置坐标 x_1,原点定于 A 处,$x_1 \in [0,a]$

$$F_N(x_1) = 0$$
$$F_s(x_1) = F$$
$$M(x_1) = Fx_1(上侧受拉)$$

BC 段:位置坐标 x_2,原点定于 B 处,$x_2 \in [0,l]$

$$F_N(x_2) = -F$$
$$F_s(x_2) = 0$$
$$M(x_2) = Fa(左侧受拉)$$

根据内力方程作 F_N,F_s,M 图如图 2.28(b)、(c)、(d)所示。注意:刚结点处若无外力偶作用,各截面的弯矩代数和应为零。在只有两杆连接的刚结点处,无外力偶作用时,两杆端截面的弯矩等值,画在同一侧。

习题 A

2.1 (填空题)实心圆轴扭转,已知不发生屈服的极限扭矩为 T_0,若其横截面积增加 1 倍,其极限扭矩为_____。铸铁圆杆发生扭转破坏的破断线如习题 2.1 图所示,则圆杆所受外力偶的方向为_____。

习题 2.1 图

2.2 习题 2.2 图中带缺口的直杆在两端承受拉力 F_P 作用。关于 A—A 截面上的内力分布,根据弹性体的特点,哪一种答案是合理的?( )

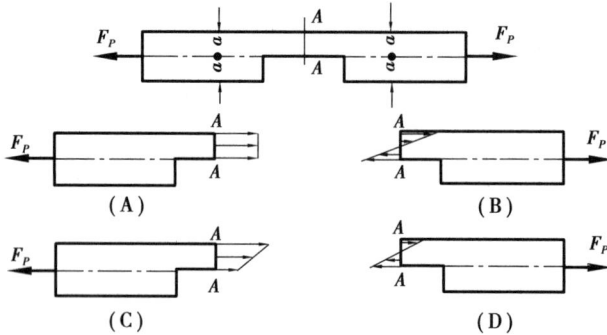

习题 2.2 图

2.3 等直拉杆如习题 2.3 图所示,在 F 力作用下,正确的是( )。

(A)横截面 a 上的轴力最大   (B)曲截面 b 上的轴力最大
(C)斜截面 c 上的轴力最大   (D)三种截面上的轴力一样大

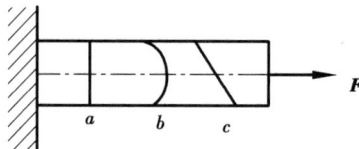

习题 2.3 图

习题 B

2.4　直杆受轴向力作用。用截面法求指定截面上的轴力(分别用截面左侧和右侧部分求解,比较结果)。

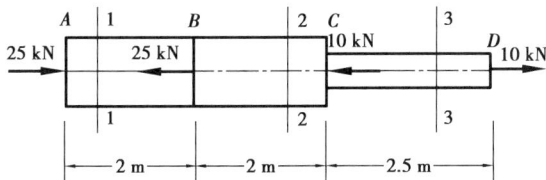

习题 2.4 图

2.5　画出习题 2.5 图所示轴的扭矩图。其中 AB 段上承受的是均匀分布力偶矩。

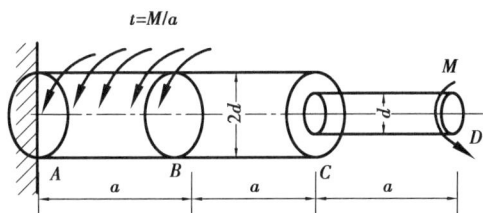

习题 2.5 图

2.6　绘出下列各梁的剪力图和弯矩图(方法不限)。

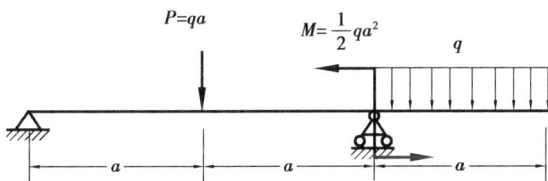

习题 2.6 图

2.7　作刚架内力图。

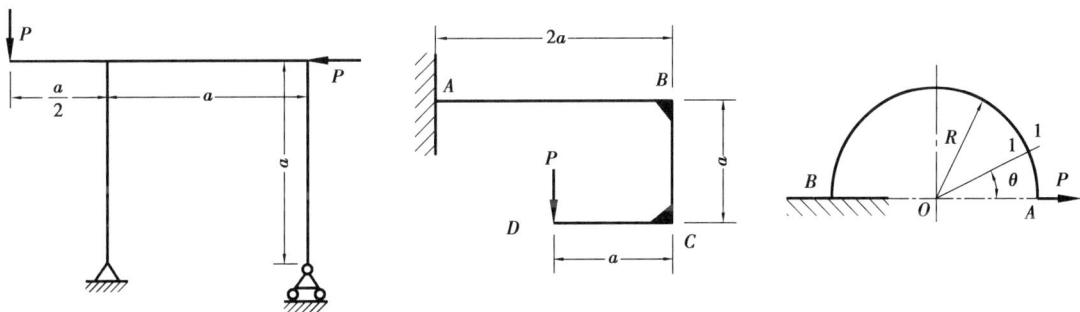

习题 2.7 图

习题 C

2.8　梁的上表面承受均匀分布的切向力作用,其集度为 $\bar{p}$。梁的尺寸如习题 2.8 图所示。若已知 $\bar{p}$、h、l,导出轴力 F_{Nx}、弯矩 M 与均匀分布切向力 $\bar{p}$ 之间的平衡微分方程。

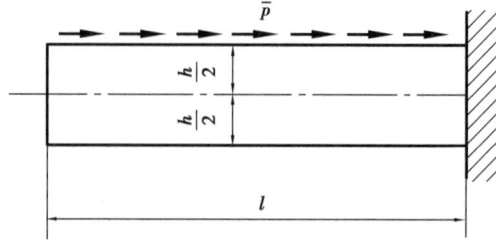

习题 2.8 图

2.9 用习题 2.9 图所示方法起吊一根自重为 $q(kN/m)$ 的等截面钢杆。问吊装时的起吊点位置 x 应为多少才最合理(最不易使杆折断)?(用弯矩图说明)

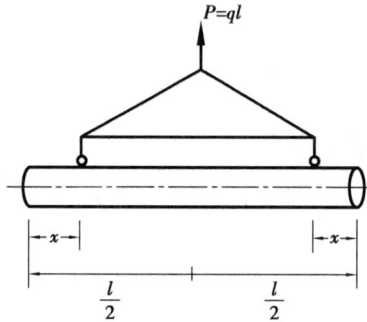

习题 2.9 图

2.10 作习题 2.10 图所示构件的内力图。

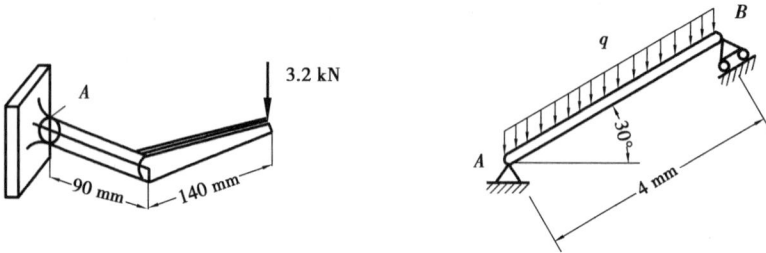

习题 2.10 图

第 **3** 章
应 力

3.1 概 述

1. 应力与内力的静力学关系

构件受力后，截面上有分布的内力系。截面上任一点一般有正应力和切应力，它们代表了内力的分布集度，因此，内力是截面上各点应力的合力（或合力矩）。设截面上的内力和某点 K 处的应力如图 3.1 所示，由静力学关系可知：

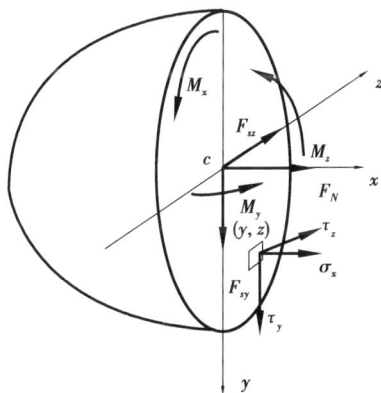

图 3.1 截面上的内力和某点的应力示意图

$$F_N = \int_A \sigma_x \mathrm{d}A , F_{sy} = \int_A \tau_y \mathrm{d}A , F_{sz} = \int_A \tau_z \mathrm{d}A$$

$$M_x = \int_A (y \tau_z - z \tau_y) \mathrm{d}A$$

$$M_y = \int_A \sigma_x z \mathrm{d}A , M_z = \int_A \sigma_x y \mathrm{d}A$$

上式称为应力与内力的静力学关系式，简称为静力学关系。

2. 求解应力的三种关系

一般来说，分析横截面上应力的分布是一个超静定问题，只用静力学关系不能解决，还需有补充条件。材料力学利用变形几何关系、物理关系和静力学关系来分析等直横截面上的应力分布。

3. 强度计算的三类问题

强度计算是材料力学中一个至关重要的环节,它主要关注结构或材料在受力状态下的应力与应变关系,以及这些应力是否超过了材料或结构的许用极限。强度计算的三类问题主要包括:

①强度校核:强度校核是验证结构或材料在特定荷载条件下是否满足强度要求的过程。通过对比实际应力与许用应力,可以评估结构或材料的安全性和可靠性。如果实际应力超过了许用应力,则需要进行相应的调整或加强。

②设计截面(或确定截面尺寸):在设计过程中,需要根据强度要求来确定结构或材料的截面尺寸。通过强度计算,可以优化截面尺寸,以确保结构在承受预期荷载时不会发生破坏。

③确定许用荷载(或确定荷载):许用荷载是指在保证结构或材料安全的前提下,所允许施加的最大荷载。通过强度计算,可以确定结构或材料的许用荷载范围,为设计和使用提供重要依据。

强度计算的三类问题相互关联、相互依存,共同构成了材料力学中强度分析的核心内容。在实际应用中,需要根据具体问题和条件选择合适的强度计算公式和方法,以确保计算结果的准确性和可靠性。

3.2 轴向荷载作用下杆件横截面上的正应力

1. 正应力公式

轴力 F_N 是截面上轴向分布内力的合力。确定了轴力,就可以进一步确定横截面上各点的应力。为了研究横截面上各点的应力,我们从以下 3 个方面进行分析。

(1)几何关系

取一根等截面直杆,未受力之前,在杆的表面上标记与杆轴线平行的纵线和与杆轴线垂直的横线;然后在杆的两端施加一对轴向拉力 F,使杆产生变形,如图 3.2(a)所示。实验现象:杆件表面的纵线在杆件变形后仍然保持为直线,只是相对于原来的位置沿轴线方向移动了一段距离,且各杆伸长量相同。根据这一现象,从变形的可能性出发,作如下假设:原为平面的横截面,在杆变形后仍为平面。这个假设称为平面假设。

(2)物理关系

因为各"纤维"的线应变 ε 相同,且"纤维"的线应变只能由正应力 σ 引起,从而可知横截面上的正应力 σ 均匀分布,如图 3.2(b)所示。由物理学知识可知,当变形为弹性变形时,变形和应力成正比,即拉(压)胡克定律:$\sigma = E\varepsilon$。

(3)静力学关系

轴向拉伸杆横截面上只有轴力 F_N,且各点处只有均匀连续分布的正应力。由静力学关系可得:

$$F_N = \int_A \sigma_x \mathrm{d}A = \sigma A$$

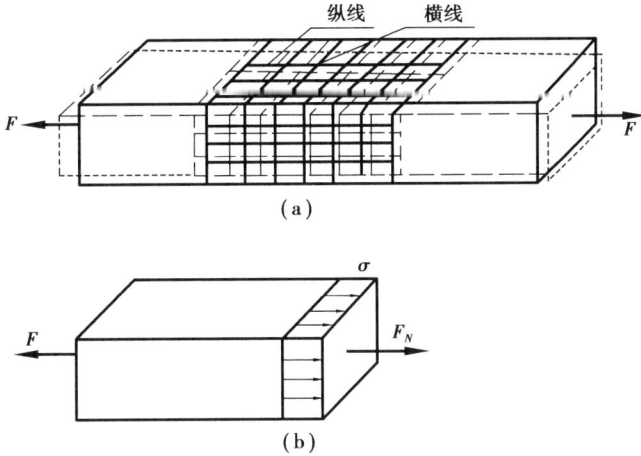

图 3.2　杆件在轴向拉伸荷载作用下的变形示意图

由此可得杆的横截面上任一点处正应力的计算公式为

$$\sigma = \frac{F_N}{A} \tag{3.1}$$

式中　F_N——杆受到轴向压力；

　　　A——杆的横截面面积。

正应力的正负号与轴力的正负号相对应，即拉应力为正，压应力为负。

由式(3.1)计算得到的正应力大小只与横截面面积有关，与横截面的形状无关。此外，对于横截面沿杆长连续缓慢变化的变截面杆，其横截面上的正应力也可用上式作近似计算。可以看出，以上分析对轴向压缩的等直杆同样适用，因此上述公式同样适用于轴向压缩杆的应力计算。

例 3.1　一横截面为正方形的砖柱分上下两段，受力情况、各段长度及横截面尺寸如图 3.3 所示。已知 $F_P = 50$ kN，试求荷载引起的最大工作应力。尺寸单位：mm。

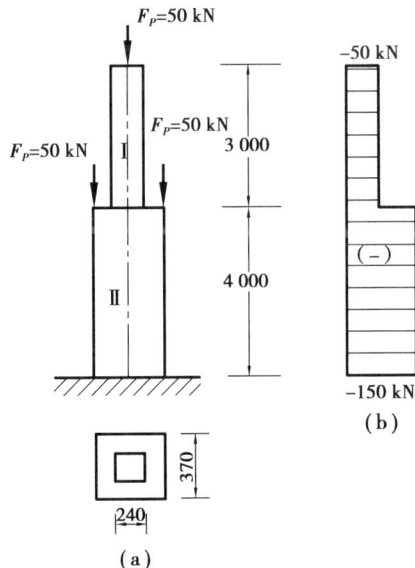

图 3.3　砖柱的受力图及轴力图

解:①作杆的轴力图,见图3.3(b)。

②因为是变截面,所以要逐段计算。

$$\sigma_{\mathrm{I}} = \frac{F_{N\mathrm{I}}}{A_{\mathrm{I}}} = \frac{-50\ 000\ \mathrm{N}}{240 \times 240 \times 10^{-6}\ \mathrm{m}^2} = -0.87\ \mathrm{MPa}(压应力)$$

$$\sigma_{\mathrm{II}} = \frac{F_{N\mathrm{II}}}{A_{\mathrm{II}}} = \frac{-150 \times 10^3\ \mathrm{N}}{370 \times 370 \times 10^{-6}\ \mathrm{m}^2} = -1.10\ \mathrm{MPa}(压应力)$$

$$\sigma_{\max} = \sigma_{\mathrm{II}} = -1.10\ \mathrm{MPa}(压应力)$$

由上述结果可见,砖柱的最大工作应力在柱的下段,其值为1.10 MPa,是压应力。

2. 强度问题

(1)危险截面和危险点

危险截面:在轴向拉压杆中,危险截面是指那些最可能首先发生破坏或达到极限应力状态的截面。

危险点:在轴向拉压杆中,由于正应力在横截面上是均匀分布的,这意味着横截面上的每一点都承受相同的应力。因此,在危险截面上,所有的点都是危险点,因为它们都同时达到极限应力状态。

(2)安全因数与许用应力

在材料的拉伸和压缩试验中,脆性材料达到强度极限时会发生破坏,而塑性材料达到屈服极限时会产生大塑性变形。为确保构件安全和正常工作,需为两类材料设定极限正应力:脆性材料使用强度极限 σ_b,塑性材料使用屈服极限 σ_s(或有时使用 $\sigma_{0.2}$,表示在塑性变形量为0.2%时的应力)。我们统一用 σ_u 来表示这两种材料的极限正应力。然而,实际工程中存在材料不均匀、荷载不确定等不利因素,因此不能简单地将最大工作应力设为极限应力。需设计安全系数(大于1),以应对这些不确定性。安全系数考虑了材料、制造、安装和使用中的各种因素,确保构件在承受设计荷载时具有足够裕量。

在设计构件时,需要根据材料的极限应力和所需的安全系数来计算构件的允许工作应力。这样,就可以确保构件在正常工作条件下既不会发生破坏,也不会产生过大的塑性变形。

对于脆性材料,许用应力: $\qquad [\sigma] = \dfrac{\sigma_b}{n_b}$

对于塑性材料,许用应力: $\qquad [\sigma] = \dfrac{\sigma_s}{n_s}$

$n_s = 1.5 \sim 2.0, n_b = 2.0 \sim 5.0$,常用材料的许用应力约值见表3.1。

表3.1　常用材料的许用应力约值

(适用于常温、静载和一般工作条件下的拉压杆)

材料	许用应力/MPa	
	拉伸$[\sigma_t]$	压缩$[\sigma_c]$
A2 钢	140	140
A3 钢	160	160
16 锰钢	240	240
45 钢(调质)	190	190

续表

材料	许用应力/MPa	
	拉伸[σ_t]	压缩[σ_c]
铜	30 ~ 120	30 ~ 120
铝	30 ~ 80	30 ~ 80
灰口铸铁	31 ~ 78	120 ~ 150
松木(顺纹)	6.9 ~ 9.8	9.8 ~ 11.7
混凝土	0.69 ~ 0.98	0.98 ~ 8.8

其中 n_b、n_s 分别为脆性材料、塑性材料对应的安全系数。

(3)强度设计

所谓强度设计是指将杆件中的最大应力限制在允许的范围内,以保证杆件正常工作,不仅不发生强度失效,而且还要具有一定的安全储备。对于拉伸与压缩杆件,也就是杆件中的最大正应力满足:

$$\sigma_{max} \leqslant [\sigma]$$

上式称为轴向荷载作用下杆件的强度条件。其中[σ]称为许用应力。

$$\sigma_{max} = \frac{F_N}{A} \leqslant [\sigma] \tag{3.2}$$

根据这一强度条件,可以对杆件进行如下三方面的计算。

(a)强度校核

已知杆件的尺寸、所受荷载和材料的许用应力,直接应用式(3.2),验算杆件是否满足强度条件。

(b)截面设计

已知杆件所受荷载和材料的许用应力,将式(3.2)改成 $A \geqslant \dfrac{F_N}{[\sigma]}$,由强度条件确定杆件所需的横截面面积。

(c)许用荷载的确定

已知杆件的横截面尺寸和材料的许用应力,将式(3.2)改成 $F_N \leqslant A[\sigma]$ 确定杆件所能承受的最大轴力,最后通过静力学平衡方程算出杆件所能承担的最大许可荷载。

例 3.2 结构尺寸及受力如图 3.4 所示,设 AB、CD 均为刚体,BC 和 EF 为圆截面钢杆,直径均为 d。若已知荷载 $F_P = 39$ kN,杆的直径 $d = 25$ mm,杆的材料 Q235 钢,其许用应力[σ] = 160 MPa。校核此结构的强度。

解:①受力分析。

EF 杆的轴力:F_{N2}

BC 杆的轴力:F_{N1}

分别对 AB 刚体和 CD 刚体写平衡方程:

$$\sum M_A = 0, 3.75F_{N1} - 3F_P = 0$$

$$\sum M_D = 0, 3.8 F_{N1} - 3.2 F_{N2} \sin 30° = 0$$

$$F_{N1} = \frac{3 F_P}{3.75} = \frac{39 \times 10^3 \times 3}{3.75} = 31.2 \text{ kN}$$

$$F_{N2} = \frac{F_{N1} \times 3.8}{3.2 \times \sin 30°} = \frac{31.2 \times 10^3 \times 3.8}{3.2 \times \sin 30°} = 74.1 \text{ kN}$$

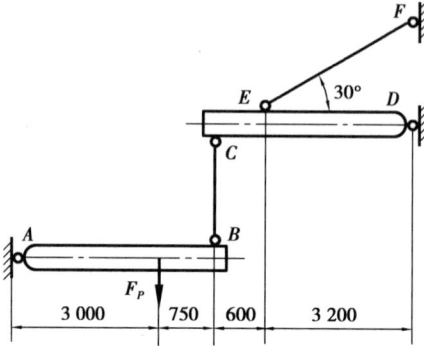

图 3.4　例 3.2 结构受力图

②强度校核。

EF 杆的内力大于 BC 杆,它们的面积相同,因此校核 EF 杆。

$$\sigma_{max} = \frac{F_{N2}}{A_2} = \frac{4 F_{N2}}{\pi d^2} = \frac{4 \times 74.1 \times 10^3 \text{ N}}{\pi \times 25^2 \times 10^{-6} \text{ m}^2} = 151 \text{ MPa}$$

$\sigma_{max} < [\sigma]$　安全。

例 3.3　结构尺寸及受力如图 3.5 所示,设 AB、CD 均为刚体,BC 和 EF 为圆截面钢杆,直径均为 d。若已知荷载 $F_P = 39$ kN,杆的材料为 Q235 钢,其许用应力 $[\sigma] = 160$ MPa,确定圆杆的直径 d。

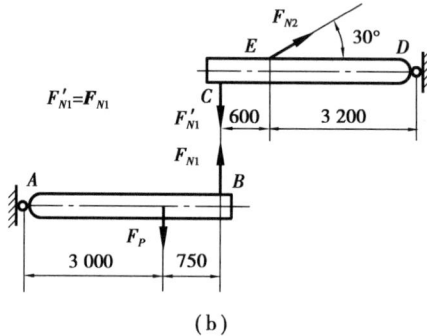

(b)

图 3.5　例 3.3、例 3.4 结构受力图

解:①受力分析。

由例 3.2 题的静力分析,可以得到

两根杆所受的力:

$$F_{N1} = 31.2 \text{ kN}$$

$$F_{N2} = 74.1 \text{ kN}$$

②设计截面尺寸。

分别对两根杆进行分析求解

$$\upsilon_{BC} = \frac{4F_{N1}}{\pi d^2} < [\sigma]$$

$$d_1 \geqslant \sqrt{\frac{4F_{N1}}{\pi[\sigma]}} = \sqrt{\frac{4 \times 31.2 \times 10^3}{\pi \times 160 \times 10^6}} = 15.8 \text{ mm}$$

$$\sigma_{EF} = \frac{4F_{N2}}{\pi d_2^2} \leqslant [\sigma]$$

$$d_2 \geqslant \sqrt{\frac{4F_{N2}}{\pi[\sigma]}} = \sqrt{\frac{4 \times 74.1 \times 10^3}{\pi \times 160 \times 10^6}} = 24.3 \text{ mm}$$

例 3.4 结构尺寸及受力如图 3.5 所示,设 AB、CD 均为刚体,BC 和 EF 为圆截面钢杆,杆的直径 $d = 25$ mm,杆的材料为 Q235 钢,其许用应力 $[\sigma] = 160$ MPa,确定结构许可荷载 $[F_P]$。

解:①受力分析。

由例题 3.2 的分析,可以得到两根杆所受的力与荷载的关系

$$\sum M_A = 0, 3.75F_{N1} - 3F_P = 0$$

$$\sum M_D = 0, 3.8F_{N1} - 3.2F_{N2}\sin 30° = 0$$

$$F_{N1} = \frac{3}{3.75}F_P = 0.8F_P$$

$$F_{N2} = \frac{F_{N1} \times 3.8}{3.2 \times \sin 30°} = \frac{0.8 \times 3.8}{3.2 \times \sin 30°}F_P = 1.9F_P$$

强度条件:$[F_N] \leqslant [\sigma]A$

EF 杆所受的力比 CB 杆的大,因此由 EF 杆的强度条件确定 $[F_P]$。

②确定结构许可荷载。

$$\sigma_{\max} = \frac{4F_{N2}}{\pi d^2} = \frac{4 \times 1.9 \times F_P}{\pi d^2} \leqslant [\sigma]$$

$$F_P \leqslant \frac{\pi d^2[\sigma]}{4 \times 1.9} = \frac{\pi \times 30^2 \times 10^{-6} \times 160 \times 10^6}{4 \times 1.9} = 59.52 \text{ kN}$$

$$[F_P] = 59.52 \text{ kN}$$

3.3 圆轴扭转时横截面上的切应力

1.圆轴扭转时横截面上的应力

对于受扭转的实心截面圆轴来说,可以从变形几何关系、物理关系和静力关系建立圆轴扭转时横截面上的应力计算公式。

(1)变形几何关系

①实验观察。

实验前在等直圆杆表面画若干垂直于轴线的圆周线和平行于轴线的纵向线如图 3.5 所示,然后在杆两端施加一对方向相反、力偶矩大小相等的外力偶。小变形时可观察到:

（a）各圆周线绕轴线有相对转动，但形状、大小及相邻两圆周线之间的距离均不变，这说明横截面上没有正应力。

（b）在小变形下，各纵向线倾斜了同一角度 γ，但仍为直线，表面的小矩形变形成平行四边形，这说明横截面上有切应力，且切应力的方向与径向垂直。

②平面假设。

根据实验可作如下假设：圆轴扭转变形前为平面的横截面，变形后仍为平面，形状和大小不变，半径仍为直线，且相邻两截面间的距离不变。根据这一假设，在扭转变形中，圆轴的横截面就像刚性平面一样，绕轴线旋转了一个角度。

③变形规律。

用相邻横截面从圆轴中假想地截取长为 $\mathrm{d}x$ 的微段，放大如图3.6（c）、（d）所示。变形以后，$\mathrm{d}x$ 段左右两个横截面相对转动了 $\mathrm{d}\varphi$ 角，变形前与 oc 处于同一径向平面上的半径线 oa 转至 oa' 位置，此时，圆周表面上的纵向线 ca 倾斜了 γ 角移至 ca' 位置如图3.6（c）所示。对于圆轴内部半径为 ρ 的任一层假想的圆筒如图3.6（d）所示，若设想变形前在其表面上绘有与 ca 线处于同一径向平面的 ge 线，则变形以后 ge 线将移至 ge' 位置，用 γ_ρ 表示 ge 线的倾角，由图3.6可见

$$\gamma_\rho \cdot \mathrm{d}x = ee' = \rho\mathrm{d}\varphi$$

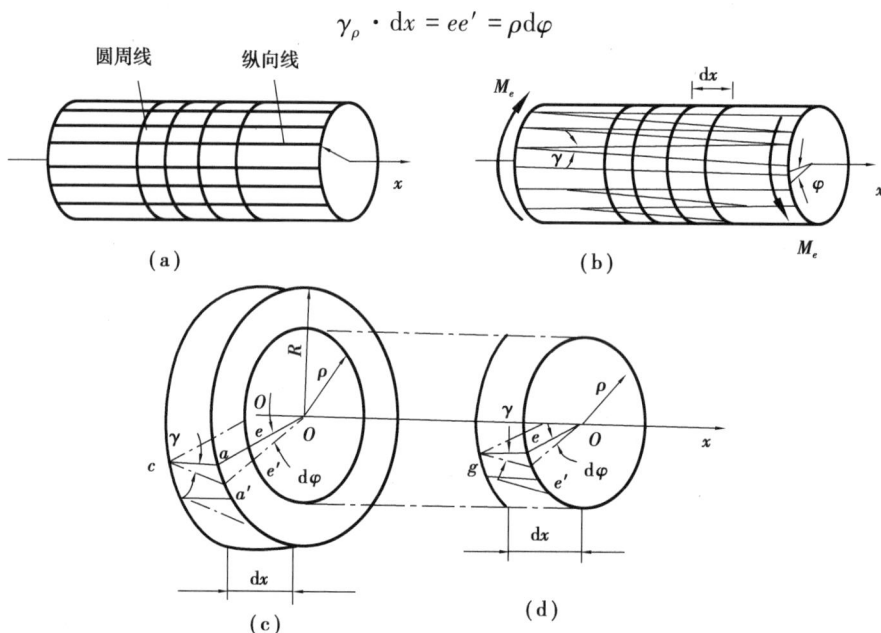

图3.6　扭转变形示意图

故有

$$\gamma_\rho = \rho\frac{\mathrm{d}\varphi}{\mathrm{d}x} \tag{3.3}$$

式（3.3）中 $\dfrac{\mathrm{d}\varphi}{\mathrm{d}x}$ 表示相距单位长度的两个横截面间的相对扭转角，由于假设横截面作刚性转动，故在同一横截面上 $\dfrac{\mathrm{d}\varphi}{\mathrm{d}x}$ 为一常量。所以式（3.3）表明，横截面上任意点的切应变 γ_ρ 与该点至圆心的距离 ρ 成正比。即横截面上切应变随半径按线性规律变化。

（2）物理方面

由剪切胡克定律知,横截面上距离轴心 ρ 处的切应力 τ_ρ 与该点的切应变 γ_ρ 成正比。即

$$\tau_\rho = G\gamma_\rho$$

将式（3.3）代入上式,得

$$\tau_\rho = G\rho \frac{\mathrm{d}\varphi}{\mathrm{d}x} \tag{3.4}$$

横截面上任意点的切应力 τ_ρ 与该点到圆心的距离 ρ 成正比,其方向垂直于半径,沿半径切应力 τ_ρ 的分布如图 3.7 所示。

由于式（3.4）中的 $\frac{\mathrm{d}\varphi}{\mathrm{d}x}$ 未求出,所以仍不能用它计算切应力,这就要用静力关系来解决。

（3）静力关系

在图 3.8 中,圆轴横截面上的扭矩 T 由横截面上无数微剪力对轴线的力矩组成。由此可得出横截面上切应力的指向为顺着扭矩的转向。

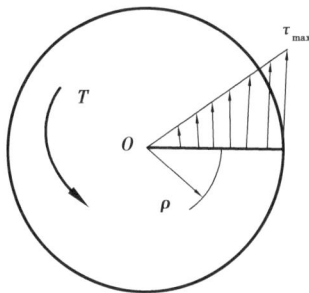

图 3.7 扭转变形横截面切应力
分布示意图

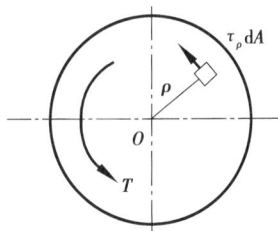

图 3.8 圆轴横截面上扭矩与
切应力分布示意图

$$T = \int_A \tau_\rho \mathrm{d}A \cdot \rho$$

将式（3.4）代入上式,并且由于 $\frac{\mathrm{d}\varphi}{\mathrm{d}x}$ 和 G 为常量,可得

$$T = \int_A G\rho \frac{\mathrm{d}\varphi}{\mathrm{d}x} \mathrm{d}A \cdot \rho = G \frac{\mathrm{d}\varphi}{\mathrm{d}x} \int_A \rho^2 \mathrm{d}A \tag{3.5}$$

令

$$I_p = \int_A \rho^2 \mathrm{d}A \tag{3.6}$$

I_P 称为横截面对圆心 O 点的极惯性矩,单位为 m^4。它只与横截面的几何形状和尺寸有关。

将式（3.6）代入式（3.5）,整理得

$$\frac{\mathrm{d}\varphi}{\mathrm{d}x} = \frac{T}{GI_P}$$

将上式代入式（3.4）得

$$\tau_\rho = \frac{T\rho}{I_P} \tag{3.7}$$

当 $\rho = R$ 时切应力最大,即圆轴横截面上边缘点的切应力最大,其值为

$$\tau_{\max} = \frac{TR}{I_P} \qquad (3.8)$$

令

$$W_P = \frac{I_P}{R}$$

W_P 称为抗扭截面系数,单位为 m^3。将上式代入式(3.8)得

$$\tau_{\max} = \frac{T}{W_P} \qquad (3.9)$$

2. 圆截面极惯性矩及抗扭截面系数

如图 3.9 所示,实心圆截面上距圆心为 ρ 处取厚度为 $\text{d}\rho$ 的环形面积作微面积,其上各点的 ρ 可视为相等,且 $\text{d}A = 2\pi\rho\text{d}\rho$,故极惯性矩 I_P 为

$$I_P = \int_A \rho^2 \text{d}A = \int_0^{\frac{d}{2}} \rho^2 \times 2\pi\rho\text{d}\rho = \frac{\pi D^4}{32}$$

抗扭截面系数 W_P 为

$$W_P = \frac{I_P}{R} = \frac{\pi D^3}{16}$$

如图 3.10 所示,在空心圆轴的情况下,极惯性矩 I_P 为

$$I_P = \int_A \rho^2 \text{d}A = \int_{\frac{d}{2}}^{\frac{D}{2}} 2\pi\rho^2 \text{d}\rho = \frac{\pi}{32}(D^4 - d^4) = \frac{\pi D^4}{32}(1 - \alpha^4)$$

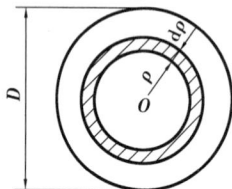

图 3.9　实心圆截面微元圆环示意图　　　图 3.10　空心圆截面微元圆环示意图

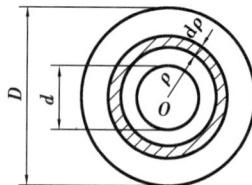

抗扭截面系数 W_P 为

$$W_P = \frac{I_P}{R} = \frac{\pi D^3}{16}(1 - \alpha^4)$$

式中　D——外径;

　　　α——空心圆轴内外直径之比$\left(\alpha = \dfrac{d}{D}\right)$。

3. 圆轴扭转时的强度条件

圆轴扭转时的强度条件是轴上最大工作切应力 $\tau_{\max}$ 不超过材料的许用切应力$[\tau]$,即

$$\tau_{\max} \leqslant [\tau]$$

对于等截面圆轴,$\tau_{\max}$ 应发生在最大扭矩 $T_{\max}$ 的横截面上周边各点处,所以其强度条件为

$$\tau_{\max} = \frac{T_{\max}}{W_P} \leqslant [\tau] \qquad (3.10)$$

例 3.5 联轴器如图 3.11 所示,已知:$P=7.5$ kW,$n=$
100 r/min,最大切应力不得超过 40 MPa,空心轴的内外径
之比 $\alpha=0.5$,二轴长度相同。求:(1)实心轴的直径 d_1 和
空心轴的外径 D_2;(2)二轴的质量之比。

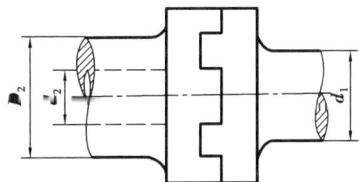

解:①计算外力偶矩。

$$M_x = T = 9\ 550 \times \frac{P}{n} = 9\ 550 \times \frac{7.5}{100} = 716.3\ \text{N} \cdot \text{m}$$

②计算实心轴直径。

$$\tau_{\text{max1}} = \frac{T}{W_{P1}} = \frac{16T}{\pi d_1^3} \leqslant 40\ \text{MPa}$$

$$d_1 \geqslant \sqrt[3]{\frac{16 \times 716.3\ \text{N} \cdot \text{m}}{\pi \times 40 \times 10^6\ \text{Pa}}} = 0.045\ \text{m} = 45\ \text{mm}$$

③计算空心轴直径。

$$\tau_{\text{max2}} = \frac{T}{W_{P2}} = \frac{16T}{\pi d D_2^3 (1 - \alpha^4)} \leqslant 40\ \text{MPa}$$

$$D_2 = \sqrt[3]{\frac{16 \times 716.2\ \text{N} \cdot \text{m}}{\pi (1 - 0.5^4) \times 40 \times 10^6}} = 0.046\ \text{m} = 46\ \text{mm}$$

$$d_2 = 0.5 D_2 = 23\ \text{mm}$$

④两轴质量之比。

$$\frac{A_1}{A_2} = \frac{d_1^2}{D_2^2 (1 - \alpha^2)} = \left(\frac{45 \times 10^{-3}}{46 \times 10^{-3}}\right)^2 \times \frac{1}{1 - 0.5^2} = 1.28$$

实心截面轴的质量是空心截面轴质量的 1.28 倍。

图 3.11 联轴器示意图

3.4 平面弯曲时梁横截面上的应力

1. 弯曲正应力

在讨论弯曲内力时我们知道,一般情况下梁的
横截面上既有弯矩 M 又有剪力 F_s。在横截面上,法
向内力元素 $\text{d}F_N = \sigma \text{d}A$ 组成弯矩 M,切向内力元素
$\text{d}F_s = \tau \text{d}A$ 组成剪力 F_s。所以在横截面上一般既有
正应力 σ 又有切应力 τ。

梁的横截面上不仅有正应力,还有切应力。这
种弯曲称为横向弯曲,简称横弯曲。图 3.12 AC、BD
段属于横向弯曲。如果梁的横截面上只有弯矩没有
剪力,这种平面弯曲称为纯弯曲,图 3.12 AB 段属于
纯弯曲。首先研究梁在纯弯曲时横截面的正应力,
然后再将纯弯曲理论对横力弯曲梁作推广。从观察
分析实验现象着手,综合考虑几何、物理和静力学三

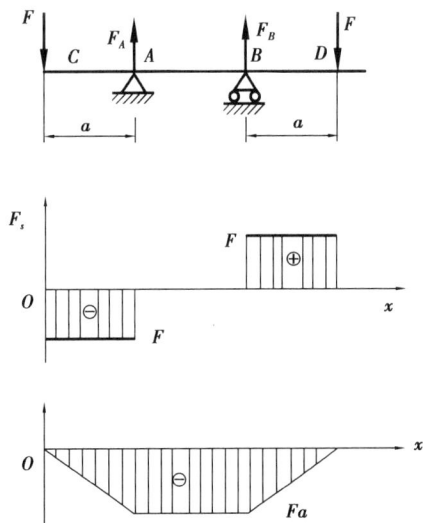

图 3.12 梁的纯弯曲与横向弯曲示意图

方面进行推证。

(1)实验现象及假设

选取了一根梁(例如矩形截面梁),并在其表面绘制纵向和横向的直线标记,如图 3.13(a)所示。我们在梁的两端施加了一对大小相等、方向相反的力偶矩 M,这样做的目的是让梁处于纯弯曲的受力状态,具体如图 3.13(b)所示。

图 3.13 矩形截面梁在纯弯曲作用下的变形示意图

实验现象:

①原本横向的直线在变形后依然保持直线形态,它们仍然与已经弯曲成弧线的纵向线保持正交关系,只是相对于原始位置发生了一定的角度偏转。这一现象清晰地展示了梁在纯弯曲状态下的横向稳定性,即横向线条虽受弯曲影响,但仍保持其直线特性。

②纵向的直线则发生了显著的弯曲变化,它们变成了圆弧线。特别地,位于梁中间位置的纵向线长度在变形前后保持不变,这体现了梁在纯弯曲时中性轴的特性。而相对于中性轴,上部的纵向线因受到压缩而缩短,下部的纵向线则因受到拉伸而伸长。这一变化直观地反映了梁在弯曲过程中不同部位的受力状态和变形程度。

③在梁的变形过程中,虽然横截面的高度没有发生变化,但其宽度却出现了有趣的变化。在纵向线伸长的区域,横截面的宽度减小;而在纵向线缩短的区域,横截面的宽度则增大。这一现象揭示了梁在弯曲变形时横截面的形状变化,以及这种变化对梁整体强度和稳定性的影响。

从上述观察到的现象,并将绘于梁表面的横向直线看作梁的横截面,可作如下假设:

①平面假设。当梁的变形不大时,梁在变形前的横截面,变形后仍保持为平面,并仍然垂直于变形后梁的轴线,只是绕横截面内的某一轴线旋转了一个角度。

②单向受力假设。纵向纤维的变形只是简单地拉伸和压缩,各纤维之间无挤压作用。

根据平面假设,纯弯曲梁变形后各横截面仍然与各纵向线正交,即梁的纵、横截面上无切应变,所以也无切应力。又根据单向受力假设,梁弯曲后,存在纵向纤维的伸长区和缩短区,中间必有一纤维层既不伸长也不缩短,这一长度不变的过渡层称为中性层,如图 3.14 所示。中性层与横截面的交线称为中性轴。弯曲变形中,梁的横截面绕中性轴旋转。显然在平面弯曲的情况下,中性轴垂直于截面的对称轴。

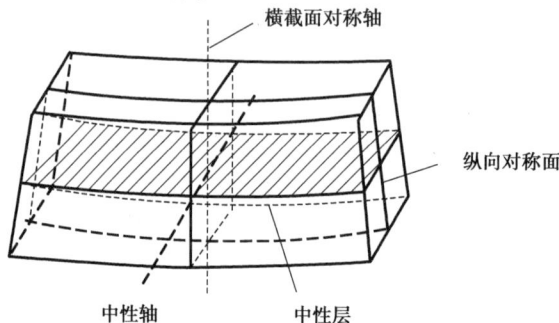

图 3.14 中性层示意图

（2）变形几何关系

从平面假设出发,相距为 dx 的两横截面间的一段梁,变形后如图 3.15（a）所示。取坐标系的 y 轴为截面的对称轴,z 轴为中性轴如图 3.15（b）所示。距中性层为 y 处的纵向纤维变形后的长度 bb' 应为

$$bb' = (\rho + y)\mathrm{d}\theta$$

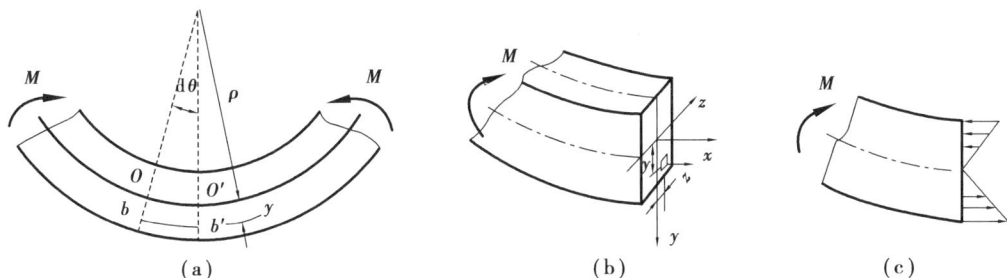

图 3.15 弯曲变形几何关系示意图

这里 ρ 为变形后中性层的曲率半径,dθ 是相距为 dx 的两横截面的相对转角,至于这些纤维的原长度 dx,应与长度不变的中性层内的纤维 $\overline{OO'}$ 相等,即

$$\mathrm{d}x = \overline{oo'} = \rho\mathrm{d}\theta$$

其线应变为

$$\varepsilon = \frac{\widehat{bb'} - \overline{OO'}}{\overline{OO'}} = \frac{(\rho + y)\mathrm{d}\theta - \rho\mathrm{d}\theta}{\rho\mathrm{d}\theta} = \frac{y}{\rho} \qquad (3.11)$$

式（3.11）表明,同一横截面上各点的线应变 ε 与该点到中性轴的距离成正比。

（3）物理关系

根据单向受力状态的假设,当应力不超过材料的比例极限时,应用单向拉伸或压缩的胡克定律可得

$$\sigma = E\varepsilon = E\frac{y}{\rho} \qquad (3.12)$$

式（3.12）表明,横截面上任一点的正应力与该点到中性轴的距离成正比。即横截面上的正应力沿截面高度按直线规律变化,如图 3.15（c）所示。在中性轴上的正应力为零。

（4）静力关系

从图 3.15（b）上看,横截面上的微内力 σdA 组成一个与横截面垂直的空间平行力系,这样的平行力系可简化成 3 个内力分量:平行于 x 轴的轴力 F_N,对 z 轴的力偶矩 M_z 和对 y 轴的力偶矩 M_y。它们分别为

$$F_N = \int_A \sigma\mathrm{d}A, \quad M_y = \int_A z\sigma\mathrm{d}A, \quad M_z = \int_A y\sigma\mathrm{d}A$$

对于纯弯曲状态,根据图 3.15（b）所示的平衡关系,在横截面上只有弯矩 M_z 存在,轴力 F_N 和弯矩 M_y 均为零。于是得

$$F_N = \int_A \sigma\mathrm{d}A = 0 \qquad (3.13)$$

$$M_y = \int_A z\sigma\mathrm{d}A = 0 \qquad (3.14)$$

$$M_z = \int_A y\sigma dA = M \tag{3.15}$$

将式(3.12)代入式(3.13),得

$$\int_A \sigma dA = \frac{E}{\rho} \int_A y dA = 0 \tag{3.16}$$

式(3.16)中的积分$\int_A y dA = y_c A$,$\int_A y dA$是横截面对z轴的静矩S_z,y_c为截面形心在y轴上的坐标。由于$\frac{E}{\rho} \neq 0$,故为了满足式(3.16)必须要求$S_z = 0$;又知面积$A \neq 0$,故必有$y_c = 0$,即形心在中性轴z上。也就是说,中性轴z必通过截面的形心。

将式(3.12)代入式(3.14),得

$$\int_A z\sigma dA = \frac{E}{\rho} \int_A yz dA = 0 \tag{3.17}$$

式(3.17)中的积分$\int_A yz dA = I_{yz}$是横截面对y轴和z轴的惯性积。由于y轴是横截面的对称轴,必然有$I_{yz} = 0$,故式(3.17)自然满足。

将式(3.12)代入式(3.15),并用M代替M_z,得

$$M = \int_A y\sigma dA = \frac{E}{\rho} \int_A y^2 dA \tag{3.18}$$

式(3.18)中的积分$\int_A y^2 dA = I_z$,I_z称为横截面对中性轴的惯性矩。于是式(3.18)可写成:

$$\frac{1}{\rho} = \frac{M}{EI_z} \tag{3.19}$$

式(3.19)为梁弯曲变形的基本公式。该式说明,中性层的曲率$\frac{1}{\rho}$与弯矩M成正比,与EI_z成反比,比例常数E即为梁材料的弹性模量。由该式还可看出,在弯矩M一定时,EI_z越大,曲率越小,梁不易变形。因此,EI_z是梁抵抗弯曲变形能力的度量,故称为梁的抗弯刚度。

将式(3.19)代入式(3.12),简化后得到梁纯弯曲时横截面上任一点的正应力计算公式

$$\sigma = \frac{My}{I_z} \tag{3.20}$$

由式(3.20)可知,梁横截面上任一点的正应力σ,与截面上弯矩M和该点到中性轴的距离y成正比,与截面对中性轴的惯性矩I_z成反比。

在以上的推导过程中,在几何方面主要是平面假设,在物理方面则有:①各纵向纤维间互不挤压的假设;②材料在线弹性范围内工作;③材料在拉伸和压缩时的弹性模量相等。所有这些都是推导以上公式的依据,因而,也是应用这些公式的限制条件。

应用式(3.20)时,M及y均可用绝对值代入。至于所求点的正应力是拉应力还是压应力,可根据梁的变形情况而定。

(5)公式推广

非纯弯曲,也就是横截面上除了弯矩之外、还有剪力的情形,对于细长杆也近似适用。理论与实验结果都表明,由于切应力的存在,梁的横截面在梁变形之后将不再保持平面,而是要

发生翘曲,但是,这种翘曲对于细长梁的影响很小,通常都可以忽略不计。

2.最大正应力公式与弯曲截面系数

(1)最大正应力公式

当 $y=y_{max}$ 时,梁的截面最外边缘上各点处正应力达到最大值,即:

$$\sigma_{max} = \frac{M}{I_z}y_{max} = \frac{M}{W_z} \tag{3.21}$$

式(3.21)中 $W_z = \dfrac{I_z}{y_{max}}$,称为梁的抗弯截面系数。它只与截面的几何形状有关,单位为 mm^3 或 m^3。

(2)弯曲截面系数

对于宽度为 b、高度为 h 的矩形截面(加载沿着横截面高度方向)

$$W_z = \frac{bh^2}{6}$$

对于直径为 d 的圆截面

$$W_z = W_y = \frac{\pi d^3}{32}$$

对于外径为 D,内径为 d 的圆环截面

$$W_z = W_y = \frac{\pi D^3}{32}(1-\alpha^4), \quad \alpha = \frac{d}{D}$$

例3.6　如图 3.16 所示 T 字形截面简支梁在中点承受集中力 $F_P = 32$ kN,梁的长度 $l=2$ m。丁字形截面的形心坐标 $y_c = 96.4$ mm,横截面对于 z 轴的惯性矩 $I_z = 1.02 \times 10^8$ mm^4。求:在最大弯矩截面上的最大拉应力和最大压应力。

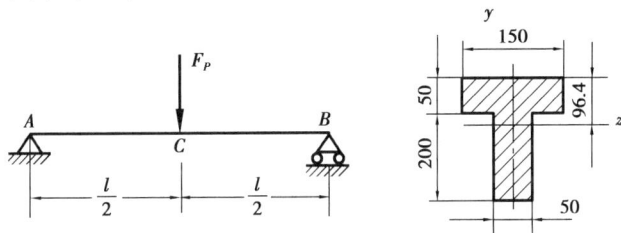

图 3.16　T 字形截面简支梁受集中力作用示意图

解:①确定最大弯矩截面以及最大弯矩数值。

由 $\sum M_A = 0$ 和 $\sum M_B = 0$,求得支座 A 和 B 处的约束力为:$F_{RA} = F_{RB} = 16$ kN。

根据内力分析,梁中点的截面上弯矩最大,

$$M_{max} = \frac{F_P l}{4} = 16 \text{ kN} \cdot \text{m}$$

②确定最大拉(压)应力点到中性轴的距离。

根据中性轴的位置和截面上最大弯矩的实际方向,可以确定中性轴以上承受压应力;中性轴以下承受拉应力。最大拉应力作用点和最大压应力作用点分别为中性轴最远的下边缘和上边缘上的各点。由图 3.16 所示截面尺寸,可知:

$$y_{t\,max} = 200 + 50 - 96.4 = 153.6 \text{ mm}$$

$$y_{c\,max} = 96.4 \text{ mm}$$

③计算在最大弯矩截面上的最大拉应力和最大压应力

$$\sigma_{t\,max} = \frac{My_{t\,max}}{I_z} = \frac{16 \times 10^3 \times 153.6 \times 10^{-3}}{1.02 \times 10^8 \times (10^{-3})^4} \text{Pa} = 24.09 \text{ MPa}$$

$$\sigma_{c\,max} = \frac{My_{c\,max}}{I_z} = \frac{16 \times 10^3 \times 96.4 \times 10^{-3}}{1.02 \times 10^8 \times (10^{-3})^4} \text{Pa} = 15.12 \text{ MPa}$$

例 3.7 试计算图示简支矩形截面木梁平放与竖放时的最大正应力,并加以比较。

解:简支梁受均布荷载作用最大弯矩 $M_{max} = \frac{1}{8}ql^2$,如图 3.17 所示。

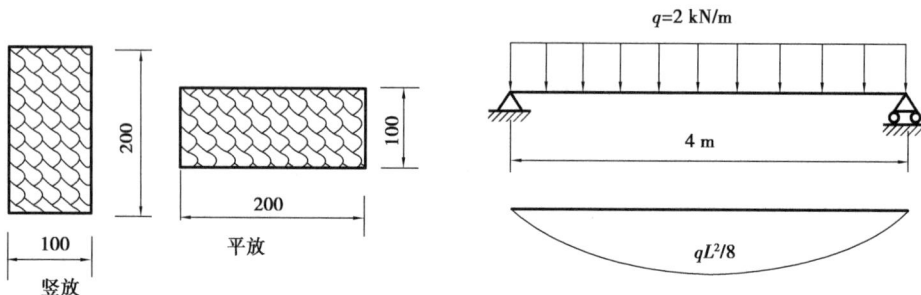

图 3.17 简支矩形截面木梁受均布荷载示意图

①确定最大正应力

$$平放:\sigma_{max} = \frac{M_{max}}{W_z} = \frac{\dfrac{2 \times 16 \times 10^6}{8}}{\dfrac{200 \times 100^2}{6}} \text{ Pa} = 12 \text{ MPa}$$

$$竖放:\sigma_{max} = \frac{M_{max}}{W_z} = \frac{\dfrac{2 \times 16 \times 10^6}{8}}{\dfrac{100 \times 200^2}{6}} \text{ Pa} = 6 \text{ MPa}$$

②比较平放与竖放时的最大正应力

$$\frac{\sigma_{max}(平放)}{\sigma_{max}(竖放)} = \frac{12 \text{ MPa}}{6 \text{ MPa}} = 2$$

所以,竖放比较好。

3. 弯曲时的正应力强度计算

(1)强度条件

等直梁横截面上的最大正应力,发生在等直梁最大弯矩 M_{max} 所在截面上最外缘处。由于在横截面上最外边缘的各点处切应力等于零(详见弯曲切应力内容),因而最大弯曲正应力所作用的各点可看作简单拉压受力状态。因此,建立梁的弯曲正应力强度条件为:

$$\sigma_{max} \leqslant [\sigma]$$

即梁的最大工作正应力不得超过材料的许用应力 $[\sigma]$。

对于低碳钢等塑性材料,其抗拉和抗压的许用应力相等。为了使横截面上最大拉应力和最大压应力同时达到其许用应力,通常将梁的截面做成与中性轴对称的形状。如工字形、矩

形和圆形等。其强度条件为

$$\sigma_{max} = \frac{M_{max}}{W_z} \leqslant \lceil \sigma \rceil \tag{3.22}$$

由于脆性材料抗拉与抗压的许用应力不同,为了充分利用材料,工程上常把梁的横截面做成与中性轴不对称的形状。例如 T 形截面等。图 3.18 所示便是 T 形截面的铸铁托架,其最大拉应力值和最大压应力值可由式 $\sigma_{max} = \frac{M}{I_z} y_{max}$ 求得。故强度条件为

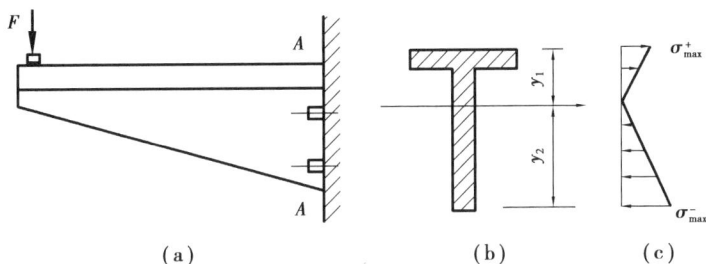

图 3.18 T 形截面铸铁托架截面正应力分析示意图

$$\sigma_{tmax} = \frac{M_{max} y_{tmax}}{I_z} \leqslant \lceil \sigma_t \rceil \tag{3.23}$$

$$\sigma_{cmax} = \frac{M_{max} y_{cmax}}{I_z} \leqslant \lceil \sigma_c \rceil \tag{3.24}$$

式中,$\lceil \sigma_t \rceil$ 表示抗拉许用应力,$\lceil \sigma_c \rceil$ 表示抗压许用应力。

对于阶梯形梁,因抗弯截面系数 W_z 不再是常量,对整个梁而言,σ_{max} 不一定发生在 M_{max} 所在截面上。所以,应综合考虑弯矩及抗弯截面系数两个因素来确定全梁工作时的最大正应力。

(2)强度计算步骤

根据最大正应力的强度条件,进行强度计算的一般步骤为:

①根据约束性质,受力分析,计算约束力。

②作弯矩图;根据弯矩图,确定可能的危险截面。

③根据应力分布和材料的抗拉、抗压强度性能是否相等,确定可能的危险点:对于抗拉、抗压强度相同的材料(如低碳钢等),最大拉应力作用点与最大压应力作用点具有相同的危险性,通常不加以区分;对于抗拉、压强度性能不同的材料(如铸铁等脆性材料)最大拉应力作用点和最大压应力作用点都有可能是危险点。

④应用强度条件进行相应的计算。

强度条件是工程中解决梁弯曲强度校核、截面选择及许可荷载确定等关键问题的有效依据。

例 3.8 如图 3.19(a)所示的圆轴在 A、B 两处的滚珠轴承可以简化为铰链支座;轴的外伸部分 BD 是空心的。实心轴的直径 $D = 60$ mm,空心部分内径 $d = 40$ mm,其余尺寸以及轴所承受的荷载如图所示。圆轴主要承受弯曲变形,可将其简化为外伸梁。已知拉伸和压缩的许用应力相等 $\lceil \sigma \rceil = 100$ MPa,试分析圆轴的强度是否安全。

解:

①计算约束反力。

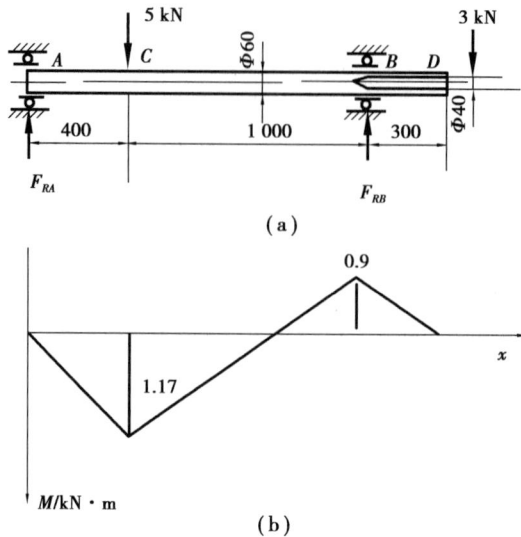

(a)

(b)

图 3.19 圆轴的受力图及内力图

因为 A、B 二处都只有铅垂方向的约束力 F_{RA}，F_{RB}，假设方向向上。

由平衡方程 $\sum M_A = 0$ 和 $\sum M_B = 0$

求得 $F_{RA} = 5.07$ kN，$F_{RB} = 2.93$ kN

②作弯矩图，确定危险截面。

作弯矩图，如图 3.19(b)所示。根据弯矩图和圆轴的截面尺寸，可知实心部分 C 截面处弯矩最大，为危险截面；空心部分，轴承 B 右截面处弯矩最大，为危险截面。

$$M_C = 1.17 \text{ kN} \cdot \text{m}, \quad M_B = -0.9 \text{ kN} \cdot \text{m}$$

③计算最大正应力。

应用最大正应力公式，计算危险截面上的应力

$$C \text{ 截面}：\sigma_{\max} = \frac{M_{\max}}{W_z} = \frac{32M}{\pi D^3} = \frac{32 \times 1.17 \times 10^3}{\pi \times (60 \times 10^{-3})^3} \text{Pa} = 55.07 \text{ MPa}$$

B 截面右侧：

$$\sigma_{\max} = \frac{M_{\max}}{W_z} = \frac{32M}{\pi D^3 (1 - \alpha^4)} = \frac{32 \times 1.17 \times 10^3}{\pi \times (60 \times 10^{-3})^3 \times \left[1 - \left(\frac{40}{60}\right)^4\right]} \text{Pa} = 52.87 \text{ MPa}$$

④分析梁的强度是否安全。

由上可知，两个危险截面上的最大正应力都小于许用应力 $[\sigma] = 100$ MPa。

$$\sigma_{\max} \leqslant [\sigma]$$

故满足强度条件，圆轴的强度安全。

例 3.9 图 3.20(a)表示一 T 形截面铸铁梁。铸铁的抗拉许用应力为 $[\sigma_t] = 30$ MPa，抗压许用应力为 $[\sigma_c] = 50$ MPa。T 形截面尺寸如图 3.20(b)所示。已知截面对形心轴 z 的惯性矩 $I_z = 763$ cm^4，且 $y_1 = 52$ mm。试校核梁的强度。

解：①求梁的支反力为。

$$F_A = 2.5 \text{ kN}, F_B = 10.5 \text{ kN}$$

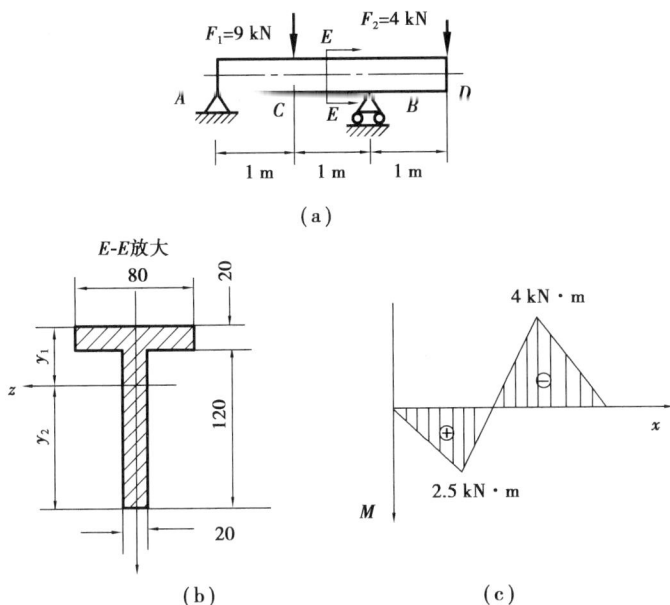

图 3.20 T 形截面铸铁梁的受力图及内力图

②作弯矩图。

如图 3.20(c),最大正弯矩在截面 C 上,$M_C = 2.5$ kN·m;最大负弯矩在截面 B 上,$M_B = -4.0$ kN·m。

③计算最大应力。

在截面 B 上,最大拉应力发生于截面的上边缘处

$$\sigma_{t\max}^{B} = \frac{M_B y_1}{I_z} = \frac{4.0 \times 10^3 \times 52 \times 10^{-3}}{763 \times 10^{-8}} \text{ MPa} = 27.2 \text{ MPa}$$

最大压应力发生于截面的下边缘处

$$\sigma_{c\max}^{B} = \frac{M_B y_2}{I_z} = \frac{4.0 \times 10^3 \times (120 + 20 - 52) \times 10^{-3}}{763 \times 10^{-8}} \text{ MPa} = 46.1 \text{ MPa}$$

在截面 C 上虽然弯矩 M_C 的绝对值小于 M_B,但 M_C 是正弯矩,最大拉应力发生于截面的下边缘,而下边缘到中性轴的距离又比较远,因此有可能产生比截面 B 还要大的拉应力。

$$\sigma_{t\max}^{C} = \frac{M_C y_2}{I_z} = \frac{2.5 \times 10^3 \times (120 + 20 - 52) \times 10^{-3}}{763 \times 10^{-8}} \text{ MPa} = 28.8 \text{ MPa}$$

所以,最大拉应力在截面 C 的下边缘处。

④校核梁的强度。

$$\sigma_{t\max} = \sigma_{t\max}^{C} = 28.8 \text{ MPa} \leqslant [\sigma_t]$$

$$\sigma_{c\max} = \sigma_{c\max}^{B} = 46.2 \text{ MPa} \leqslant [\sigma_c]$$

故梁强度条件是满足的。

4. 弯曲切应力

如前所述,在横力弯曲的情况下,梁的横截面上有剪力,则在该截面上将有切应力。对于截面为圆形、矩形,且跨度 l 比其截面高度 h 大得多的梁,切应力可忽略不计。反之,对跨度短而截面高的梁,以及一些薄壁梁,如腹板较薄的工字梁等,则切应力不能忽略。下面将研究等

直梁横截面上的切应力,并且也只限于荷载作用在梁的纵向对称平面内这一常见的情况。

(1)矩形截面梁

设在任意荷载作用下的矩形截面梁,如图 3.21 所示,其任意横截面上的剪力 F_s 引起该截面上的切应力 τ,弯矩 M 引起该截面上的正应力 σ。在求切应力时,对切应力的分布作如下的假设:

①横截面上各点的切应力方向均平行于剪力 F_s 的方向;

②切应力沿矩形截面宽度均匀分布,即切应力的大小只与坐标 y 有关。

以 $m\text{-}m$ 和 $n\text{-}n$ 两横截面假想地从图 3.21(a)所示梁中 x 处取长为 $\mathrm{d}x$ 的一段如图 3.21(b)所示,在一般情况下该两横截面的弯矩是不相等的,因而上述两截面同一个 y 坐标处的正应力也不相等。

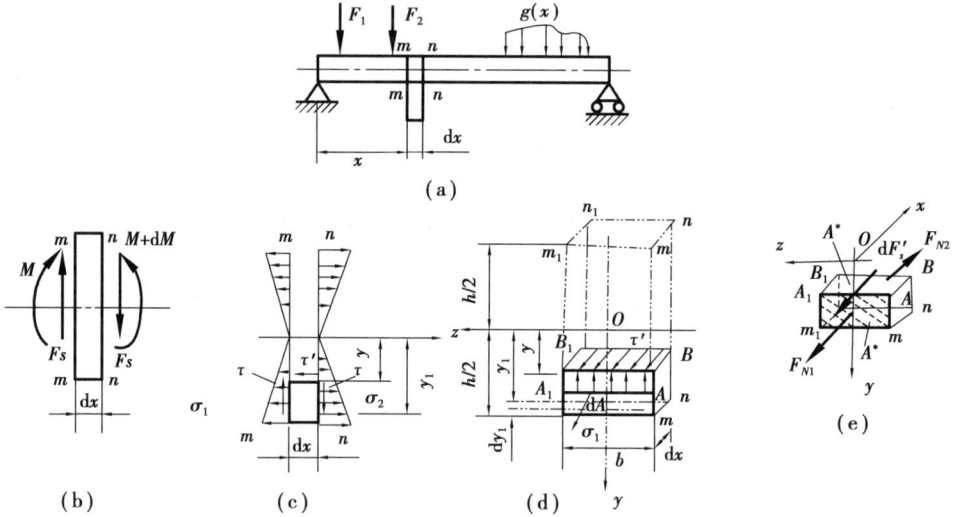

图 3.21 弯曲切应力分析示意图

为了计算横截面上距中性层 y 处的切应力 τ_y,用平行于中性轴的纵截面(AA_1BB_1)将上述微段的下部切出如图 3.21(d)、(e)所示,并研究该六面体的平衡。在两个端面 AA_1mm_1 和 BB_1nn_1 上,与上述正应力对应的两个法向内力的数值也是不相等的,因此,在面 AA_1BB_1 上必须有沿 x 方向的切向内力,才能维持该六面体的平衡,故在此面上也相应地有切应力 τ 如图 3.21(c)、(d)所示。在面 AA_1BB_1 上的切向内力利用平衡方程 $\sum Fx = 0$ 求得,从而可求出切应力 τ,再由切应力互等定理即可得到横截面上横线 AA_1 处的切应力 τ 如图 3.21(c)、(d)所示。

在图 3.21 中距左支端为 x 和 $x+\mathrm{d}x$ 处的两横截面 $m\text{-}m$ 和 $n\text{-}n$ 上的弯矩分别为 M 和 $M+\mathrm{d}M$,再分别求出此两截面上距中性轴为 y_1 处的正应力 σ_1 和 σ_2,由此求得在两个端面上的法向内力 F_{N1} 和 F_{N2} 如图 3.21(e)所示。

$$F_{N1} = \int_{A^*} \sigma_1 \mathrm{d}A = \int_{A^*} \frac{My_1}{I_z}\mathrm{d}A = \frac{M}{I_z}\int_{A^*} y_1 \mathrm{d}A = \frac{M}{I_z}S_z^* \tag{3.25}$$

$$F_{N2} = \int_{A^*} \sigma_2 \mathrm{d}A = \int_{A^*} \frac{(M + \mathrm{d}M)y_1}{I_z}\mathrm{d}A = \frac{(M + \mathrm{d}M)}{I_z}S_z^* \tag{3.26}$$

式(3.25)、(3.26)中 $S_z^* = \int_{A^*} y\mathrm{d}A$ 为面积 A^*(图 3.21(d)、(e))对横截面中性轴的静矩,

而 A^* 为距中性轴为 y 的横线以外部分的横截面积。

在截面 AA_1BB_1 上存在着切应力 τ，由切应力分布的假设及切应力互等定理可知，在截面上沿横线 AA_1 上各点处的切应力大小相等。至于在 $\mathrm{d}x$ 长度上，τ' 即使有变化，其增量也是高阶无穷小量，可将其略去，从而可认为 τ' 在纵截面 AA_1BB_1 上为一常量。于是得到纵截面上的切向内力

$$\mathrm{d}F_s' = \tau'b\mathrm{d}x \tag{3.27}$$

法向内力 F_{N1}、F_{N2} 和应满足平衡方程 $\sum F_x = 0$，即

$$F_{N1} - F_{N2} - \mathrm{d}F_s' = 0$$

将式（3.25）、式（3.26）、式（3.27）代入上式，得

$$\frac{M + \mathrm{d}M}{I_z}S_z^* - \frac{M}{I_z} - \tau'b\mathrm{d}x = 0$$

整理得到 $\dfrac{\mathrm{d}M}{I_z}S_z^* = \tau'b\mathrm{d}x$，即

$$\tau' = \frac{\mathrm{d}M}{\mathrm{d}x}\frac{S_z^*}{I_z b}$$

由于 $\dfrac{\mathrm{d}M}{\mathrm{d}x} = F_S$，所以上式可改写为

$$\tau' = \frac{F_s S_z^*}{I_z b}$$

从切应力互等定理知 $\tau = \tau'$，故在横截面上距中性轴为 y 处的切应力为

$$\tau = \frac{F_s S_z^*}{I_z b} \tag{3.28}$$

式（3.28）中，F_s 为横截面上的剪力，I_z 为横截面对中性轴的惯性矩，b 为截面宽度，S_z^* 为距中性轴为 y 的横线以外部分的横截面面积对中性轴的静矩。

现在根据式（3.28）讨论切应力在横截面上的分布。在图 3.22 中，距中性轴为 y 处横线以下面积对中性轴的静矩 S_z^* 为

$$S_z^* = b\left(\frac{h}{2} - y\right) \times \left(y + \frac{\frac{h}{2} - y}{2}\right) = \frac{b}{2}\left(\frac{h^2}{4} - y^2\right)$$

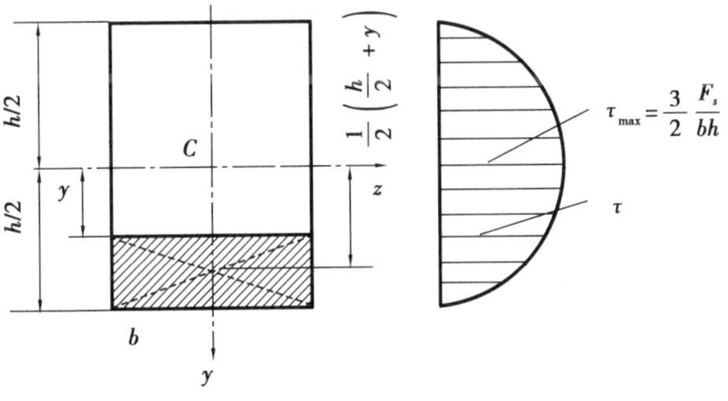

图 3.22　矩形截面杆件内切应力分布示意图

由于 $I_z = \dfrac{bh^3}{12}$，故

$$\tau = \frac{F_S S_z^*}{I_z b} = \frac{F_S \dfrac{b}{2}\left(\dfrac{h^2}{4} - y^2\right)}{\dfrac{bh^3}{12} b} = \frac{6F_s}{bh^3}\left(\frac{h^2}{4} - y^2\right) \tag{3.29}$$

式(3.29)表明，τ 沿矩形截面高度按二次抛物线规律变化，如图 3.21(b)所示。在横截面的上、下边缘 $y = \pm\dfrac{h}{2}$ 处，$\tau = 0$。在中性轴上，即 $y = 0$ 处，出现最大切应力：

$$\tau_{max} = \frac{3}{2}\frac{F_S}{bh} \tag{3.30}$$

式(3.30)说明矩形截面梁的最大切应力为平均切应力的 1.5 倍。

因为切应力 τ 与剪力 F_S 平行、同向，故根据 F_S 的方向即可判断 τ 的方向。切应力沿截面高度分布如图 3.23(a)所示，最大切应力发生在中性轴上各点。

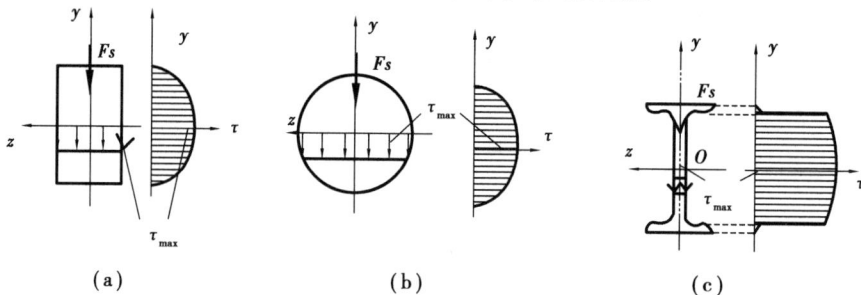

（a） （b） （c）

图 3.23 不同截面形状下杆件内切应力分布示意图

（2）直径为 d 的圆截面

$$S_z^* = \frac{1}{2}\frac{\pi d^2}{4}\frac{2d}{3\pi} = \frac{\pi d^3}{12}$$

在中性轴上各点，切应力取最大值：

$$\tau_{max} = \frac{F_S S_z^*}{I_z d} = \frac{4}{3}\frac{F_S}{A} \tag{3.31}$$

式中，$A = \dfrac{\pi d^2}{4}$

切应力分布如图 3.23(b)所示。

（3）内、外直径分别为 d、D 的薄壁环形截面

$$\tau_{max} = 2\frac{F_S}{A} \tag{3.32}$$

式中，$A = \dfrac{\pi(D^2 - d^2)}{4}$

（4）工字形截面

工字形截面由上、下翼缘和腹板组成，由于二者宽度相差较大，铅垂方向的切应力值将有较大差异，其铅垂方向的切应力分布如图 3.23(c)所示。不难看出，铅垂方向的切应力主要分布在腹板上。最大切应力由式(3.33)计算：

$$\tau_{max} = \frac{F_S}{d\,\dfrac{I_z}{S_{zmax}^*}} \qquad (3.33)$$

式中,d 为工字钢腹板厚度。对于轧制的工字钢,式中的 S_{zmax}^* 可在型钢规格表中查得。

5. 最大切应力的强度条件

弯曲构件横截面上最大切应力 τ_{max} 发生在最大剪力所在截面的中性轴上各点处,在这些点处正应力等于零,是纯切应力状态。由纯切应力状态的强度条件 $\tau_{max} \le [\tau]$,可得梁的切应力强度条件为

$$\tau_{max} = \frac{F_s S_z^*}{I_z b} \le [\tau] \qquad (3.34)$$

在式(3.24)中,$[\tau]$ 代表的是材料的许用切应力;而 τ_{max} 则指的是在所有横截面上出现的最大弯曲切应力中的最大值。

针对静荷载作用的情况,可以推导出扭转许用切应力与许用拉应力之间存在一定的比例关系,具体如下所示:

钢材:$[\tau] = (0.5 \sim 0.6)[\sigma]$;

铸铁:$[\tau] = (0.8 \sim 1)[\sigma]$。

例 3.10 某工字钢梁承受如图 3.24(a)所示的荷载作用,已知型钢的许用应力 $[\sigma] = 160$ MPa,试选择钢梁的型号。并绘出危险截面上腹板的切应力分布图。

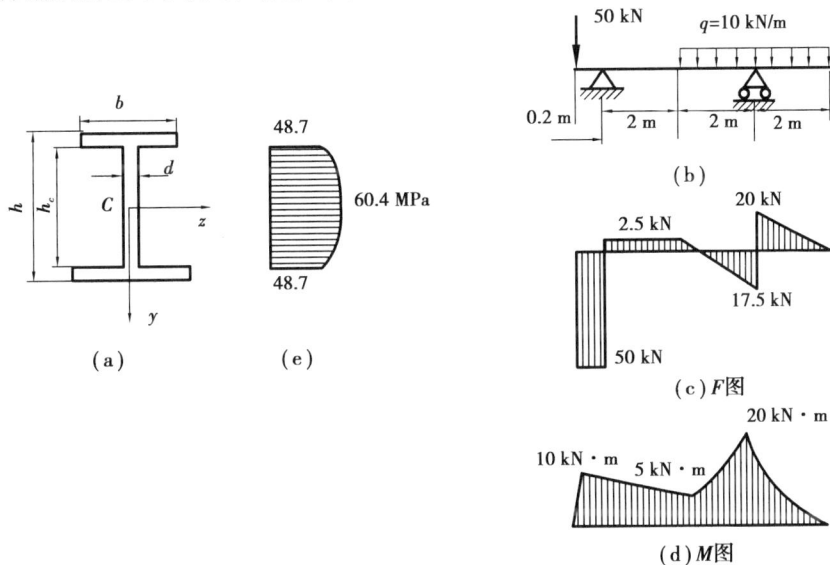

图 3.24 工字钢梁的受力图、内力图及切应力分布图

解:①作内力图。

为了确定所受剪力、弯矩最大的截面,可作出梁的内力图,如图 3.24(b)、(c)所示,有:

$$F_{smax} = 50 \text{ kN}, M_{max} = 20 \text{ kN} \cdot \text{m}$$

②按正应力强度条件选择截面。

$$W_Z \ge \frac{M_{max}}{[\sigma]} = \frac{20 \times 10^3}{160 \times 10^6} \text{ m}^3 = 125 \text{ cm}^3$$

查附录型钢表,选 16 号工字钢,它的抗弯截面系数 $W_z = 141\ cm^3$,它的自重为 205 kN/m。由自重引起的附加弯矩,使梁的最大弯矩值增加到 20.4 kN·m。所需抗弯截面系数增加到 128 cm³。所以选择 16 号工字钢还是安全的。

③校核切应力。

由型钢表查得,16 号工字钢腹板的宽度 $d = 0.006\ m$,$\dfrac{I_z}{S_{zmax}^*} = 0.138\ m$,腹板高度 $h_0 = 0.140\ m$,$I_z = 1\ 130\ cm^4$。

$$\tau_{max} = \frac{F_S S_{zmax}^*}{d I_z} = \frac{50 \times 10^3}{0.006 \times 0.138}\ Pa = 60.4\ MPa < [\tau]$$

故选 16 号工字钢截面能满足切应力强度条件。

如果按近似公式 $\tau_{max} = \dfrac{F_{smax}}{A_{腹}} = \dfrac{F_{smax}}{d h_0}$ 计算,则

$$\tau_{max} = \frac{F_{smax}}{A_{腹}} = \frac{F_{smax}}{d h_0} = \frac{50 \times 10^3}{0.006 \times 0.140}\ Pa = 59.5\ MPa$$

其误差值小于 5%,这说明上式是个比较好的近似公式。

在翼板与腹板交界处的切应力 τ_{min} 为:

$$\tau_{min} = \frac{F_{smax} S_{zmax}^*}{d I_z} = \frac{F_{smax} b t \left(\dfrac{h}{2} - \dfrac{t}{2}\right)}{\delta I_z}$$

$$= \frac{50 \times 10^3 \times \left[88 \times 9.9 \times \left(\dfrac{160}{2} - \dfrac{9.9}{2}\right) \times 10^{-9}\right]}{0.006 \times 1130 \times 10^{-8}} = 48.2\ MPa$$

沿腹板高度的切应力分布呈抛物线变化,如图 3.23(e)所示。

习题 A

3.1 (填空题)轴向拉伸(压缩)时,杆中的最大正应力为最大切应力的_____倍。

3.2 承受相同弯矩 M_z 的三根直梁,其截面组成方式如习题 3.2 图(a)、(b)、(c)所示。图(a)中的截面为一整体;图(b)中的截面由两矩形截面并列而成(未黏接);图(c)中的截面由两矩形截面上下叠合而成(未黏接)。三根梁中的最大正应力分别为 $\sigma_{max}(a)$、$\sigma_{max}(b)$、$\sigma_{max}(c)$。关于三者之间的关系哪一种是正确的? (   )

(A)$\sigma_{max}(b) < \sigma_{max}(b) < \sigma_{max}(c)$ (B)$\sigma_{max}(a) = \sigma_{max}(b) < \sigma_{max}(c)$

(C)$\sigma_{max}(a) < \sigma_{max}(b) = \sigma_{max}(c)$ (D)$\sigma_{max}(a) = \sigma_{max}(b) = \sigma_{max}(c)$

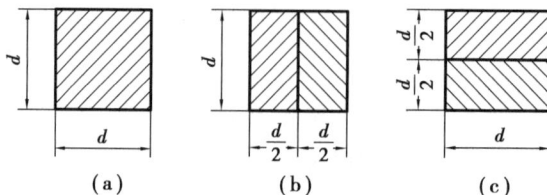

习题 3.2 图

3.3 习题 3.3 图所示圆轴由钢管和铝套管牢固地结合在一起。扭转变形时,横截面上

切应力分布如图(　　)所示。

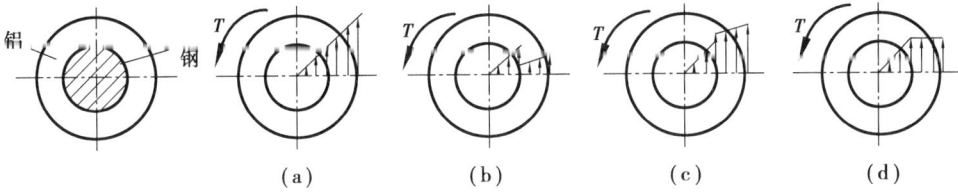

习题 3.3 图

3.4 对于相同横截面积,同一梁采用下列何种截面,其强度最高的是(　　　)。

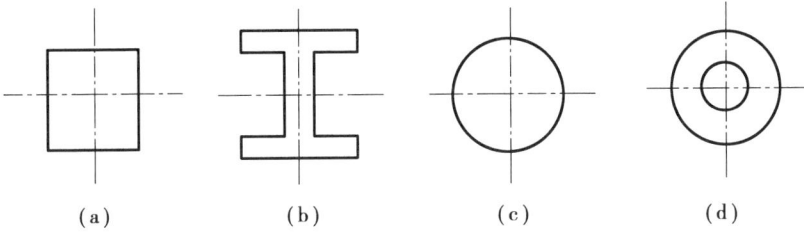

习题 3.4 图

习题 B

3.5 习题 3.5 图所示实心圆轴承受外扭转力偶,其力偶矩 $T=3$ kN·m。求:(1)轴横截面上的最大切应力;(2)轴横截面上半径 $r=15$ mm 以内部分承受的扭矩所占全部横截面上扭矩的百分比;(3)去掉 $r=15$ mm 以内部分,横截面上的最大切应力增加的百分比。

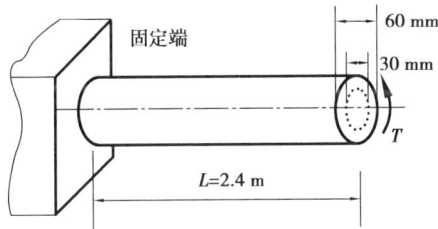

习题 3.5 图

3.6 习题 3.6 图所示为二杆组成的结构,AB 为钢杆,截面面积 $A_1=600$ mm^2。钢的许用应力 $[\sigma]=140$ MPa。BC 为木杆,截面面积 $A_2=3\,000$ mm^2,许用拉应力 $[\sigma_t]=8$ MPa,许用压应力 $[\sigma_c]=3.5$ MPa。求结构的最大许可荷载 F。

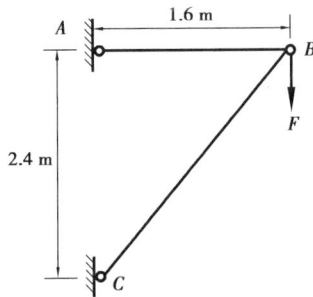

习题 3.6 图

习题 C

3.7 梁的受力及横截面尺寸如习题3.7图所示。(1)绘出梁的剪力图和弯矩图;(2)确定梁内横截面上的最大拉应力和最大压应力;(3)确定梁内横截面上的最大切应力。

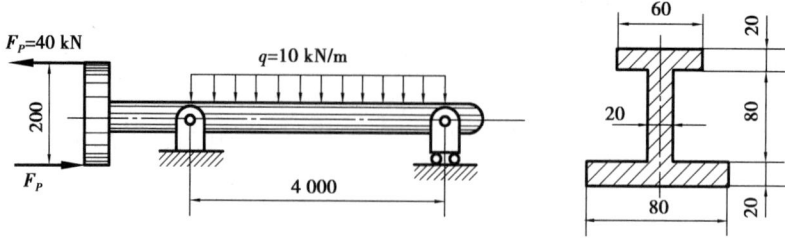

习题 3.7

3.8 材料相同,宽度相同,厚度 $h_1/h_2 = 1/2$ 的两块板构成的简支梁,其上承受均布荷载 q。(1)若两块板只是互相叠置在一起,变形后仍紧靠在一起,不计两板之间的摩擦,求两块板内最大正应力之比。(2)若两块板胶合在一起,不互相滑动,问此时最大正应力较前一种情况减小多少?

(提示:在变形后,当板1与板2接触线的曲率半径处处相等时,两板才可能紧靠在一起,这就要求板1与板2中性层的曲率半径 ρ_{x1} 与 ρ_{x2} 相差一个常数 $(h_1+h_2)/2$,由于 ρ_{x1} 和 ρ_{x2} 远比 h_1,h_2 大,故可认为 $\rho_{x1} = \rho_{x2}$。)

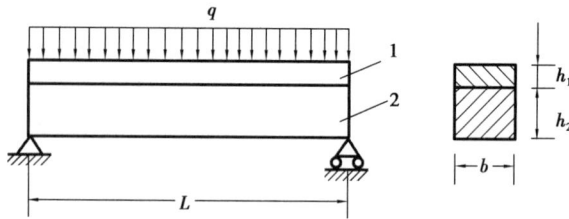

习题 3.8 图

3.9 比较图示四种梁的截面:

(1)正方形截面梁按习题3.9图(a)、(b)所示的两种方式放置,横截面上的弯矩 M 相等,比较两种情况下横截面上的最大正应力。

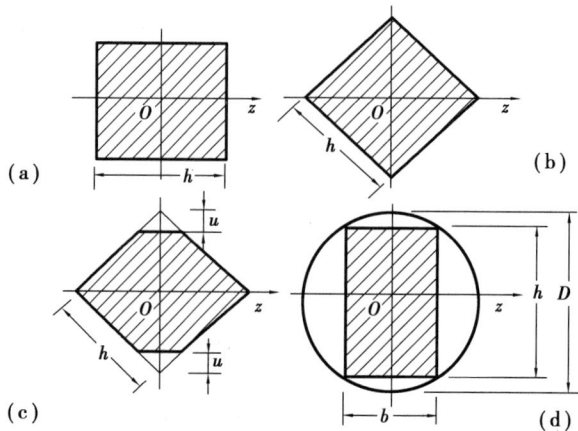

习题 3.9 图

（2）对于 $h=200$ mm 的正方形截面，若如习题 3.9 图（c）所示，切去高度为 $u=10$ mm 的尖角，则抗弯截面模量 W_z 与习题 3.9 图（b）所示未切角时相比，有何变化。

（3）为使抗弯截面模量 W_z 为最大，则习题 3.9 图（c）中截面切去的尖角尺寸 u 应为多少？这使得 W_z 比未切角时增加多少？

（4）若梁的受力情况、材料均相同，仅截面形状如图（a）、（b）、（c）所示，哪种形式的梁抗弯能力最强？

（5）若由直径为 D 的圆木锯出 $h×b$ 的矩形截面梁，如习题 3.9 图（d）所示，在纯弯曲时为得到最大强度，梁的高、宽比应为多少？

第 **4** 章

应力状态与强度理论

4.1 概 述

1. 一点的应力状态

在材料力学实验中,试样的破坏截面受材料种类与加载方式影响显著。例如在拉伸试验中,低碳钢试样沿与轴线成约45°方向发生滑移破坏,铸铁试样则沿横截面发生断裂破坏,如图4.1(a)所示;在扭转实验中,低碳钢试样沿横截面发生滑移破坏,铸铁试样沿与杆轴线成约45°的螺旋面发生断裂破坏,如图4.1(b)所示。这些现象表明,构件的破坏模式不仅取决于材料类型,还与内力分布形式密切相关。为研究构件强度,需分析构件内力分布,即评估其内部任意点的应力状态。

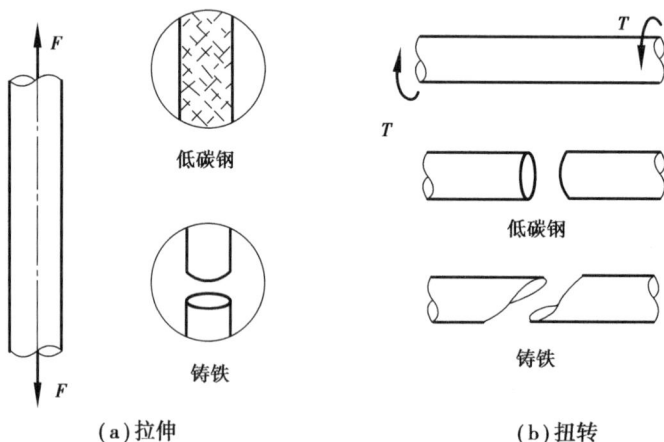

图 4.1 材料在拉伸与扭转试验中的破坏模式示意图

构件内任一点处各个截面上的应力情况,称为该点处的应力状态。应力分析的核心在于探究该点不同截面应力的变化规律,从而为强度计算提供依据。

在构件内围绕一点截取一个单元体,如图4.2所示,当各棱长趋于零时,单元体可视为一个点,单元体的应力状态即为一点的应力状态。建立与棱边平行的正交轴 x、y、z,单元体 3 组正交平行截面按其法线的平行轴,分别称为 x 截面、y 截面和 z 截面,如图 4.2(a)所示。

　　单元体两平行截面上对应的应力大小相等,符号相同;两正交截面上垂直于交线的两个切应力大小相等,符号相反(切应力互等)。因此单元体各截面上的应力,可由 3 个正交截面上的应力完全表征,如图 4.2(b)所示。正应力以所在截面法向平行轴为脚标,分别写为 σ_x,σ_y 和 σ_z,切应力以所在截面法向轴为第一脚标,矢量的平行轴为第二脚标,分别写为 τ_{xy},τ_{yx},τ_{yz},τ_{zy},τ_{zz},τ_{xz}。

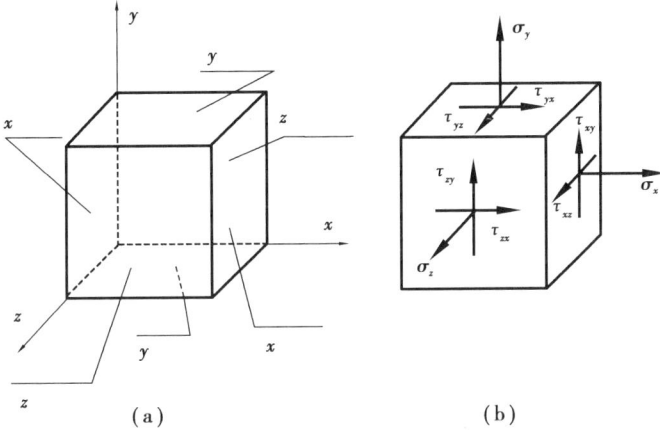

图 4.2　单元体应力状态示意图

　　材料力学涉及的单元体上的应力没有图 4.2 所示那样复杂,在很明显的情况下,切应力只写第一脚标,如图 4.3(a)所示,或应力都不写脚标,如图 4.3(b)所示,也不会引起混淆。

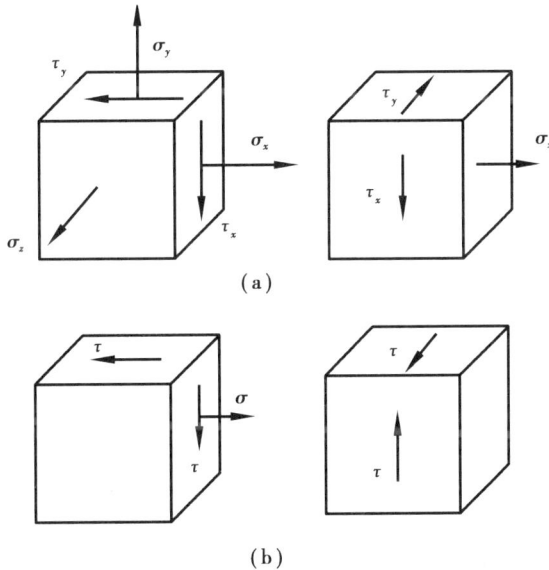

图 4.3　应力表示示意图

2. 原始单元体和主单元体

　　在受力构件内任一点,可沿不同方位截取无数单元体。若某方位截取的单元体各截面应力均已知,则称其为原始单元体。基于原始单元体,通过截面法和平衡条件,可进一步分析该点各方向应力变化规律。

通过一点所作的单元体上,如果一组平行截面上没有切应力,这组截面就称为主平面。即切应力为零的平面称为主平面。主平面上的正应力称为主应力。主平面的法线方向,与该主平面上主应力方向平行,称为主方向,即主应力方向就是主方向。

若某个单元体的 3 组正交截面都是主平面,称为主单元体,如图 4.4 所示的几个单元体,都是主单元体。

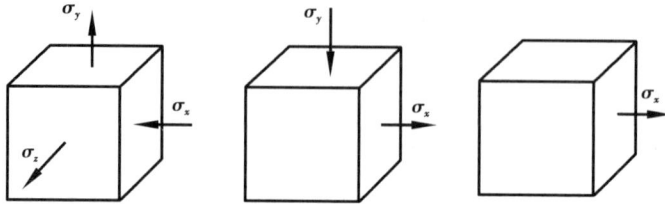

图 4.4　主单元体示意图

在受力构件内任一点,均可找到一个主单元体,其包含 3 个相互垂直的主平面,对应 3 个正交的主应力,分别记为 $\sigma_1,\sigma_2,\sigma_3$,并按数值大小排序:

$$\sigma_1 \geqslant \sigma_2 \geqslant \sigma_3$$

3.应力状态的分类

(1)单向应力状态

单元体为主单元体,且有两个主应力为零的应力状态称为单向应力状态。如图 4.5(a)中(1)、(2)所示两个单元体均为单向应力状态单元体。单向应力状态也称为简单应力状态。

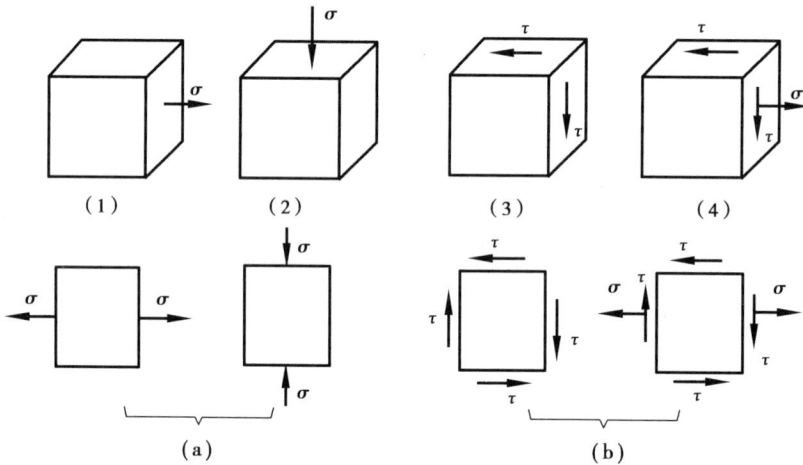

图 4.5　单元体单向应力与二向应力状态示意图

(2)二向应力状态

单元体上有一个主应力为零的应力状态称为二向应力状态。

如图 4.5(b)中(3)、(4)所示两个单元体,前后两个平面为主平面且对应的主应力为零,均为二向应力状态单元体。如图 4.5 所示下方一排的单元为上方对应单元体向主平面投影所得的平面单元,因此单向应力状态和二向应力状态可统称为平面应力状态。

(3)三向应力状态

单元体若 3 个主应力均非零,则称为三向应力状态,即 3 个正交截面上均有应力存在,如图 4.6 所示。此状态亦称空间应力状态。

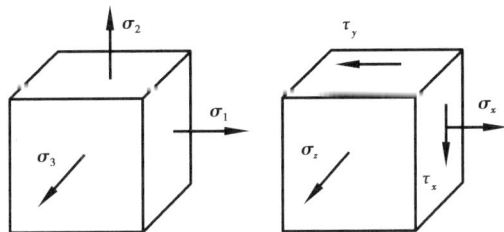

图 4.6 单元体三向应力状态示意图

4. 材料的破坏形式

构件丧失工作能力,在工程中称为失效。

脆性材料构件在外力作用下易因微小变形而断裂,塑性材料构件则在断裂前经历显著塑性变形,丧失原有形态与功能。断裂和塑性变形都使构件失效。失效不仅源于强度不足,还来自刚度欠缺(如机床主轴变形影响加工精度)或稳定性丧失(如细长杆受压弯曲)。此外,加载方式(冲击力、交变应力等)及环境条件(高温、腐蚀等)亦能引发失效。

由于强度不足引起的失效,称为材料的破坏。广义上包括塑性屈服与脆性断裂两种形式。工程实践与实验均证实,无论构件破坏现象如何多样,其破坏形式归根结底为塑性屈服或脆性断裂。进一步研究表明,危险点的应力状态及其应力比值不影响材料破坏形式的归纳,仍为上述两种形式。

5. 强度理论概念

在长期生产实践与科学研究中,人们基于材料破坏现象与实验数据分析,提出了多种强度理论(或强度准则)。这些理论指出,材料的破坏方式(如屈服或断裂)主要由应力、应变、变形能等若干因素中的特定因素决定,且对于同类材料,在简单或复杂应力状态下,导致破坏的主要因素相同,与应力状态的具体形式无关。据此,可通过简单应力状态(例如轴向拉伸或压缩实验)的实验结果,推导出复杂应力状态下的强度条件。这些假说被称为强度理论(或强度准则)。

4.2 平面应力状态分析——解析法

如图 4.7(a)所示,z 截面为主平面,对应主应力 $\sigma_z = 0$。设 $\sigma_x > 0$,$\sigma_y > 0$,$\tau_x > 0$,由切应力互等定理知 $\tau_y = -\tau_x$。向主平面投影,可得平面单元如图 4.7(b)所示。接下来将探讨在平面应力状态下,利用已知应力求解以下两方面内容:其一,如何确定其他斜截面上的应力;其二,怎样找出该点处的另外两个正交主平面以及对应的主应力。

1. 斜截面上的应力

针对如图 4.7(a)、(b)所示单元,在垂直于主平面方向上任意构建斜截面 AC,并以截面左边的三角棱柱体 ABC 作为研究对象,如图 4.7(c)、(d)所示。斜截面 AC 的法线 n 与 x 轴正向夹角记为 α,称此截面为 α 截面,规定 α 角从 x 轴正向逆时针转至 n 正向时为正值(图中所示 α 角为正值)。α 截面上的正应力和切应力是未知的,用 σ_α 和 τ_α 表示,按符号规定设为正号。

针对直角三角形棱柱体 ABC,设截面 AC 的面积为 dA。根据如图 4.7(e)所示几何关系,截面 AB 的面积为 $dA \cos \alpha$,截面 BC 的面积为 $dA \sin \alpha$。

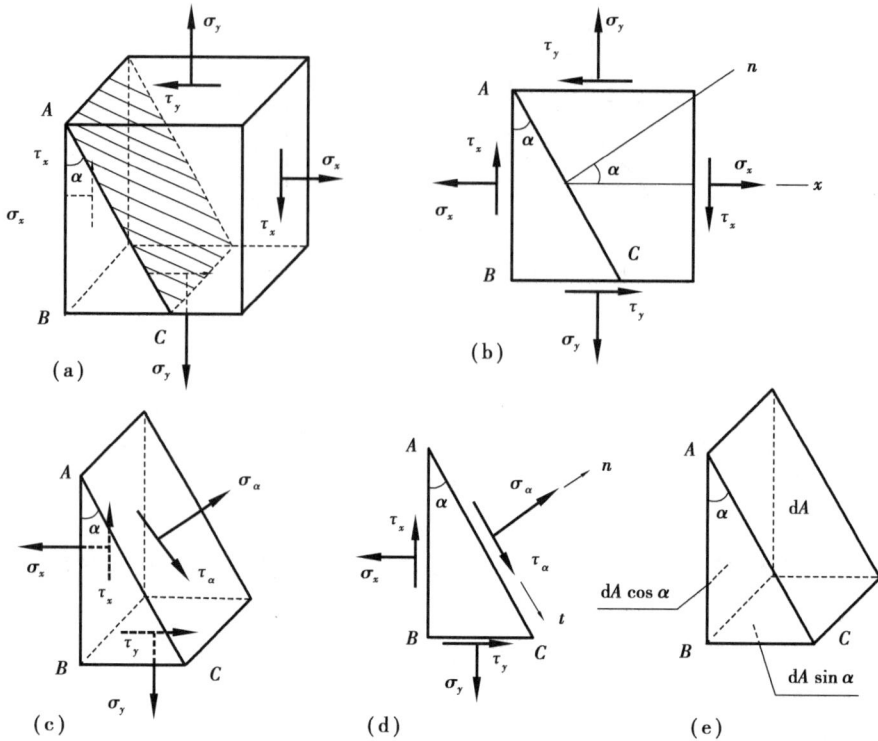

图 4.7　单元体斜截面应力示意图

建立三角形棱柱体 ABC 的静力平衡方程(分别向法向轴 n 和切向轴 t 投影):

$$\sum F_n = 0 \quad \sigma_a dA - (\sigma_x \cos \alpha) \cdot (dA \cos \alpha) + (\tau_x \sin \alpha) \cdot (dA \cos \alpha)$$
$$- (\sigma_y \sin \alpha) \cdot (dA \sin \alpha) + (\tau_y \cos \alpha) \cdot (dA \sin \alpha) = 0 \tag{4.1}$$

$$\sum F_t = 0 \quad \tau_\alpha dA - (\sigma_x \sin \alpha) \cdot (dA \cos \alpha) - (\tau_x \cos \alpha) \cdot (dA \cos \alpha)$$
$$+ (\sigma_y \cos \alpha) \cdot (dA \sin \alpha) + (\tau_y \sin \alpha) \cdot (dA \sin \alpha) = 0 \tag{4.2}$$

利用 $|\tau_x| = |\tau_y|$,将式(4.1)、(4.2)整理化简后,得到

$$\sigma_\alpha = \frac{\sigma_x + \sigma_y}{2} + \frac{\sigma_x - \sigma_y}{2} \cos 2\alpha - \tau_x \sin 2\alpha \tag{4.3}$$

$$\tau_\alpha = \frac{\sigma_x - \sigma_y}{2} \sin 2\alpha + \tau_x \cos 2\alpha$$

式(4.3)用于计算平面应力状态下单元体任意斜截面上的应力,它定义了某点处任意方向的正应力 σ_α 和切应力 τ_α 随截面方向角 α 变化的函数关系。

如图 4.8 所示,在平面单元内,选定两个相互垂直的斜截面,分别记为 α 截面和 β 截面, $\beta = 90° + \alpha$。α 斜截面上的应力可由式(4.3)计算得出:

$$\sigma_a = \frac{\sigma_x + \sigma_y}{2} + \frac{\sigma_x - \sigma_y}{2} \cos 2\alpha - \tau_x \sin 2\alpha \tag{4.4}$$

$$\tau_a = \frac{\sigma_x - \sigma_y}{2} \sin 2\alpha + \tau_x \cos 2\alpha \tag{4.5}$$

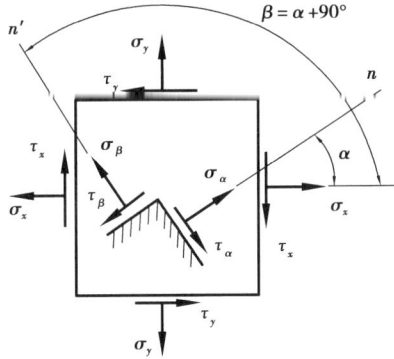

图 4.8　平面单元内相互垂直斜截面的示意图

β 斜截面上的应力也可由式(4.3)计算,代入 $\beta = 90° + \alpha$,得到

$$\sigma_\beta = \frac{\sigma_x + \sigma_y}{2} + \frac{\sigma_x - \sigma_y}{2} \cos 2(90° + \alpha) - \tau_x \sin 2(90° + \alpha)$$

$$= \frac{\sigma_x + \sigma_y}{2} - \frac{\sigma_x - \sigma_y}{2} \cos 2\alpha + \tau_x \sin 2 \qquad (4.6)$$

$$\tau_\beta = \frac{\sigma_x - \sigma_y}{2} \sin 2(90° + \alpha) + \tau_x \cos 2(90° + \alpha)$$

$$= -\left(\frac{\sigma_x - \sigma_y}{2} \sin 2\alpha + \tau_x \cos 2\alpha \right) \qquad (4.7)$$

将(4.4)、(4.6)两式相加得到

$$\sigma_\alpha + \sigma_\beta = \sigma_x + \sigma_y$$

结果表明在某一点处,两个相互垂直截面上的正应力之和为恒定值,对比(4.5)、(4.7)两式,可得

$$\tau_\alpha = - \tau_\beta$$

由此可验证切应力互等定理。

2. 正应力极值和主平面

将式(4.3)第一项对 α 求一阶导数,令其等于零: $\dfrac{\mathrm{d}\sigma_\alpha}{\mathrm{d}\alpha} = 0$,是正应力取得极值的条件。设满足此条件的角度为 α_0,有

$$\frac{\sigma_x - \sigma_y}{2} \sin 2\alpha_0 + \tau_x \cos 2\alpha_0 = 0 \qquad (4.8)$$

对比式(4.8)与式(4.3)的第二项,可确认式(4.8)代表 α_0 斜截面上的切应力,且该切应力恒为零。据此推断,正应力的极值所在平面即为主平面,而对应的极值则为主应力。根据式(4.8),可确定主平面法线与 x 轴夹角 α_0(即主方向)如下:

$$\tan 2\alpha_0 = - \frac{2 \tau_x}{\sigma_x - \sigma_y} \qquad (4.9)$$

满足式(4.9)的角度有两个: α_0 和 $(90° + \alpha_0)$,表明两个主平面相互垂直,因此其上的主应力正交。通过式(4.9)求得 $\sin 2\alpha_0$ 和 $\cos 2\alpha_0$,代入式(4.3)的第一项,可计算出正应力的极值,即得主应力的计算公式。

$$\left.\begin{array}{r} \sigma_{max} \\ \sigma_{min} \end{array}\right\} = \frac{\sigma_x + \sigma_y}{2} \pm \sqrt{\left(\frac{\sigma_x - \sigma_y}{2}\right)^2 + \tau_x^2} \qquad (4.10)$$

由于 z 截面是主平面(主应力 $\sigma_z = 0$),且与式(4.9)确定的两主平面垂直,表明一点处存在 3 个正交的主平面,即对应 3 个正交的主应力,可按数值大小排序:$\sigma_1 \geqslant \sigma_2 \geqslant \sigma_3$。对于图 4.9 所示单元,图 4.9(a)展示了这 3 个主应力分别为:

$$\sigma_1 = \sigma_{max}, \sigma_2 = \sigma_{min}, \sigma_3 = \sigma_z = 0;$$

图 4.9(b)所示的 3 个主应力分别为:

$$\sigma_1 = \sigma_{max}, \sigma_2 = \sigma_z = 0, \sigma_3 = -|\sigma_{min}|$$

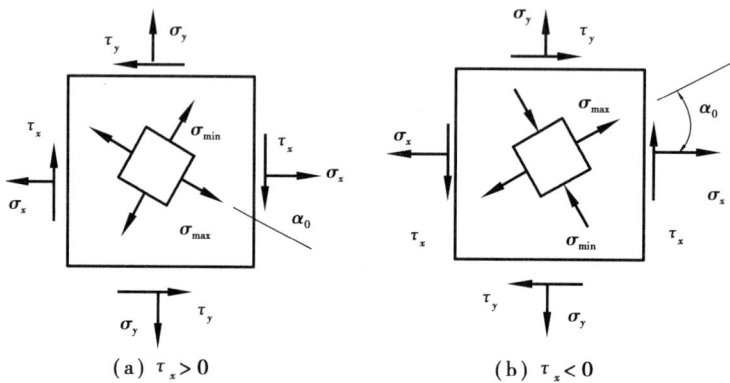

(a) $\tau_x > 0$ (b) $\tau_x < 0$

图 4.9   单元主应力分布示意图

例 4.1   图 4.10 所示平面单元,试求该点处的主平面和主应力,并画出平面主单元。图中应力单位为 MPa。

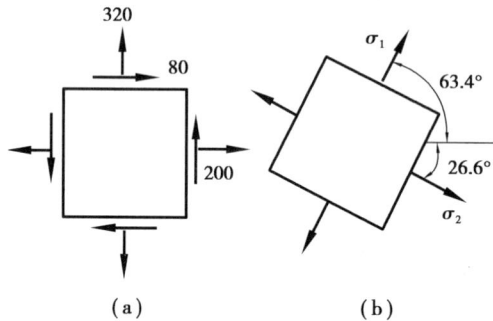

图 4.10   例 4.1 平面单元

解:$\sigma_x = 200, \sigma_y = 320, \tau_x = -80$。

$$\tan 2\alpha_0 = -\frac{2\tau_x}{\sigma_x - \sigma_y}$$

$$= -\frac{2 \times (-80)}{200 - 320} = -\frac{4}{3}$$

得主平面的法线方位角 $\alpha_0 = -26.6°$(或 $63.4°$);

$$\left.\begin{array}{r} \sigma_{max} \\ \sigma_{min} \end{array}\right\} = \frac{\sigma_x + \sigma_y}{2} \pm \sqrt{\left(\frac{\sigma_x - \sigma_y}{2}\right)^2 + \tau_x^2}$$

$$= \frac{200 + 320}{2} \pm \sqrt{\left(\frac{200 - 320}{2}\right)^2 + (-80)^2}$$

$$= 260 \pm 100 = \begin{cases} 360 \\ 160 \end{cases} \text{MPa}$$

与另一个为零的主应力比较后,可得

$$\sigma_1 = 360, \sigma_2 = 160, \sigma_3 = 0$$

画出平面主单元如图 4.10(b)所示,由原始单元上箭头相对的 τ_x, τ_y 的合矢量可知 σ_1 沿第一、三象限方位,即 $\alpha_0 = 63.4°$ 的主平面为 σ_1 的作用平面,而 $\alpha_0 = -26.6°$ 的主平面则为 σ_2 的作用平面。σ_1、σ_2 均大于零,符号为正。

4.3　平面应力状态分析——图解法

1. 应力圆的原理及图形

（1）应力圆方程

把 σ_α 和 τ_α 看成变量,那么式(4.3)中的两式是以(2α)为参变量的曲线方程。将式(4.3)改写为下面形式:

$$\sigma_\alpha - \frac{\sigma_x + \sigma_y}{2} = \frac{\sigma_x - \sigma_y}{2} \cos 2\alpha - \tau_x \sin 2\alpha \qquad (4.11)$$

$$\tau_\alpha = \frac{\sigma_x - \sigma_y}{2} \sin 2\alpha + \tau_x \cos 2\alpha$$

将上述两式分别平方后相加,可以消去参变量 2α,得到变量 σ_α 和 τ_α 的函数关系式:

$$\left(\sigma_a - \frac{\sigma_x + \sigma_y}{2}\right)^2 + \tau_\alpha^2 = \left(\frac{\sigma_x - \sigma_y}{2}\right)^2 + \tau_x^2 \qquad (4.12)$$

可知式(4.12)是在 $\sigma \sim \tau$ 直角坐标系下的一个圆的方程。在以 σ 为横轴,τ 为纵轴的坐标系中,该圆的圆心在 σ 轴上,圆心坐标为 $\left(\frac{\sigma_x + \sigma_y}{2}, 0\right)$,圆的半径 $R = \sqrt{\left(\frac{\sigma_x - \sigma_y}{2}\right)^2 + \tau_x^2}$。这个圆就是应力圆,也称莫尔圆。应力圆的圆周各点均代表特定点的斜截面,其横纵坐标分别对应斜截面上的正应力与切应力。

（2）原始平面单元的基准面与应力圆的基准点

原始平面单元上,一般以 x 截面为基准面,应力圆上则以点 D_x 作为与 x 截面对应的基准点,即 $D_x(\sigma_x, \tau_x)$。同样道理,由 y 截面上的 σ_y 和 τ_y,可在 σ-τ 正交坐标系中找到对应点 D_y 的位置。由切应力互等定理 $\tau_x = -\tau_y$,可知 D_x、D_y 分别在横轴 σ 的两侧,离 σ 轴的垂直距离相等。

由于式(4.3)是以(2α)为参变量,由它导出的应力圆方程(4.12)也是以(2α)为参变量的。因此原始平面单元上夹角为 α 的两个截面在应力圆上的对应点间所夹的圆心角应为(2α)。如 x 截面与 y 截面互相垂直,两截面间夹角为 90°,它们在应力圆上的对应点 D_x 和 D_y 间所夹的圆心角应为 90°的两倍——180°,即 D_x、D_y 分别是应力圆的同一直径两个端点。

由应力圆方程式(4.12)可知,应力圆的圆心必在 σ 轴上,$\overline{D_x D_y}$ 连线为应力圆的直径,因

此 $\overline{D_xD_y}$ 与 σ 轴的交点就是应力圆的圆心,记为 C。简言之,只要能找到 D_x、D_y 两点,就可以作出对应的应力圆。

2.原始平面单元各斜截面与应力圆上各点的一一对应关系

(1)主平面

在应力圆上有两个与 σ 轴相交的点:A_1 和 A_2,它们的纵坐标都等于零,即 $\tau=0$,因此点 A_1、A_2 分别对应平面单元的两个主平面,其横坐标分别对应两个主应力 $\sigma_{\max}$ 和 $\sigma_{\min}$。图 4.11 中的应力圆对应的主应力是 σ_1 和 σ_2。由应力圆上基准点 D_x,沿顺时针转到 A_1 点的圆心角为 $2\alpha_0$,在原始平面单元的 x 轴正向,沿同样转向转过 α_0 角的方向,就是 σ_1 作用的主平面的法线方向,也即 σ_1 的方向;与之垂直的方向,是另一个主平面的法线方向,也即 σ_2 的方向,如图 4.11(b)所示。由平面应力状态单元化简条件可知,该点处还有一个主应力 $\sigma_3=\sigma_z=0$。

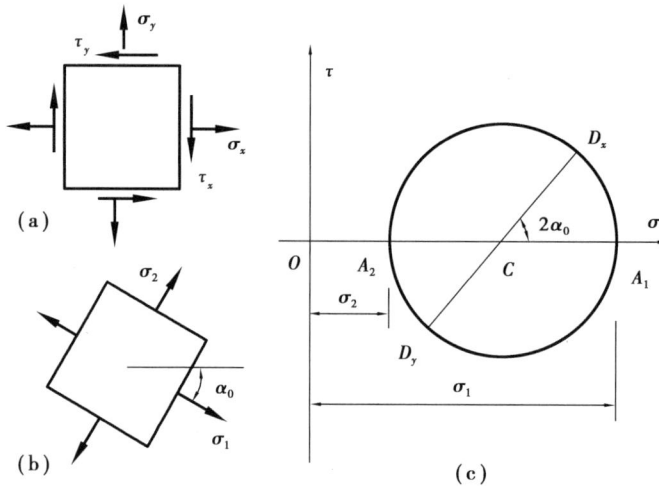

图 4.11 应力圆与主应力几何关系示意图

对具体的原始平面应力单元体,3 个主应力由实际情况确定,如图 4.12(a)所示应力圆与 σ 轴的交点 A_1、A_2 的横坐标为一正一负,因此可判断该点处的主应力为 σ_1 和 σ_3,另一个主应力 $\sigma_2=\sigma_z=0$;而如图 4.12(b)所示的应力圆所确定的主应力是 σ_2 和 σ_3,另一个主应力 $\sigma_1=\sigma_z=0$。

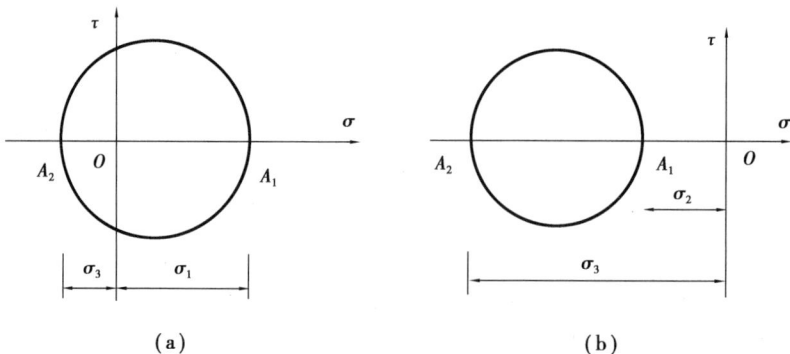

图 4.12 3 个主应力确定示意图

(2)α 截面

如图 4.13(a)所示:应力圆上从与 x 截面对应的基准点 D_x,沿同样的方向,转过 2α 的圆

心角得到的点 D_α，就是 α 截面的对应点。如图 4.13(b) 所示，点 D_α 的横坐标：

$$\overline{OF} = \overline{OC} + \overline{CF} = \overline{OC} + \overline{CD_a}\cos(2\alpha_0 + 2\alpha)$$

$$= \overline{OC} + \overline{CD_x}\cos(2\alpha_0 + 2\alpha)$$

$$= \overline{OC} + \overline{CD_x}\cos 2\alpha_0 \cos 2\alpha - \overline{CD_x}\sin 2\alpha_0 \sin 2\alpha$$

$$= \overline{OC} + \overline{CA}\cos 2\alpha - \overline{AD_x}\sin 2\alpha$$

$$= \frac{\sigma_x + \sigma_y}{2} + \frac{\sigma_x - \sigma_y}{2}\cos 2\alpha - \tau_x \sin 2\alpha \tag{4.13}$$

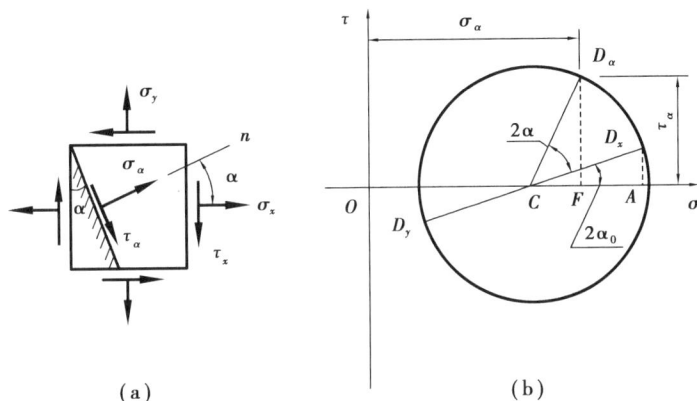

(a)　　　　　　　　　　(b)

图 4.13　应力圆及 α 截面应力值示意图

点 D_α 的纵坐标

$$\overline{FD_\alpha} = \overline{CD_a}\sin(2\alpha_0 + 2\alpha)$$

$$= \overline{CD_x}\sin(2\alpha_0 + 2\alpha)$$

$$= \overline{CD_x}\sin 2\alpha_0 \cos 2\alpha + \overline{CD_x}\cos 2\alpha_0 \sin 2\alpha$$

$$= \overline{AD_x}\cos 2\alpha + \overline{CA}\sin 2\alpha$$

$$= \tau_x \cos 2\alpha + \frac{\sigma_x - \sigma_y}{2}\sin 2\alpha$$

$$= \frac{\sigma_x - \sigma_y}{2}\sin 2\alpha + \tau_x \cos 2\alpha \tag{4.14}$$

与式 (4.13) 比较后可知 $\overline{OF} = \sigma_\alpha$，$\overline{FD_\alpha} = \tau_\alpha$。因此证明 $D_\alpha(\sigma_\alpha, \tau_\alpha)$ 是与 α 截面对应的点。

(3) 切应力极值平面

如图 4.14 所示，过应力圆圆心、与轴垂直的直径两端点 E_1 和 E_2 的纵坐标代表应力圆上纵坐标的两个极值，分别对应于两个正交的主切应力，表达式如下：

$$\left.\begin{array}{c}\tau_{\max}\\\tau_{\min}\end{array}\right\} = \pm\frac{\sigma_{\max} - \sigma_{\min}}{2} = \pm\frac{\sigma_x - \sigma_y}{2}$$

E_1 和 E_2 点的横坐标以 σ_{α_1} 表示如下：

$$\sigma_{\alpha_1} = \frac{\sigma_x + \sigma_y}{2} = \frac{\sigma_{\max} + \sigma_{\min}}{2}$$

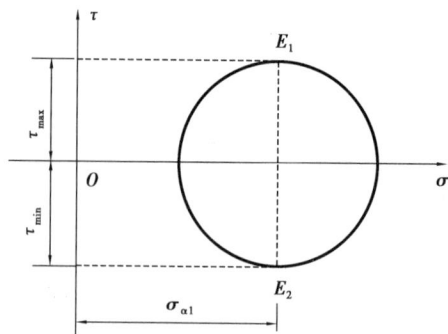

图 4.14　应力圆及主切应力极值示意图

4.4　空间三向应力状态简介

当单元体的三个主应力均非零时,称为三向应力状态。例如,在低碳钢拉伸实验中,试件颈缩部分呈现三向拉伸状态,如图 4.15(a)所示;滚珠轴承中,滚珠与圆环内表面接触处则呈现三向压缩状态,如图 4.15(b)所示。

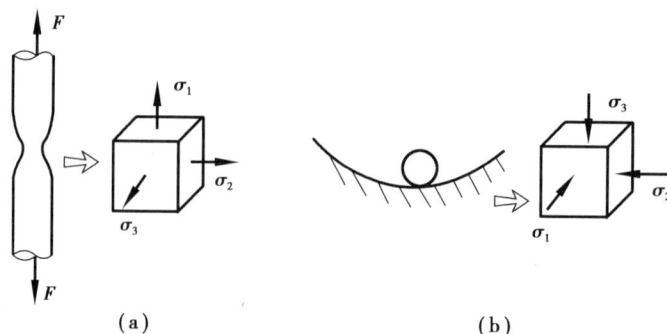

图 4.15　低碳钢拉伸实验与滚珠轴承接触时的三向应力状态示意图

在受力构件的某点处,取出一个主单元体,如图 4.16(a)所示,其主应力 $\sigma_1 > \sigma_2 > \sigma_3$。

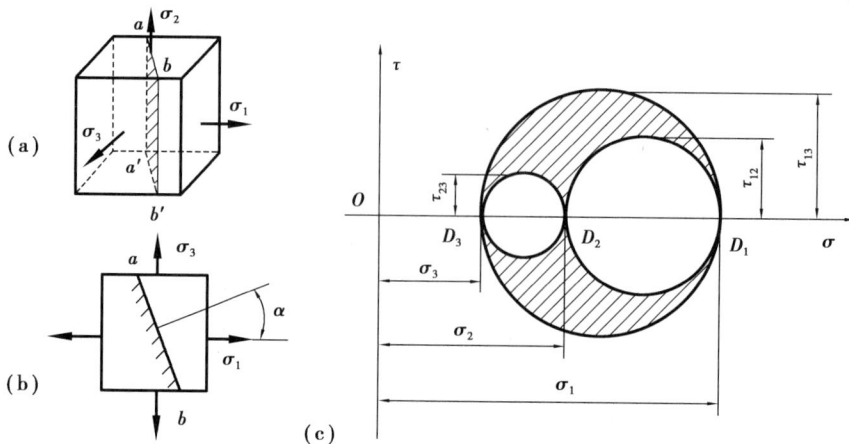

图 4.16　受力构件主应力及应力圆示意图

在与 σ_2 平行的任一截面 $abb'a'$ 上，其应力的大小与方向只取决于 σ_1 和 σ_3，而与 σ_2 无关，将单元体向 σ_2 作用的主平面投影，如图 4.16(b)所示，可以求出与 σ_2 平行的任意截面 ab 上的应力。对应于图 4.16(b)的应力圆，是如图 4.16(c)所示的最大圆 D_1D_3(由 σ_1 和 σ_3 作出)，D_1D_3 圆上的各点对应与 σ_2 平行的截面上的应力。

同样，与 σ_1 平行的各斜截面上的应力与 D_2D_3 圆(由 σ_2 和 σ_3 画出)上的点对应；与 σ_3 平行的各斜截面上的应力与 D_1D_2 圆(由 σ_1 和 σ_2 画出)上的点对应。进一步的研究结果表明：与 σ_1、σ_2、σ_3 3 个主应力方向均不平行的任意方向的截面上的应力情况，与 3 个应力圆所围的阴影范围内的点一一对应。

综上所述，针对三向应力状态，可绘制 3 个应力圆，称为三向应力圆。其中，最大切应力等于由最大应力圆确定的半径，即

$$\tau_{max} = \tau_{13} = \frac{\sigma_1 - \sigma_3}{2} \tag{4.15}$$

其作用面平行于 σ_2，与 σ_1 或 σ_3 的作用面夹 45°角。在空间单元体上，若已确定一主平面，可向此平面投影，获得与之垂直的平面单元。可求得两个主应力及其对应的主平面。通过与已知主应力比较，可确定该点处的全部 3 个主应力 σ_1、σ_2、σ_3。

例 4.2　已知构件内某点处的原始单元体如图 4.17(a)所示。试求其主应力和最大切应力 τ_{13}，并画出其三向应力圆。图中应力单位为 MPa。

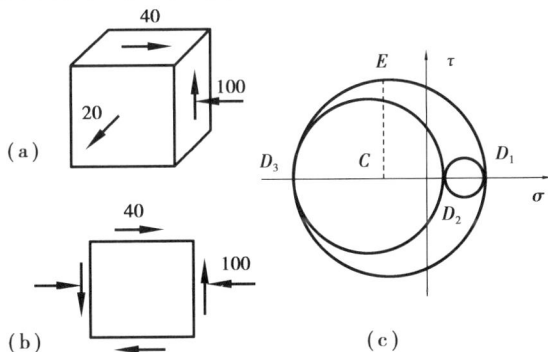

图 4.17　例 4.2 单元体及应力圆示意图

解：该单元体有一个主平面，其主应力 $\sigma_z = 20$，向该主平面投影得平面单元(图 b)，有 $\sigma_x = -100$；$\tau_x = -40$，$\sigma_y = 0$，则有

$$\left.\begin{array}{r} \sigma_{max} \\ \sigma_{min} \end{array}\right\} = \frac{\sigma_x + \sigma_y}{2} \pm \sqrt{\left(\frac{\sigma_x - \sigma_y}{2}\right)^2 + \tau_x^2}$$

$$= \frac{-100}{2} \pm \sqrt{\left(\frac{-100}{2}\right)^2 + (-40)^2} = \left\{\begin{array}{l} 14 \\ -144 \end{array}\right. \text{(MPa)}$$

与 $\sigma_z = 40$ 比较，可知该点处的 3 个主应力为

$$\sigma_1 = 20 \text{ MPa}, \quad \sigma_2 = 14 \text{ MPa}, \quad \sigma_3 = -114 \text{ MPa}$$

由 σ_1、σ_2、σ_3 可画出三向应力圆(图 c)。最大的切应力为

$$\tau_{max} = \tau_{13} = \frac{\sigma_1 - \sigma_3}{2} = \frac{20 - (-114)}{2} = 67 \text{ MPa}$$

4.5 各向同性材料的广义胡克定律

在线弹性区间内,各向同性材料的应力与应变呈现线性关联,处于复杂应力状态时的这种关系被定义为广义胡克定律。对于复杂应力状态下的单元体可被看作单向应力状态单元如图4.18(a)所示,以及纯剪切应力状态单元如图4.18(b)所示的多种组合形式。

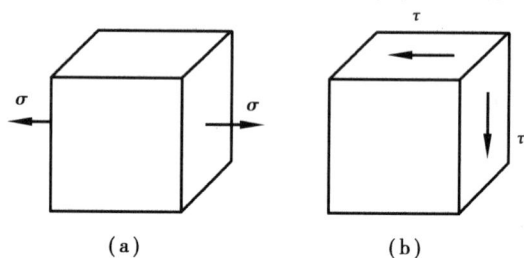

图4.18 单轴应力状态下的单元与在纯剪切应力状态下的单元

1. 平面应力状态下的广义胡克定律

在各向同性材料的线弹性范围内,某一点的线应变仅取决于该点对应方向的正应力,与对应方向的切应力无关联;同时,该点的剪应变仅和对应切应力相关。因此,可将如图4.19(a)所示单元体视为图4.19(b)、(c)和(d)所示三种简单的基本单元体的组合。

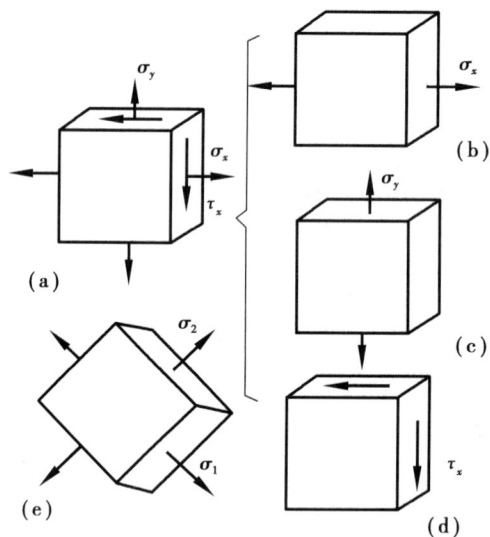

图4.19 各向同性材料单元体的应力组成示意图

x、y、z 方向的线应变可表示为

$$\varepsilon_x = \frac{1}{E}(\sigma_x - \nu\sigma_y)$$

$$\varepsilon_y = \frac{1}{E}(\sigma_y - \nu\sigma_x)$$

$$\varepsilon_z = -\frac{\nu}{E}(\sigma_x + \sigma_y)$$

图 4.19(d)所示切应变 γ_{xy} 可表示为

$$\gamma_{xy} = \frac{\tau_{xy}}{G}$$

故平面应力状态下的广义胡克定律通常由以下三式来表示

$$\varepsilon_x = \frac{1}{E}(\sigma_x - \nu\sigma_y)$$

$$\varepsilon_y = \frac{1}{E}(\sigma_x - \nu\sigma_x)$$

$$\gamma_{xy} = \frac{1}{G}\tau_{xy} \tag{4.16a}$$

若用应变表示,可写为

$$\sigma_x = \frac{E}{1 - \nu^2}(\varepsilon_x + \nu\varepsilon_y)$$

$$\sigma_y = \frac{E}{1 - \nu^2}(\varepsilon_y + \nu\varepsilon_x)$$

$$\tau_{xy} = G\gamma_{xy} \tag{4.16b}$$

对如图 4.19(e)所示的主单元体,设 $\sigma_3 = 0$,广义胡克定律可表述为

$$\varepsilon_1 = \frac{1}{E}(\sigma_1 - \nu\sigma_2)$$

$$\varepsilon_2 = \frac{1}{E}(\sigma_2 - \nu\sigma_1) \tag{4.17a}$$

或用主应变表示为

$$\sigma_1 = \frac{E}{1 - \nu^2}(\varepsilon_1 + \nu\varepsilon_2)$$

$$\sigma_2 = \frac{E}{1 - \nu^2}(\varepsilon_2 + \nu\varepsilon_1) \tag{4.17b}$$

使用式(4.17)时,应根据具体情况处理主应力和主应变的脚标,若平面单元主应力为 σ_1 和 σ_3 时,应将式(4.17)中的 σ_2 和 ε_2 改为 σ_3 和 ε_3。

2. 三向应力状态下的广义胡克定律

参照前述方法,能够得到各向同性材料处于三向应力状态时,在线弹性范围之内广义胡克定律的一般表达式为:

$$\varepsilon_x = \frac{1}{E}[\sigma_x - \nu(\sigma_y + \sigma_z)]$$

$$\varepsilon_y = \frac{1}{E}[\sigma_y - \nu(\sigma_z + \sigma_x)]$$

$$\varepsilon_z = \frac{1}{E}[\sigma_z - \nu(\sigma_x + \sigma_y)]$$

$$\gamma_{xy} = \frac{1}{G}\tau_{xy}$$

$$\gamma_{yz} = \frac{1}{G}\tau_{yz}$$

$$\gamma_{zx} = \frac{1}{G}\tau_{zx} \tag{4.18}$$

各向同性材料在三向主应力状态下,3 个正交主平面所夹的直角在变形后并不改变,沿三个主方向的线应变称为主应变,分别记为 ε_1、ε_2、ε_3;与主应力 σ_1、σ_2、σ_3 对应。此时广义胡克定律用主应力表示可写为:

$$\varepsilon_1 = \frac{1}{E}[\sigma_1 - \nu(\sigma_2 + \sigma_3)]$$

$$\varepsilon_2 = \frac{1}{E}[\sigma_2 - \nu(\sigma_3 + \sigma_1)]$$

$$\varepsilon_3 = \frac{1}{E}[\sigma_3 - \nu(\sigma_1 + \sigma_2)] \tag{4.19}$$

例 4.3 在一个体积比较大的刚性块体上有一直径为 5.001 cm 的圆柱形凹槽,一个直径为 5 cm 的钢制圆柱体放入凹槽内。圆柱受一个大小等于 F 的均匀分布的轴向压力作用如图 4.20 所示。已知 $F = 600$ kN,圆柱材料的 $E = 200$ GPa,$\nu = 0.3$。试求圆柱的主应力。

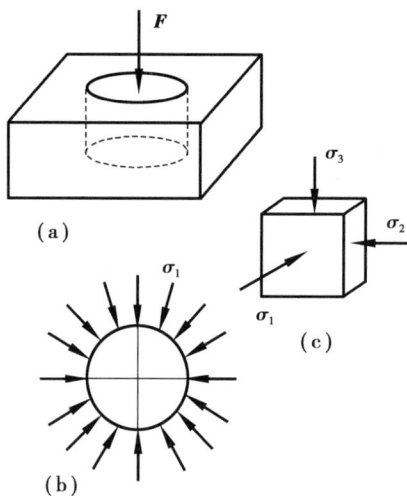

图 4.20 圆柱体放入凹槽后的应力分布示意图

解:在圆柱体中沿径向和周向截取单元体,为三向受压的主单元体如图 4.20(b)、(c)所示,横截面上均匀分布压力集度为

$$\sigma_3 = -\frac{F}{A} = -\frac{4F}{\pi d^2}$$

$$= -\frac{4 \times 600 \times 10^3}{\pi \times 5^2 \times 10^{-4}}$$

$$= -306 \text{ MPa}$$

在轴向压缩下,圆柱体将产生横向膨胀,在胀至塞满空隙后,由于块体不变形,凹槽与柱体接触面间将引起相互的压力,由对称性可知柱体中任一点的径向和周向应力均为一力,即

$$\sigma_1 = \sigma_2 = -p$$

且径向的应变只能是横向塞满柱与槽的空隙而产生的,即

$$\varepsilon_2 = \frac{5.001 - 5}{5} = 0.0002$$

于是由广义胡克定律

$$\varepsilon_2 = \frac{1}{E} \big[\sigma_2 - \nu(\sigma_3 + \sigma_1) \big]$$

$$= \frac{1}{E} \big[-p - \nu(\sigma_3 - p) \big]$$

$$p = -\frac{E\varepsilon_2 + \sigma_3\nu}{1 - \nu} = -\frac{200 \times 10^9 \times 0.000\,2 - 306 \times 10^6 \times 0.30}{1 - 0.3}$$

$$= 74 \times 10^6 \text{ Pa} = 74 \text{ MPa}$$

所以柱体内各点处的 3 个主应力分别为

$$\sigma_1 = \sigma_2 = -p = -74 \text{ MPa}$$

$$\sigma_3 = -153 \text{ MPa}$$

3. 体积应变

三向应力状态的主单元体,变形前的体积 $V_0 = \mathrm{d}x\mathrm{d}y\mathrm{d}z$,变形后的体积变为

$$V = (\mathrm{d}x + \mathrm{d}u)(\mathrm{d}y + \mathrm{d}v)(\mathrm{d}z + \mathrm{d}w)$$

$$= \mathrm{d}x\mathrm{d}y\mathrm{d}z(1 + \varepsilon_1)(1 + \varepsilon_2)(1 + \varepsilon_3)$$

展开上式,略去高阶微量得

$$V \approx \mathrm{d}x\mathrm{d}y\mathrm{d}z(1 + \varepsilon_1 + \varepsilon_2 + \varepsilon_3)$$

单位体积的体积改变为

$$\theta = \frac{V - V_0}{V_0} = \varepsilon_1 + \varepsilon_2 + \varepsilon_3$$

θ 称为体积应变。将式(4.19)代入上式,整理后得出用主应力表示的体积应变公式

$$\theta = \varepsilon_1 + \varepsilon_2 + \varepsilon_3$$

$$= \frac{1 - 2\nu}{E}(\sigma_1 + \sigma_2 + \sigma_3) \tag{4.20}$$

式(4.20)还可写成以下形式

$$\theta = \frac{3(1 - 2\nu)}{E} \cdot \frac{\sigma_1 + \sigma_2 + \sigma_3}{3} = \frac{\sigma_m}{K} \tag{4.21}$$

其中 $K = \dfrac{E}{3(1-2\nu)}$,$\sigma_m = \dfrac{\sigma_1+\sigma_2+\sigma_3}{3}$。

K 称为体积弹性模量,σ_m 是平均主应力。依据式(4.21)可知,θ 与平均应力 σ_m 成正比,称为体积胡克定律。

若受力构件内某点处为纯剪切应力状态如图 4.21(a)所示,则该点处 $\sigma_1 = -\sigma_3 = \tau_{xy}$,$\sigma_2 = 0$ 如图 4.21(b)所示,代入式(4.21),体积应变 $\theta = 0$。所以在任意应力状态下,某点处的体积应变与切应力无关联。

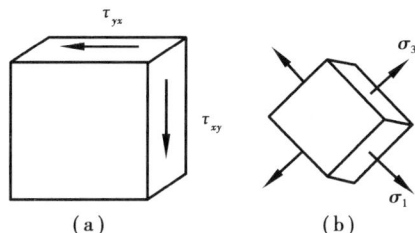

图 4.21　纯剪切应力状态示意图

4.6　体积改变能密度与形状改变能密度

当物体受外力作用发生弹性变形时,物体内部会储存应变能。应变能密度是指单位体积内储存的应变能。单向应力状态与纯剪切应力状态下应变能密度的计算公式如下

$$v_\varepsilon = \frac{1}{2}\sigma\varepsilon \quad \text{和} \quad v_\varepsilon = \frac{1}{2}\tau\gamma$$

在线弹性范围内,当应力由零渐增至最终值时,三向应力状态的应变能密度等于单向应力单元体的应变能密度与纯切应力单元体的应变能密度之和,用主应力和主应变可表示为

$$v_\varepsilon = \frac{1}{2}\sigma_1\varepsilon_1 + \frac{1}{2}\sigma_2\varepsilon_2 + \frac{1}{2}\sigma_3\varepsilon_3$$

代入式(4.19),可得用主应力表示的应变能密度

$$v_\varepsilon = \frac{1}{2E}\left[\sigma_1^2 + \sigma_2^2 + \sigma_3^2 - 2\nu(\sigma_1\sigma_2 + \sigma_2\sigma_3 + \sigma_3\sigma_1)\right] \tag{4.22}$$

在三向应力状态下,单元体会同时产生体积改变与形状改变。故应变能密度被视作由两部分构成:其一为因体积变化而储存的比能,称作体积改变能密度,以 ν_V 表示;其二是因形状改变而储存的比能,称为形状改变能密度,用 ν_d 表示。由此可得:

$$\nu_\varepsilon = \nu_V + \nu_d \tag{4.23}$$

由于单元体的体积变化可以用体积应变 θ 来度量,因此,可以认为两个体积应变相等的单元体,其体积改变比能 ν_V 相等。若令

$$\sigma_m = \frac{1}{3}(\sigma_1 + \sigma_2 + \sigma_3)$$

则图 4.22 中两个单元体的体积改变比能相等,因而图(a)所示单元体的体积改变能密度为

$$v_V = \frac{1}{2E}\left[\sigma_m^2 + \sigma_m^2 + \sigma_m^2 - 2\nu(\sigma_m\sigma_m + \sigma_m\sigma_m + \sigma_m\sigma_m)\right]$$

$$= \frac{3(1 - 2\nu)}{2E}(\sigma_m^2)$$

$$= \frac{3(1 - 2\nu)}{2E} \cdot \frac{1}{9}(\sigma_1 + \sigma_2 + \sigma_3)^2$$

$$= \frac{1 - 2\nu}{6E}(\sigma_1 + \sigma_2 + \sigma_3)^2 \tag{4.24}$$

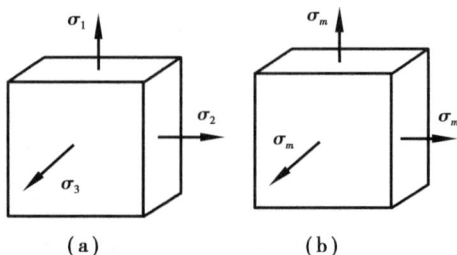

图 4.22　主应力状态与体积改变能密度部分对应的应力状态

将其代入式(4.23),整理后可得图 4.22(a)所示单元体的形状改变能密度

$$v_d = v_\varepsilon - v_V$$

$$= \frac{1+\nu}{6E} \left[(\sigma_1 - \sigma_2)^2 + (\sigma_2 - \sigma_3)^2 + (\sigma_3 - \sigma_1)^2 \right] \tag{4.25}$$

4.7　四种常用的强度理论

长期以来,基于生产实践以及科学实验中的观察、分析与研究,人们相继提出了多种强度理论。各强度理论主张各异,分别认定某一特定因素为引发材料破坏的关键要素。尽管不同强度理论所持观点不尽相同,但其构建极限状态的思维模式与方法具有一致性。具体而言,各理论均认为,无论材料处于何种应力状态下,诱发材料破坏的主导因素始终恒定,与应力状态不存在关联性;并且,对于同一类材料而言,该主导因素所对应的极限值固定不变。

在研究材料强度问题时,为建立复杂应力状态下的强度条件,需将复杂应力状态与单向应力状态中的同一关键主导因素予以对比。凭借单向应力状态已有的强度条件形式作为参照,各强度理论依据自身所提出的假说,构建起以主应力不同函数形式呈现的相当应力表达式。如此一来,复杂应力状态下的强度条件得以建立,可表述为以相当应力为核心的形式,进而为材料在复杂受力情形下的强度判定提供依据,具体表述为

$$\sigma_r \leqslant [\sigma] \tag{4.26}$$

其中,σ_r 是各种强度理论建立的相当应力,并不是真实存在的应力;$[\sigma]$ 是极限应力除以安全系数得到的许用应力。各强度理论在阐释材料破坏的关键因素上存在差异,由此导致对应的相当应力 σ_r 的函数形式互不相同,且各自适用条件亦有区别。就材料破坏的表现形式而言,主要可归为两类:脆性断裂和塑性屈服(简称为断裂和屈服)。相应地,强度理论也大致分为两类。

一类强度理论用于解释断裂的强度理论,诞生于 17 世纪初,当时建筑及工程多采用天然石料、砖、铸铁等脆性材料,破坏多为断裂,其中最大拉应力、最大伸长线应变理论影响较大。

另一类强度理论用于解释塑性屈服,19 世纪起,工业发展使金属材料在工程中广泛运用,塑性屈服广受关注,基于对其物理本质认识,最大切应力、形状改变能密度理论应运而生。

1. 最大拉应力理论(第一强度理论)

该理论认为最大拉应力是致使材料断裂的关键因素。即不论处于何种应力状态,当最大拉应力达到与材料特性相关的极限值时,材料便会断裂,由此可构建第一强度理论的强度条件:

$$\sigma_1 \leqslant [\sigma]$$

与公式(4.26)比较后可知,第一强度理论的相当应力 σ_{r1} 可用最大拉应力 σ_1 表示,即

$$\sigma_{r1} = \sigma_1$$

其中,σ_{r1} 表示按第一强度理论建立的相当应力。

在材料性能研究中,铸铁等脆性材料呈现特定断裂规律:单向拉伸时,断裂于拉应力最大的横截面;扭转时,沿拉应力最大的 45°斜截面断裂,此与最大拉应力理论契合。后续试验发现,脆性材料二向、三向受拉断裂,结果与理论也基本相符。

2. 最大伸长线应变理论（第二强度理论）

这一理论认为最大伸长线应变是引发材料断裂的关键因素。即不论处于何种应力状态,一旦最大伸长线应变达到与材料特性相关的特定极限值,材料随即发生断裂现象。于是有了断裂准则

$$\varepsilon_1 = \varepsilon_u$$

在复杂应力状态下断裂应变可以表示为

$$\varepsilon_1 = \frac{1}{E}\left[\sigma_1 - \nu(\sigma_2 + \sigma_3)\right]$$

单向拉伸试验的极限状态的断裂应变为

$$\varepsilon_u = \frac{1}{E}\sigma_u = \frac{1}{E}\sigma_b$$

从而可以建立第二强度理论的强度条件

$$\sigma_1 - \nu(\sigma_2 + \sigma_3) \leqslant [\sigma]$$

则第二强度理论的相当应力为

$$\sigma_{r_2} = \sigma_1 - \nu(\sigma_2 + \sigma_3)$$

这是用三个主应力表达的函数关系式。

3. 最大切应力理论（第三强度理论）

该理论认为最大切应力为引发材料塑性屈服的主导因素。即不管处于何种应力状态,只要最大切应力达到依材料性质而定的某极限值,材料便会屈服,基于此进而形成屈服准则如下

$$\tau_{max} = \tau_u$$

在复杂应力状态下

$$\tau_{max} = \frac{1}{2}(\sigma_1 - \sigma_3)$$

单向拉伸试验的极限状态

$$\tau_u = \frac{\sigma_s}{2}$$

于是屈服准则可用正应力表示为

$$\sigma_1 - \sigma_3 = \sigma_s$$

从而可以建立第三强度理论的强度条件

$$\sigma_1 - \sigma_3 \leqslant [\sigma]$$

第三强度理论的相当应力为

$$\sigma_{r3} = \sigma_1 - \sigma_3$$

最大切应力理论能较好阐释塑性屈服现象。实验显示:在排除三向拉伸情形下,该理论与试验所得结果相近,鉴于此,最大切应力理论在工程领域获得了广泛运用。

4. 形状改变能密度理论（第四强度理论）

该理论认为,在材料力学中,形状改变能密度为引发材料塑性屈服的关键要素。即不论处于何种应力状态,一旦形状改变能密度触及与材料特性相关的特定极限值,材料便会产生屈服现象。

于是有了屈服准则

$$v_d = v_{du}$$

在复杂应力状态下,形状改变能密度

$$v_d = \frac{1+\mu}{6E}\left[(\sigma_1 - \sigma_2)^2 + (\sigma_2 - \sigma_3)^2 + (\sigma_3 - \sigma_1)^2\right]$$

单向拉伸试验的极限状态,其形状改变能密度的极限

$$v_{du} = \frac{1+\mu}{6E}(2\sigma_s^2)$$

从而可以建立第四强度理论的强度条件

$$\sqrt{\frac{1}{2}\left[(\sigma_1 - \sigma_2)^2 + (\sigma_2 - \sigma_3)^2 + (\sigma_3 - \sigma_1)^2\right]} \leqslant [\sigma]$$

可知,第四强度理论的相当应力为

$$\sigma_{r4} = \sqrt{\frac{1}{2}\left[(\sigma_1 - \sigma_2)^2 + (\sigma_2 - \sigma_3)^2 + (\sigma_3 - \sigma_1)^2\right]}$$

试验表明,形状改变能密度理论与试验结果更为接近。工程上也广泛使用这一理论。

下面将用几何的方式来解释强度理论。二向应力状态下,如图 4.23 所示主单元,以 σ_x 和 σ_y 表示两个主应力,且设 σ_x 和 σ_y 都可以表示最大或最小应力(即不采取 $\sigma_x > \sigma_y$ 的假设)。

图 4.24 表示了最大正应力理论。若两个主应力 σ_x 和 σ_y 的任何组合的点的坐标在图中所示的矩形内,则该单元体是安全的;若组合 (σ_x, σ_y) 的点在矩形边界上,即 σ_x 或 σ_y 中有一个为 $\sigma_1 = \sigma_u$,将引起单元体的破坏。

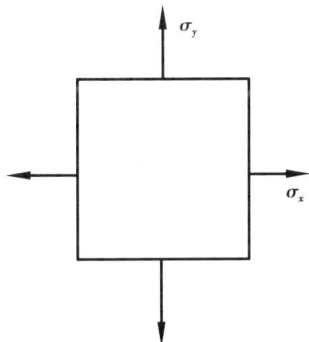

图 4.23 二向应力状态下的主单元示意图

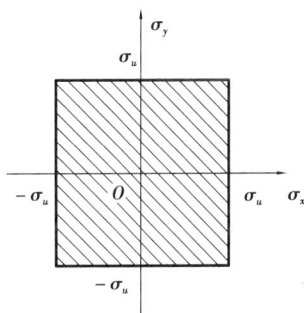

图 4.24 最大正应力理论示意图

如图 4.25 所示的实线六边形表示最大切应力理论。在第一和第三象限内,σ_x 和 σ_y 有相同的符号,对于组合 (σ_x, σ_y),最大切应力数值是最大的主应力的一半,即 $\tau_{max} = \left|\dfrac{\sigma_{max}}{2}\right|$。于是最大切应力屈服准则

$$\sigma_1 - \sigma_3 = \sigma_s$$

成为

$$|\sigma_{max}| = \sigma_s$$

σ_s 在以主应力 σ_x 和 σ_y 为坐标的平面坐标系中,是与坐标轴平行的直线。当 σ_x 和 σ_y 符号不同时,即在第二和第四象限,最大切应力 $\tau_{max} = \left|\dfrac{1}{2}(\sigma_x - \sigma_y)\right|$,最大切应力屈服准则成为

$$|\sigma_x - \sigma_y| = \sigma_s$$

表达式是直线方程。这些直线围成了如图 4.25 所示的六边形。若点 (σ_x, σ_y) 在这六边形区域之内,材料不会屈服,处于弹性状态;若点 (σ_x, σ_y) 在六边形区域的边界上,材料将发生屈服。

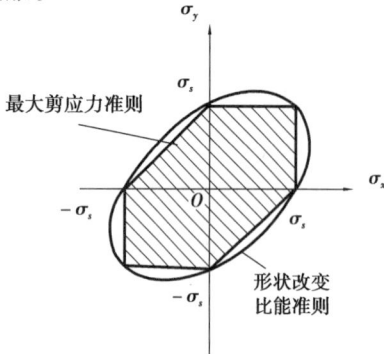

图 4.25 最大切应力理论与形状改变能密度理论示意图

如图 4.25 中虚线所示的椭圆形表示形状改变能密度理论。平面应力状态时若设 $\sigma_1 = \sigma_x, \sigma_2 = \sigma_y, \sigma_3$ 等于零,则该理论的屈服准则成为

$$\sigma_x^2 - \sigma_x\sigma_y + \sigma_y^2 = \sigma_s^2$$

这是一个椭圆方程,椭圆的长轴为 $\sigma_x = \sigma_y$ 的直线。同样,点 (σ_x, σ_y) 在椭圆区域内时,材料处于弹性状态;点 (σ_x, σ_y) 在椭圆区域的边界上时,材料将发生屈服。

由图 4.25 中两种强度理论曲线比较,可知最大切应力理论偏于安全。

综合以上所述,4 个常用的强度理论的相当应力分别为

$$\sigma_{r1} = \sigma_1$$

$$\sigma_{r2} = \sigma_1 - \nu(\sigma_2 + \sigma_3)$$

$$\sigma_{r3} = \sigma_1 - \sigma_3$$

$$\sigma_{r4} = \sqrt{\frac{1}{2}\left[(\sigma_1 - \sigma_2)^2 + (\sigma_2 - \sigma_3)^2 + (\sigma_3 - \sigma_1)^2\right]} \tag{4.27}$$

例 4.4 某危险点的应力状态如图 4.26 所示。试按 4 个强度理论建立强度条件。设脆性材料的 $\nu = 0.3$。

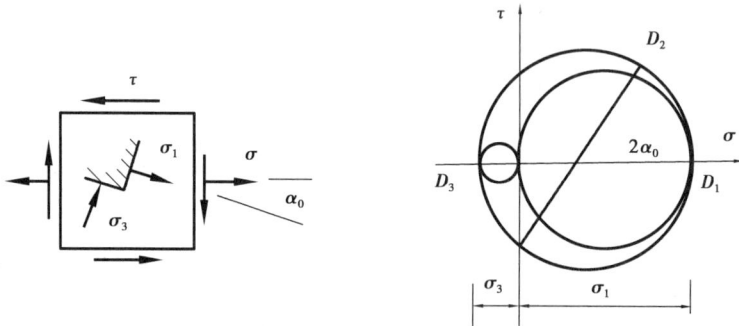

图 4.26 例 4.4 单元体应力状态及应力圆示意图

解:单元体处的主应力分别为

$$\sigma_1 = \frac{\sigma}{2} + \sqrt{\left(\frac{\sigma}{2}\right)^2 + \tau^2}, \sigma_2 = 0, \sigma_3 = \frac{\sigma}{2} - \sqrt{\left(\frac{\sigma}{2}\right)^2 + \tau^2}$$

代入式(4.27)若为脆性材料,有强度条件

$$\sigma_{r1} = \frac{1}{2}\sqrt{\sigma^2 + 4\tau^2} + \frac{\sigma}{2} \leqslant [\sigma]$$

$$\sigma_{r2} = 0.35\sigma + 0.65\sqrt{\sigma^2 + 4\tau^2} \leqslant [\sigma]$$

若为塑性材料,有强度条件

$$\sigma_{r3} = \sqrt{\sigma^2 + 4\tau^2} \leqslant [\sigma], \sigma_{r4} = \sqrt{\sigma^2 + 3\tau^2} \leqslant [\sigma] \tag{4.28}$$

对于如图 4.26 所示的这种形式的二向应力单元体,是受力构件(特别是梁)中最常见的原始单元体,对此,常用式(4.28)计算第三、四强度理论的相当应力。

例 4.5 校核图 4.27(a)所示焊接工字梁的强度。已知:梁的横截面对于中性轴 z 的惯性矩为 $I_z = 88 \times 10^6 \text{ mm}^4$;半个横截面对于中性轴 z 的静矩为 $S_z^* = 338 \times 10^3 \text{ mm}^3$;材料为 Q235 钢,许用应力 $[\sigma] = 170 \text{ MPa}$,$[\tau] = 100 \text{ MPa}$。

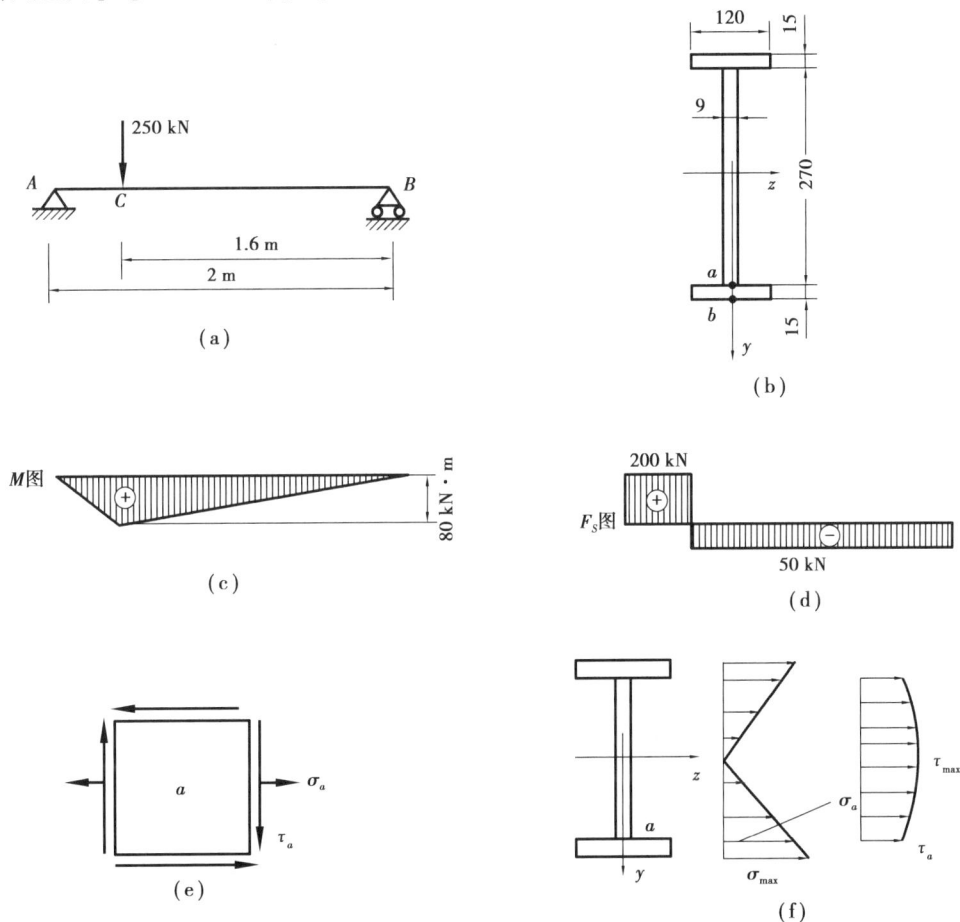

图 4.27 焊接工字梁的受力图及应力分析示意图

解:

通过弯矩图和剪力图可以确定梁的 C 截面偏左侧为危险截面。

① 按正应力强度条件进行校核。

弯矩图如图 4.27(c)所示,最大弯矩为 $M_{max} = 80 \text{ kN} \cdot \text{m}$。最大正应力为

$$\begin{aligned}
\sigma_{max} &= \frac{M_{max} y_{max}}{I_z} \\
&= \frac{(80 \times 10^3 \text{ N} \cdot \text{m})(150 \times 10^{-3} \text{ m})}{88 \times 10^{-6} \text{ m}^4} = 136.4 \text{ MPa} < [\sigma]
\end{aligned}$$

故该梁满足正应力强度条件。

②按切应力强度条件进行校核。

剪力图如图 4.27(d)所示,最大剪力为 $F_{s,\max} = 200$ kN。

梁的所有横截面上切应力的最大值在 AC 段各横截面上的中性轴处。

$$\tau_{\max} = \frac{F_{s,\max} S_{z,\max}^*}{I_z d} = \frac{(200 \times 10^3 \text{ N})(338 \times 10^{-6} \text{m}^3)}{(88 \times 10^{-6} \text{ m}^4)(9 \times 10^{-3} \text{ m})} = 85.4 \text{ MPa} \leqslant [\tau]$$

$\tau_{\max}$ 小于许用切应力$[\tau]$,满足切应力强度条件。

③用强度理论校核 a 点的强度。

a 点的单元体如图 4.27(e)所示,a 点的正应力和切应力如图 4.27(f)所示。

$$\sigma_a = \frac{M_{\max} \cdot y_a}{I_z} = \frac{(80 \times 10^3 \text{ N} \cdot \text{m})(135 \times 10^{-3} \text{ m})}{88 \times 10^{-6} \text{ m}^4} = 122.7 \text{ MPa}$$

$$\tau_a = \frac{F_{S,\max} \cdot S_{z,a}^*}{I_z d}$$

$$= \frac{(200 \times 10^3 \text{ N})\{(120 \times 10^{-3} \text{ m} \times 15 \times 10^{-3} \text{ m})[(135 + 7.5) \times 10^{-3} \text{ m}]\}}{(88 \times 10^{-6} \text{ m}^4)(9 \times 10^{-3} \text{ m})}$$

$$= 64.6 \text{ MPa}$$

由于梁的材料 Q235 钢为塑性材料,故用第三或第四强度理论校核 a 点的强度。

$$\sigma_{r3} = \sqrt{\sigma_a^2 + 4\tau_a^2}$$

$$= \sqrt{(122.7 \text{ MPa})^2 + 4(64.6 \text{ MPa})^2} = 178 \text{ MPa} > [\sigma]$$

$$\frac{178 - 170}{178} \times 100\% = 4.6\% < 5\%$$

$$\sigma_{r4} = \sqrt{\sigma_a^2 + 3\tau_a^2}$$

$$= \sqrt{(122.7 \text{ MPa})^2 + 3(64.6 \text{ MPa})^2} = 166 \text{ MPa} < [\sigma]$$

所以 a 点的强度也是安全的。

4.8 本构理论简介

在连续介质力学领域,本构关系可通俗理解为介质应力与应变间的关系。它与动量守恒方程、质量守恒方程共同构成力学三大基本关系。一方面,本构关系详细阐释材料在各类荷载下的应力-应变情形,还包括材料破坏准则及其动态演化规律;另一方面,其形成受材料自身力学特性影响,也与温度、荷载率、加载速度、边界条件等外界环境紧密相连,其非线性特性常伴热力学不可逆进程。一般而言,本构模型侧重于展现材料宏观力学表现,但不可忽视的是,材料宏观力学性能本质上与细观、微观结构演变密切相关。深入探究材料受力时微观、细观结构的演变特征,是构建精准宏观本构关系的基石。本节聚焦已有宏观唯象本构模型,着重对常用弹性及塑性本构理论进行简单介绍,欲更深入地了解本构理论,可查阅相关书籍。

1.弹性本构

在三维应力状态下,描述物体一点的应力状态通常需要 9 个应力分量,与之对应的应变分量也需要 9 个。但根据切应力互等定律($\tau_{xy} = \tau_{yx}$,$\tau_{xz} = \tau_{zx}$,$\tau_{yz} = \tau_{zy}$),因此该 9 个应力分量和 9 个应变分量中分别只有 6 个是相互独立的。对于各向同性材料,在线弹性范围内且为小变形时,线应变只与正应力分量相关,与切应力无关,而切应变只与切应力有关,与正应力无关。切应力只引起与其相对应的切应变分量的改变,不会影响其他方向上的切应变。因此对于理想的弹性体,上述关系有如下形式:

$$
\begin{pmatrix} \sigma_x \\ \sigma_y \\ \sigma_z \\ \tau_{xy} \\ \tau_{yz} \\ \tau_{zx} \end{pmatrix} = \begin{pmatrix} c_{11} & c_{12} & c_{13} & c_{14} & c_{15} & c_{16} \\ c_{21} & c_{22} & c_{23} & c_{24} & c_{25} & c_{26} \\ c_{31} & c_{32} & c_{33} & c_{34} & c_{35} & c_{36} \\ c_{41} & c_{42} & c_{43} & c_{44} & c_{45} & c_{46} \\ c_{51} & c_{52} & c_{53} & c_{54} & c_{55} & c_{56} \\ c_{61} & c_{62} & c_{63} & c_{64} & c_{65} & c_{66} \end{pmatrix} \begin{pmatrix} \varepsilon_x \\ \varepsilon_y \\ \varepsilon_z \\ \gamma_{xy} \\ \gamma_{yz} \\ \gamma_{zx} \end{pmatrix} \qquad (4.29)
$$

式中,c_{ij} 为弹性常数。由材料的均匀性可知,常数 c_{ij} 与坐标 x、y、z 无关。相对的对角线具有对称性,这样从 36 个常数中还应去掉相同的 15 个常数,应为 21 个独立的常数。

当各向异性弹性体具有对称的内部结构时,会呈现对称的弹性性质。首先设想它有一个对称面,如果我们取与其垂直的轴(称为材料的弹性主轴),作为笛卡尔坐标系的 x_3 轴,即 $x_1 O x_2$ 坐标面为对称面如图 4.28 所示。从物理上理解这种材料性质的对称性,可通俗地解释成:

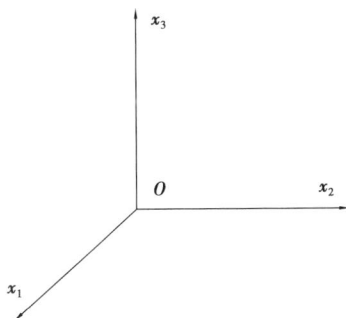

图 4.28 笛卡尔坐标系

正应力 σ_x、σ_y、σ_z 不会引起与 x_3 轴方向有关的剪应变。与 x_3 轴方向有关的剪应变为 γ_{xy}、γ_{yz},若正应力对其没影响,则有 $C_{14} = C_{15} = C_{24} = C_{25} = C_{34} = C_{35} = 0$。

对称面中 τ_{zx} 的切应力不会引起与 x_3 轴方向有关的剪应变,则 $C_{64} = C_{65} = 0$。此时弹性常数又应从 21 个减去 8 个为零的常数,应有不为零的独立常数 13 个。

当有两个正交的弹性对称面时,同理根据上述一个弹性对称面的分析,这时独立常数应由上述的 13 个再减去 4 个,即 C_{16}、C_{26}、C_{36} 和 C_{45} 应为零,成为 9 个。容易想到,与这两个弹性对称面正交的第三个面自然也是弹性对称面。这种性质称为正交各向异性,其系数矩阵可表示成:

$$\begin{bmatrix} \boldsymbol{C} \end{bmatrix} = \begin{bmatrix} C_{11} & C_{12} & C_{13} & 0 & 0 & 0 \\ C_{12} & C_{22} & C_{23} & 0 & 0 & 0 \\ C_{13} & C_{23} & C_{33} & 0 & 0 & 0 \\ 0 & 0 & 0 & C_{44} & 0 & 0 \\ 0 & 0 & 0 & 0 & C_{55} & 0 \\ 0 & 0 & 0 & 0 & 0 & C_{66} \end{bmatrix} \tag{4.30}$$

正交各向异性本构模型在纤维增强复合材料、竹材、轧制的金属的建模方面得到广泛的应用。如图 4.29 所示是不同铺层方式(铺层角度不同)对 graphite/epoxy 复合材料层合板靠近背板的界面分层形貌响应的影响,可以看出分层主要是沿着背板单层板纤维的方向进行扩展,这与各向同性的金属性质有着本质的不同。

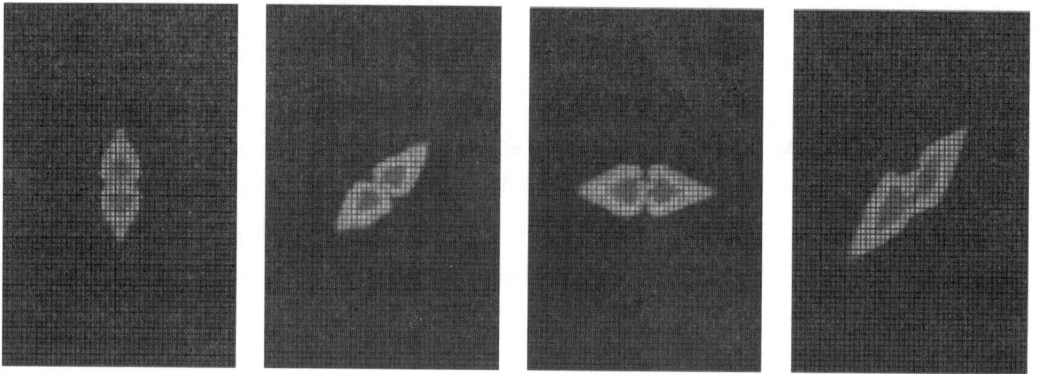

图 4.29　不同铺层方式对 graphite/epoxy 复合材料层合板分层形貌响应的影响

在正交各向异性的基础上,可以进一步分析横观各向同性材料的性质,例如从 x_1 轴看 $x_2 O x_3$ 坐标平面的点,在这平面内不同方向上的性质是相同的,这样在正交各向异性矩阵中与 x_2,x_3 轴有关的弹性系数应该相同,即有

$$C_{22} = C_{33}, C_{12} = C_{13}, C_{55} = C_{66}$$

通过将 x_2 轴与 x_3 轴绕 x_1 轴作微小转动,同理还可以得到

$$C_{44} = \frac{C_{22} - C_{23}}{2} \tag{4.31}$$

对于一般各向同性弹性体,从横观各向同性的结果容易推论出

$$C_{11} = C_{22} = C_{33}$$

$$C_{12} = C_{13} = C_{23}$$

$$C_{44} = C_{55} = C_{66}$$

$$C_{44} = \frac{C_{22} - C_{23}}{2}$$

若令 $C_{12} = \lambda$, $C_{44} = \mu$

则得到各向同性弹性材料的胡克定律

$$\begin{cases} \sigma_x = \lambda\theta + 2\mu\varepsilon_x \\ \sigma_y = \lambda\theta + 2\mu\varepsilon_y \\ \sigma_z = \lambda\theta + 2\mu\varepsilon_z \\ \tau_{xy} = 2\mu\varepsilon_{23} \\ \tau_{yz} = 2\mu\varepsilon_{31} \\ \tau_{zx} = 2\mu\varepsilon_{12} \end{cases} \qquad (4.32)$$

式中, λ, μ 称为 Lamé 常数, θ 为体积应变。工程上常用各向同性材料的胡克定律的形式为 4.5 节的(4.18),注意工程上常用的应变与前述应变定义的关系是 $\gamma_{xy} = 2\varepsilon_{xy}$, $\gamma_{yz} = 2\varepsilon_{yz}$, $\gamma_{zx} = 2\varepsilon_{zx}$。

2. 塑性本构模型

当固体材料承受荷载超出特定限度时,会出现两种变形情况:可恢复的弹性变形以及不可恢复的永久变形。若该永久变形不受加载速率影响,即忽略材料黏性,此即为塑性变形;反之,则称为黏塑性变形。塑性理论聚焦于固体在时间维度上无显著依赖的弹塑性变形,也就是在荷载之下,固体呈现瞬时稳定的可逆与不可逆变形。鉴于塑性变形不可逆,塑性理论的本构模型需引入能描述不可逆过程的内变量。故而,内变量如何演化,以及应力、应变随内变量改变的规律,成为塑性理论研究的核心要点。在塑性理论里,应力与应变并非一一对应,其本构模型常用微分或增量形式呈现。当前的应力、应变状态及内变量,需依据加载历史经积分运算方能获取,这清晰地表明,塑性理论与加载历史紧密相连,不可分割。

材料的轴向拉、压试验表明,描述材料的塑性本构模型,需要确定以下塑性基本规律。

(1)屈服准则

我们将应力 σ_{ij} 满足一定条件达到弹性极限或开始屈服产生塑性变形称为屈服条件或屈服准则,屈服准则通常用屈服函数 $f_0(\sigma_{ij})$ 表示。屈服函数 $f_0(\sigma_{ij}) = 0$ 在应力空间中代表一个曲面,称为初始屈服面,简称屈面。只有当应力 σ_{ij} 位于屈服面之上时,才有可能产生塑性变形,应力 σ_{ij} 位于屈服面 $f_0(\sigma_{ij})$ 之内,则只有弹性变形。

(2)加载准则

应力 σ_{ij} 位于屈服面之上时,当应力发生变化 $d\sigma_{ij}$,判断材料在何种条件下会产生新增塑性变形 $d\varepsilon_{ij}^p$,称为加载准则。

(3)流动法则

塑性变形 $d\varepsilon_{ij}^p$ 称为塑性流动,简称流动,因而确定塑性变形 $d\varepsilon_{ij}^p$ 方向的法则称为流动法则, $d\varepsilon_{ij}^p$ 的大小则可通过引入标量 $d\lambda \geqslant 0$ 表示, $d\lambda$ 称为塑性乘子。

(4)硬化规律

塑性流动 $d\varepsilon_{ij}^p$ 通常会引发材料屈服面变化,例如轴向拉、压时的硬化效应及包辛格效应,描述屈服面随塑性加载变化的规律称为硬化规律,也可称为强化规律或流动规律,而变化后的屈服面 $f(\sigma_{ij}, A_\alpha) = 0$ 称为加载面或后继屈服面,其中 A_α 为与内变量 Z_β 对应的驱动力 $A_\alpha(Z_\beta)$。

(5)内变量演化规律

塑性流动过程中,内变量会发生变化,内变量增量的变化规律称为内变量演化规律。

(6)一致性条件

在塑性变形发展过程中,尽管屈服面可能发生变化,但是当前应力始终位于屈服面上,不可能超出屈服面,因此有 $f(\sigma_{ij}, A_\alpha) = 0$ 和 $f(\sigma_{ij}+\mathrm{d}\sigma_{ij}, A_\alpha+\mathrm{d}A_\alpha) = 0$ 或 $\mathrm{d}f = 0$,称为一致性条件。利用一致性条件,即可确定塑性乘子 $\mathrm{d}\lambda$。

塑性理论的早期研究集中于金属材料方面,积累了大量成熟的研究成果,形成了塑性理论研究的基础。接下来以商业软件 ABAQUS 自带的 Johnson-Cook 本构模型(JC 本构模型)为例来介绍塑性本构模型。JC 本构模型中的等效应力 σ_{eq} 是应变、应变率和温度的函数,具体表达式为

$$\sigma_{eq} = (A + B\varepsilon^n)(1 + C\ln\dot{\varepsilon}^*)(1 - T^{*m}) \tag{4.33}$$

式中,A、B、C、n、m 是可通过材料实验确定的材料常数。ε 是等效塑性应变,ε 的表达式为

$$\varepsilon = \sqrt{\frac{2}{3}(\varepsilon_{xx}^2 + \varepsilon_{yy}^2 + \varepsilon_{zz}^2 - \varepsilon_{xx}\varepsilon_{yy} - \varepsilon_{yy}\varepsilon_{zz} - \varepsilon_{zz}\varepsilon_{xx})}$$

ε_{xx}、ε_{yy}、ε_{zz} 是材料在不同方向上的塑性应变分量。等效塑性应变有助于评估材料是否进入了塑性区域。$\dot{\varepsilon}^*$ 是无量纲应变率,满足 $\dot{\varepsilon}^* = \dot{\varepsilon}/\dot{\varepsilon}_{quasi}$,其中 $\dot{\varepsilon}_{quasi}$ 是准静态应变率;T^* 是无量纲温度,满足 $T^* = (T-T_a)/(T_m-T_a)$,其中 T、T_a、T_m 分别是当前温度、环境温度(一般取室温 293 K)、参考温度(一般取熔点)。式(4.33)中等号右边第一项表达式反映了材料的准静态应力-应变关系,第二项表达式反映了应变率对材料强度的增强作用(应变率效应),第三项表达式反映了温度对材料强度的软化作用(温度效应)。JC 失效准则考虑等效断裂塑性应变 ε_f 是应力三轴度、应变率和温度的函数,具体表达式为

$$\varepsilon_f = (D_1 + D_2 e^{D_3\eta})(1 + D_4\ln\dot{\varepsilon}^*)(1 + D_5 T^*) \tag{4.34}$$

式中,D_1、D_2、D_3、D_4、D_5 是可通过材料实验确定的材料常数。η 是应力三轴度,具体表达式如下

$$\eta = \frac{\sigma_m}{\sigma} = \frac{I_1}{3\sqrt{3}J_2^{1/2}} \tag{4.35}$$

其中,σ_m 是平均应力,$I_1 = \sigma_1+\sigma_2+\sigma_3$ 表示应力张量第一不变量。J_2 是偏应力张量的第二不变量,主要与偏应力的剪切部分有关。表达式如下

$$J_2 = \frac{1}{2}s_{ij}s_{ij},\text{且 } s_{ij} = \sigma_{ij} - \sigma_m\delta_{ij} \tag{4.36}$$

δ_{ij} 为 Kronecker 符号,满足

$$\delta_{ij} = \begin{cases} 1 & \text{当 } i = j \\ 0 & \text{当 } i \neq j \end{cases} \tag{4.37}$$

将式(4.36)展开,J_2 可以表示为

$$J_2 = \frac{1}{2}[(\sigma_{xx} - \sigma_{yy})^2 + (\sigma_{yy} - \sigma_{zz})^2 + (\sigma_{zz} - \sigma_{xx})^2 + 6(\sigma_{xy}^2 + \sigma_{yz}^2 + \sigma_{zx}^2)] \tag{4.38}$$

实际上,对于大多数金属,静水压力对屈服条件并没有显著的影响,在塑性变形中,剪切应力往往是引起材料发生屈服的主导因素。在许多工程材料的屈服理论中,第二不变量 J_2 被广泛应用,尤其是在 Von Mises 屈服准则中。通过计算材料的偏应力张量的第二不变量,并结合式(4.33),可以判断材料是否进入屈服状态。

4.9 材料在单轴状态下的力学性能

1. 拉伸响应(以低碳钢为例)

低碳钢在拉伸荷载作用下的响应主要分成 4 个阶段,见表 4.1。

表 4.1 低碳钢在拉伸荷载作用下的响应

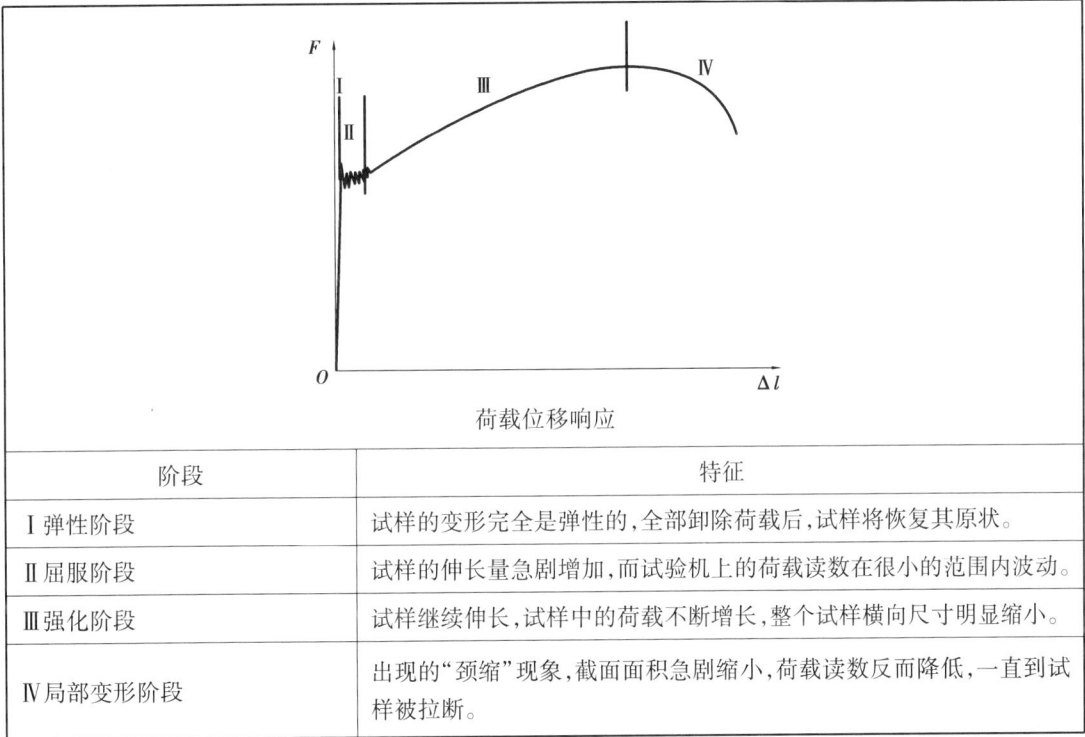

荷载位移响应

阶段	特征
Ⅰ 弹性阶段	试样的变形完全是弹性的,全部卸除荷载后,试样将恢复其原状。
Ⅱ 屈服阶段	试样的伸长量急剧增加,而试验机上的荷载读数在很小的范围内波动。
Ⅲ 强化阶段	试样继续伸长,试样中的荷载不断增长,整个试样横向尺寸明显缩小。
Ⅳ 局部变形阶段	出现的"颈缩"现象,截面面积急剧缩小,荷载读数反而降低,一直到试样被拉断。

若在强化阶段施加荷载,则荷载与试样的伸长量之间遵循直线关系,该直线 bc 与弹性阶段内的直线 Oa 近乎平行如图 4.30(a)所示。试样的变形包括弹性变形 Δl_e 和塑性变形 Δl_p 两部分如图 4.30(a)所示,在卸载过程中,弹性变形逐渐消失,只剩下塑性变形。如果在卸载

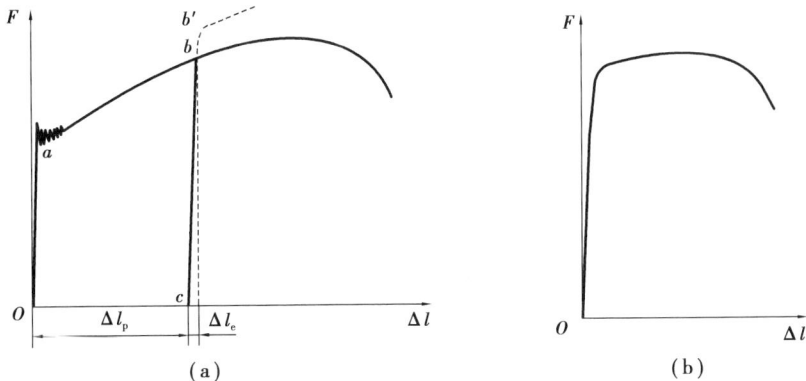

图 4.30 拉伸试样荷载-伸长量关系及卸载-重新加载过程示意图

后立即重新加载,荷载与伸长量之间基本保持与卸载过程中相同的线性关系,直到达到卸载时的荷载水平为止。此后,荷载与伸长量的关系大致遵循原始拉伸曲线的形态如图 4.30(b)所示。

令 $\sigma = \dfrac{F}{A}$,$\varepsilon = \dfrac{\Delta l}{l}$,其中 A 是原始截面积,l 是原长,即可将荷载-位移线处理为工程应力-应变曲线如图 4.31 所示。

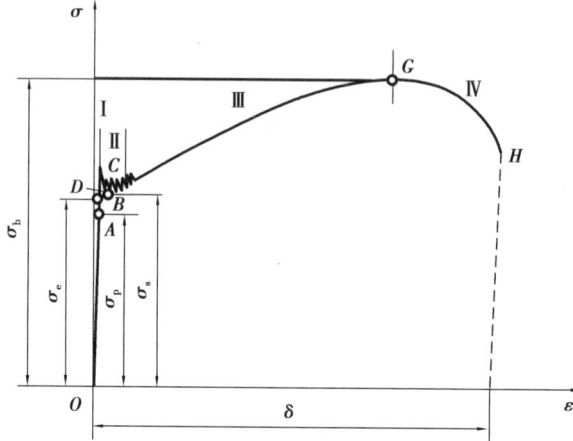

图 4.31　工程应力-应变曲线

图中几个特征点见表 4.2。

表 4.2　$\sigma \sim \varepsilon$ 曲线的特征点

特征点	特征
比例极限 σ_{p}	应力与应变成正比的最高限而与之对应的应力(图中 A 点)。
弹性极限 σ_{e}	不发生塑性变形的极限(图中 B 点)。
屈服强度 σ_{s}	在屈服期间,不计初始瞬时效应时的最低应力(点 D)的下屈服强度。
强度极限 σ_{b}	试样中的名义应力的最大值(图中 G 点)。

对低碳钢而言,极限应力 σ_{s} 和 σ_{b} 是衡量材料强度的两个重要指标,断后伸长率是衡量塑性的一个重要指标,定义为

$$\delta = \frac{l_1 - l}{l} \times 100\% \tag{4.39}$$

其中,l 是原长,l_1 是断裂后的长度,但是出现局部颈缩之后,这种计算方法误差就较大,一般采用断面收缩率 ψ 表征

$$\psi = \frac{A - A_1}{A} \times 100\% \tag{4.40}$$

A_1 代表试样在拉断后断口处的最小横截面面积。

对于没有屈服阶段的塑性材料,通常将对应于塑性应变 $\varepsilon_{\mathrm{p}} = 0.2\%$ 时的应力定为规定非比例延伸强度,并以 $\sigma_{\mathrm{p}0.2}$ 表示。通常以断后伸长率 $\delta < 2\% \sim 5\%$ 的材料定义脆性材料。脆性材料在单轴拉伸荷载下的响应与塑性材料有较大的不同,以铸铁为例直到拉断时试样的变形

都非常小,且没有屈服阶段、强化阶段和局部变形阶段。

2. 压缩响应

图 4.32 是低碳钢在压缩时的 $\sigma \sim \varepsilon$ 特征曲线,住屈服阶段以前,拉伸压缩曲线基本重合,两者的屈服强度和弹性模量基本相同,这是因为两者都处于小变形阶段。进入强化阶段后,试样在压缩时的名义应力随名义应变的增加而增大,由于试样的横截面面积逐渐增大,而计算名义应力时仍采用试样的原来面积,因而采用名义应力无法测定低碳钢试样的压缩强度。但可从低碳钢拉伸试验的结果了解其在压缩时的主要力学性能。

塑性材料的试样在压缩后的典型镦粗变形情况如图 4.33 所示,这是由于试样两端面受到摩擦力的影响。

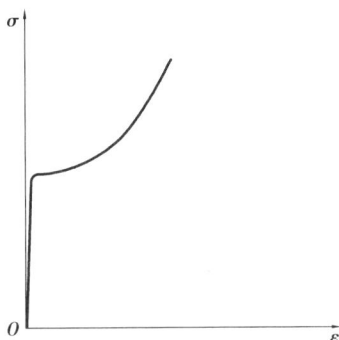

图 4.32　低碳钢在压缩时的 $\sigma \sim \varepsilon$ 特征曲线

图 4.33　塑性材料试样在压缩后的典型镦粗变形示意图

脆性材料在压缩时的破坏形貌与塑性材料有所区别,如灰铸铁试样受压时将沿与轴线大致成 $50° \sim 55°$ 倾角的斜截面发生剪切破坏如图 4.34 所示。脆性材料的抗压强度比抗拉强度大得多,因此在进行设计时要充分利用脆性材料的抗压性能,规避脆性材料抗拉强度低的弱点。

图 4.34　灰铸铁试样受压时发生剪切破坏示意图

3. 颈缩的讨论

基于均匀性假定,真实应力(σ_t)和真实应变(ε_t)计算公式可以写成

$$\sigma_t = F/A_t;\varepsilon_t = \ln(1 + l/l_0) \tag{4.41}$$

式中,A_t 为真实面积,表述为 $A_t = A_0 l_0 / l,l$ 为变形后的长度。

光滑圆棒试件发生颈缩现象后,其横截面上的轴向应力分布将呈现非均匀特性,故此时通过总荷载除以最小截面积所计算的应力值,并不能准确反映真实应力状态,而仅代表颈缩截面处的轴向应力的平均应力水平。

根据微元体的平衡条件,建立了断面处的微分方程

$$\frac{\mathrm{d}\sigma_r}{\mathrm{d}r} + \frac{\partial \tau_{rz}}{\partial z} = 0 \quad 当 \quad z = 0 \tag{4.42}$$

如图4.35所示,颈缩后的半径为 a, ψ 是子午平面上与 Z 轴的夹角, σ_1 与 σ_3 是主应力,可以得到轴向应力 σ_z 的分布情况以及平均轴向应力 $\overline{\sigma_z}$ 与真实强度 Y 之间的关系。

$$\frac{\sigma_s}{Y} = 1 + \ln\left(\frac{a^2 + 2aR - r^2}{2aR}\right)$$

$$\frac{\overline{\sigma_z}}{Y} = \left(1 + \frac{2R}{a}\right)\ln\left(1 + \frac{a}{2R}\right) \tag{4.43}$$

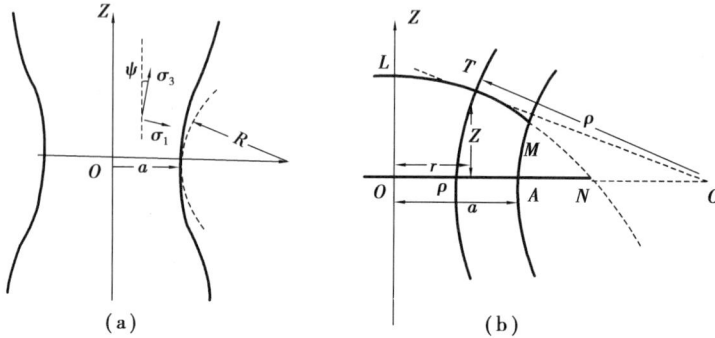

图4.35 光滑圆棒试件颈缩示意图

可以看出,颈缩截面的轴向平均应力并不等同于材料的真实强度,因此,仅凭平均应力式(4.41)计算真实强度的方法存在固有偏差如图4.36所示,以2024—T351铝合金单轴拉伸为例, $\eta = 1/3$ 代表单轴拉伸应力状态。同时在断裂点附近材料也不是单轴拉伸应力状态,而是多轴应力状态。针对断裂点应力的计算,如果不考虑Bridgman效应,仅仅计算平均应力,可能与实际的断裂点有较大的误差,因此在大变形情况下使用平均应力的概念进行计算虽然方便,但是精确性难以保证,需要通过数值模拟或更精确理论模型进行进一步评估。

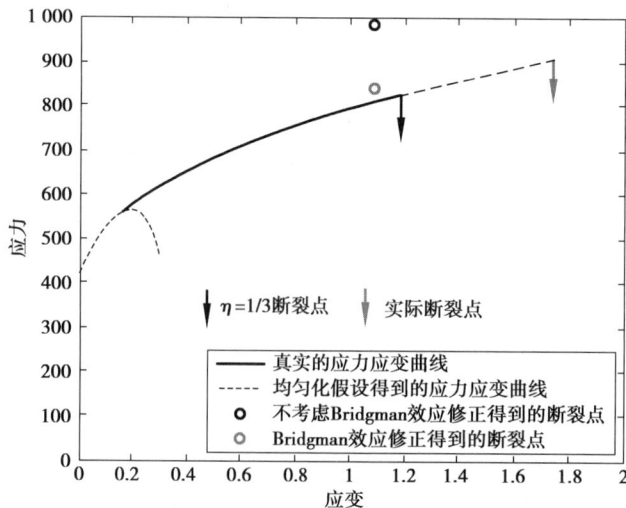

图4.36 2024—T351铝合金在单轴拉伸应力状态下
真实应力-应变曲线与其他计算方法结果的对比

习题 A

4.1　(填空题)低碳钢材料在三向等值拉伸时,应选用_____强度理论作强度校核。

4.2　脆性材料的单元体和塑性材料的单元体,均在相同的三向等压应力状态下,若发生破坏,其破坏方式(　　)。

(A)分别为脆性断裂和塑性断裂　　　　(B)分别为塑性断裂和脆性断裂

(C)都为脆性断裂　　　　　　　　　　(D)都为塑性断裂

4.3　在纯剪切应力状态下,用第四强度理论可以证明塑性材料的许用切应力和许用拉应力的关系为:(　　)

(A)$[\tau]=[\sigma]$　　　　　　　　　　(B)$[\tau]=[\sigma]/2$

(C)$[\tau]=[\sigma]/\sqrt{3}$　　　　　　　(D)$[\tau]=[\sigma]/3$

4.4　塑性材料在如习题 4.4 图所示应力状态中,哪一种最易发生剪切破坏:(　　)

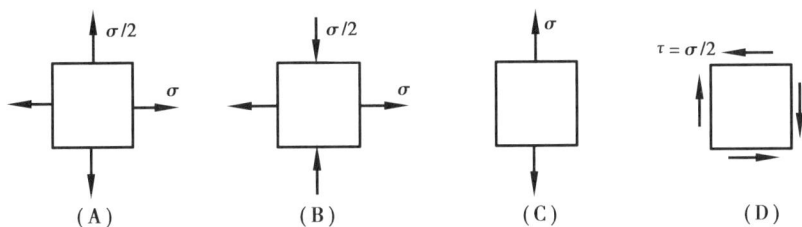

习题 4.4 图

习题 B

4.5　如习题 4.5 图所示中半圆拱由刚性块 AB 和 BC 及拉杆 AC 组成,受的均布荷载集度为 $q=90$ kN/m。若半圆拱半径 $R=12$ m,拉杆的许用应力$[\sigma]=150$ MPa,试设计拉杆的直径 d。

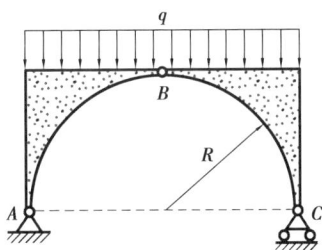

习题 4.5 图

4.6　如习题 4.6 图所示为胶合而成的等截面轴向拉杆,杆的强度由胶缝控制,已知胶的许用切应力$[\tau]$为许用正应力$[\sigma]$的 $1/2$。问 α 为何值时,胶缝处的切应力和正应力同时达到各自的许用应力。

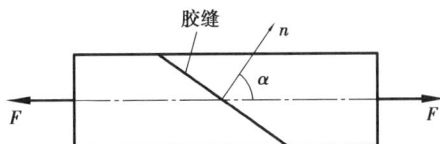

习题 4.6 图

4.7 已知习题 4.7 图所示各平面单元上的应力(应力单位:MPa),试用解析法求:(1)指定截面上的正应力和剪应力;(2)主应力;(3)主方向,并作出平面主单元;(4)最大切应力。

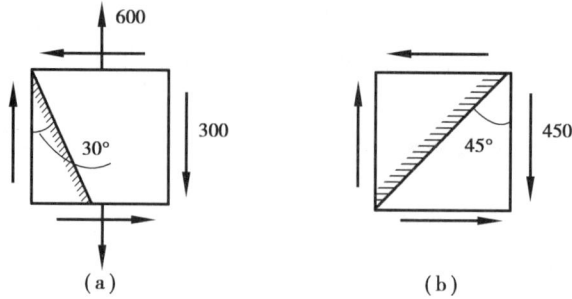

习题 4.7 图

4.8 求习题 4.8 图所示各应力状态的主应力及最大剪应力(应力单位:MPa)。

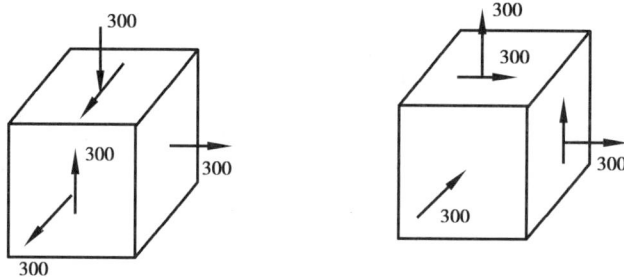

习题 4.8 图

4.9 铁道路标信号板,装在外径 $D=60$ mm 的空心圆柱上,空心圆柱的壁厚 $t=3$ mm,信号板所受最大风载 $p=2$ kN/m^2,$[\sigma]=60$ MPa,试按第三强度理论校核空心圆柱的强度。

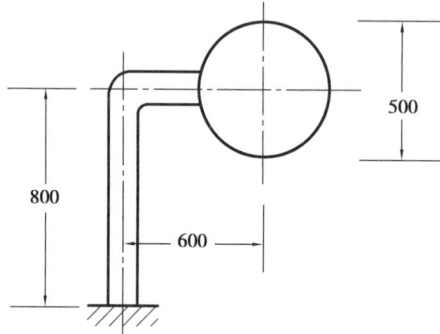

习题 4.9 图

习题 C

4.10 受内压力作用的某容器如习题 4.10 图(a)所示,其圆筒部分外表面任一点 A 处的应力状态如习题 4.10 图(b)所示。当容器承受最大内压力时,用应变计测得 A 处:$\varepsilon_x=1.88\times10^{-4}$,$\varepsilon_y=7.37\times10^{-4}$。已知钢材 $E=210$ GPa,$\mu=0.3$,$[\sigma]=170$ MPa,用第三强度理论进 A 点作强度校核。

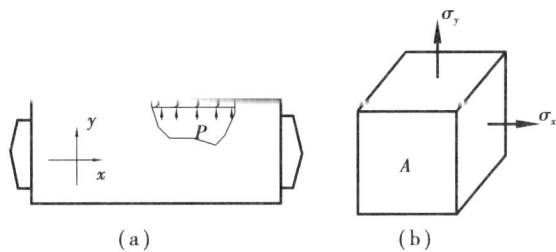

（a）　　　　　　　　　（b）

习题 4.10 图

4.11　如习题图 4.11 所示托架，已知 AB 为矩形截面梁，宽度 $b=20$ mm，高度 $h=40$ mm，杆 CD 为圆管，其外径 $D=30$ mm，内径 $d=24$ mm，材料的 $[\sigma]=160$ MPa。若不考虑 CD 杆的稳定问题，试按强度要求计算结构的许可荷载 $[q]$。

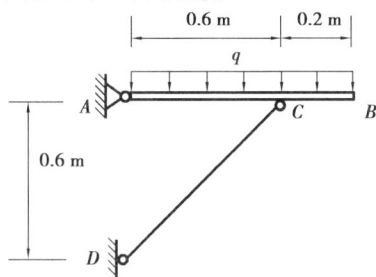

习题 4.11 图

4.12　传动轴 AB 直径 $d=80$ mm，轴长 $l=2$ m，$[\sigma]=100$ MPa，轮缘挂重 $P=8$ kN 与力矩 M 平衡，轮直径 $D=0.7$ m。试画出轴的内力图，并用第三强度理论校核轴的强度。

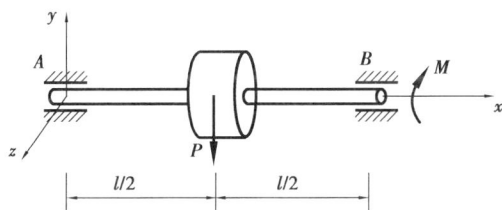

习题 4.12 图

第 5 章

变形和刚度

在实际工程应用中,构件不仅要满足强度要求,还需要满足刚度要求,即需限制其变形或位移在合理范围内。例如,车床主轴变形过大会影响齿轮啮合、轴承配合,导致磨损不均、噪声增大、寿命缩短及加工精度下降。同样,桥式起重机横梁起吊重物时弯曲位移过大,将引发振动,破坏平稳性,并可能导致小车移动卡顿、磨损,从而影响吊车运行。

构件变形虽有其不利之处,但亦有其有利作用。连续刚构桥的双肢薄壁高墩、机械中的弹性构件(如拉簧、压簧、叠板弹簧等)即利用构件的受力位移特性,实现缓冲与减震功能。

位移与变形密切相关,但存在严格区别。位移是指弹性体受力变形后某点位置变化,需通过变形计算确定,且受杆件约束影响,为构件各部分变形的综合反映。

5.1 轴向拉压杆的变形及胡克定律

1. 纵向变形

直杆受轴向拉力或压力作用时,将引起杆件出现沿轴向的伸长或缩短。

设直杆的原长为 L,受一对轴向拉力 F 的作用而伸长,变形后的长度为 L_1 如图 5.1 所示,则杆件的轴向伸长为

$$\Delta L = L_1 - L$$

上式中的 ΔL 在拉伸时为正,压缩时为负。

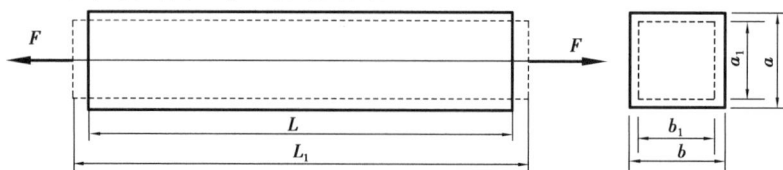

图 5.1 直杆受轴向拉力作用下的伸长变形示意图

杆件的变形量 ΔL 与其原始长度 L 相关联,为了准确描述杆件的变形状态,通常采用单位长度上的变形量来衡量杆件的轴向变形程度。通过实验观测,我们发现等截面直杆沿其轴向的各段变形量近乎一致。因此,可以采用杆件变形量 ΔL 与原始长度 L 的比值来表征其纵向

变形的程度,这一比值即被称为杆的纵向线应变

$$\varepsilon = \frac{\Delta L}{L} \tag{5.1}$$

2. 横向变形

轴向拉(压)杆在纵向伸长(缩短)的同时,其横向尺寸也会相应减少(增加)。设矩形截面杆横截面边长在变形前为 a、b,变形后为 a_1、b_1,如图 5.1 所示,则其横向变形分别为

$$\Delta a = a_1 - a, \Delta b = b_1 - b$$

杆件的横向线应变为

$$\varepsilon' = \frac{\Delta a}{a} = \frac{\Delta b}{b} \tag{5.2}$$

ε' 的正负与 Δa、Δb 一致。

观察杆件轴向拉压的试验现象可知:当拉(压)杆的应力保持在材料的比例极限以内时,横向线应变与纵向线应变之比的绝对值呈现为一个恒定的常数。这个比值被命名为泊松(S. D. Poisson)比,亦称为横向变形因数,通常用符号 ν 来表示,其表达式为

$$\nu = \left| \frac{\varepsilon'}{\varepsilon} \right| \tag{5.3}$$

ν 是无量纲量,由材料性质决定,可以通过实验测定。

由于 ε' 与 ε 的正负号总是相反的,故有

$$\varepsilon' = -\nu\varepsilon \tag{5.4}$$

表 5.1 给出了一些常见材料的 ν 值。

3. 胡克定律

实验证明,在线弹性范围内,如图 5.1 所示轴向拉(压)杆的伸长(缩短)与外力 F 及杆长 L 成正比,而与杆的横截面面积成反比。即

$$\Delta L \propto \frac{FL}{A}$$

引入比例常数 E,则有

$$\Delta L = \frac{FL}{EA}$$

对于轴向拉压有 $F = F_N$,代入上式可得

$$\Delta L = \frac{F_N L}{EA} \tag{5.5}$$

这一比例关系,称为胡克定律。

其中,比例常数 E 称为弹性模量,其量纲为 $\dfrac{[力]}{[长度^2]}$,与应力的量纲相同。在国际单位制中,其单位为 N/m^2,也就是 Pa。E 的数值随材料而异,是通过实验测定的,工程单位一般为 GPa(10^9 Pa),表 5.1 给出了常见材料的 E 值。

表 5.1 弹性模量及横向变形因数

材料名称	牌号	E /GPa	ν
低碳钢	/	200 ~ 210	0.24 ~ 0.28
中碳钢	45	205	/
低合金钢	16Mn	200	0.25 ~ 0.3
合金钢	40CrNiMoA	210	/
灰口铸铁	/	60 ~ 162	0.23 ~ 0.27
球墨铸铁	/	150 ~ 180	/
铝合金	LY$_{12}$	71	0.33
硬质合金	/	38	/
混凝土	/	15 ~ 36	0.16 ~ 0.18
木材(顺纹)	/	9 ~ 12	/

EA 称为杆件的抗拉(抗压)刚度,对于长度相等且受力相同的拉杆,其抗拉刚度越大则拉杆的变形越小。EA 反映了杆件抵抗弹性变形能力的大小。

将式(5.5)变形有

$$\frac{\Delta L}{L} = \frac{1}{E} \frac{F_N}{A}$$

式中,$\frac{F_N}{A} = \sigma$,$\frac{\Delta L}{L} = \varepsilon$,代入上式可得

$$\varepsilon = \frac{\sigma}{E} \tag{5.6}$$

式(5.6)代表材料的力学特性,即在线弹性范围内应力与应变成正比。该式可应用于单向应力状态,所以又称为单向应力状态下的胡克定律。

例 5.1 等直圆截面杆 AC 受力如图 5.2 所示。已知杆的直径 $d = 10$ mm,$l_1 = 160$ mm,$l_2 = 100$ mm,$F = 6$ kN,材料为低碳钢,弹性模量为 $E = 210$ GPa,试求杆的总伸长量。

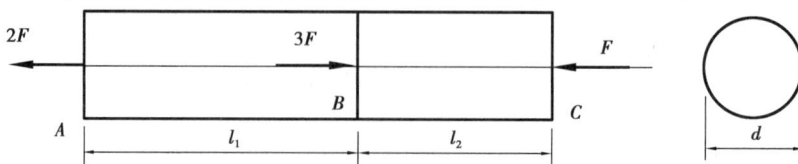

图 5.2 等直圆截面杆受力图

解:①求轴力

利用截面法,可求得 AB 和 BC 段的轴力分别为

$F_{N1} = 2F = 12$ kN(拉)

$F_{N2} = -F = -6 \text{ kN}(\text{压})$

②分别求 AB 和 BC 段轴向变形

$$\Delta L_1 = \frac{F_{N1} l_1}{EA} = \frac{12 \times 10^3 \times 160 \times 10^{-3}}{210 \times 10^9 \times \dfrac{\pi \times 10^2 \times 10^{-6}}{4}} = 0.116 \text{ mm}$$

$$\Delta L_2 = \frac{F_{N2} l_2}{EA} = \frac{-6 \times 10^3 \times 100 \times 10^{-3}}{210 \times 10^9 \times \dfrac{\pi \times 10^2 \times 10^{-6}}{4}} = -0.036 \text{ mm}$$

③求杆 AC 的总伸长

$$\Delta L = \Delta L_1 + \Delta L_2 = 0.116 - 0.036 = 0.08 \text{ mm}$$

即杆 AC 总伸长量为 0.08 mm。

例 5.2　如图 5.3(a)所示的结构中,杆 1 为钢杆,横截面为圆形,直径 $d = 20$ mm,钢材弹性模量为 $E_1 = 210$ GPa;杆 2 为木杆,横截面为正方形,边长 $a = 100$ mm,木材弹性模量为 $E_2 = 10$ GPa。两杆铰接于节点 C。已知杆 2 长度为 $l_2 = 1$ m,在节点 C 悬挂有荷载 $W = 20$ kN。试求节点 C 的水平和铅垂位移。

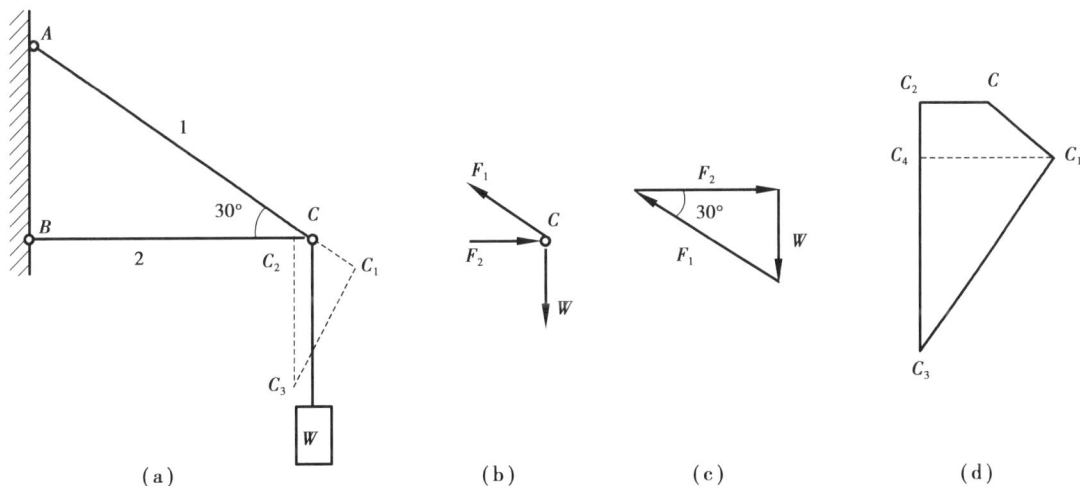

图 5.3　杆件结构受力图及变形示意图

解:①求各杆轴力

取节点 C 为研究对象,由平衡条件可得

$$\sum F_y = 0 \qquad F_1 \sin 30° - W = 0$$

$$F_1 = \frac{W}{\sin 30°} = 2W = 2 \times 20 = 40 \text{ kN}$$

$$\sum F_x = 0 \qquad F_2 - F_1 \cos 30° = 0$$

$$F_2 = F_1 \cos 30° = 40 \cos 30° = 34.64 \text{ kN}$$

故有　$F_{N1} = F_1 = 40$ kN(拉)　　$F_{N2} = -F_2 = -34.64$ kN(压)

②求各杆的变形

由轴向拉压杆的胡克定律可得

$$\Delta L_1 = \frac{F_{N1}l_1}{E_1 A_1} = \frac{F_{N1}l_2/\cos 30°}{E_1 A_1}$$

$$= \frac{40 \times 10^3 \times 1/\cos 30°}{210 \times 10^9 \times \frac{\pi}{4} \times 20^2 \times 10^{-6}} = 7.00 \times 10^{-4} \text{ m} = 0.700 \text{ mm}$$

$$\Delta L_2 = \frac{F_{N2}l_2}{E_2 A_2} = \frac{(-34.64 \times 10^3) \times 1}{10 \times 10^9 \times 100^2 \times 10^{-6}} = -3.46 \times 10^{-4} \text{ m} = -0.346 \text{ mm}$$

③求节点 C 的位移

设想两杆可分别自由伸缩,在 C 处互不约束,则杆 1 的 C 端将伸长至 C_1,而杆 2 的 C 端将缩短至 C_2,如图 5.3(a)所示,其中 $\overline{CC_1} = \Delta l_1$,$\overline{CC_2} = \Delta l_2$。事实上,两杆相连于 C,不能分开。故节点 C 的新位置应当在另一点 C_3 处。

理论上,点 C_3 的位置可以通过 CAD 软件作图求得。以 A 和 B 为圆心,分别以 $\overline{AC_1}$ 和 $\overline{BC_2}$ 为半径,作圆弧 $\overset{\frown}{C_1 C_3}$ 和 $\overset{\frown}{C_2 C_3}$,两弧的交点即为 C_3。得到圆弧交点后,可直接在 CAD 图中量出 C 点的垂直和水平分量。

考虑两杆的变形很小,$\overset{\frown}{C_1 C_3}$ 和 $\overset{\frown}{C_2 C_3}$ 是两段极其微小的短弧,在实际工程近似计算中可分别用垂直于 AC 和 BC 的直线段来代替,这两段直线的交点即为 C_3,$\overline{CC_3}$ 即为 C 点的位移。此方法即为工程实践中所采用的近似图解法。也可将多边形 $CC_1 C_3 C_2$ 按比例放大如图 5.3(d)所示,利用图形中的几何关系来求位移 $\overline{CC_3}$。由图中看出

$$\overline{C_1 C_4} = |\Delta l_2| + \Delta l_1 \cos 30° = 0.346 + 0.7 \cos 30° = 0.952 \text{ mm}$$

C 点的铅垂位移

$$\overline{C_2 C_3} = \overline{C_2 C_4} + \overline{C_4 C_3} = \Delta l_1 \cos 30° + \overline{C_1 C_4} \tan 60°$$
$$= 0.7 \sin 30° + 0.952 \tan 60° = 1.999 (\text{mm})$$

C 点的水平位移

$$\overline{CC_2} = |\Delta l_2| = 0.346 \text{ mm}$$

最后求出 C 点的总位移 $\overline{CC_3}$ 为

$$\overline{CC_3} = \sqrt{(\overline{CC_2})^2 + (\overline{C_2 C_3})^2} = \sqrt{0.346^2 + 1.999^2} = 2.029 (\text{mm})$$

5.2 自由扭转圆轴的刚度计算

1. 圆轴扭转时的变形

杆件在承受扭转作用时,其变形程度是通过两个横截面绕杆轴线相对转动的角位移 φ,即相对扭转角,来进行度量的。由式(5.7a),得

$$d\varphi = \frac{T}{GI_P}dx$$

其中:$d\varphi$ 为杆上相距为 dx 的两个横截面之间的相对扭转角。

沿杆轴线 x 积分,即可求得距离为 L 的两个横截面间的相对扭转角 φ 为

$$\varphi = \int_L \mathrm{d}\varphi = \int_0^L \frac{T}{GI_p}\mathrm{d}x$$

当杆件为同一材料制成的等直杆时,G 和 I_P 是常量;且仅在两端受到一对外力偶作用时,杆上各横截面上的扭矩 T 均相同,都等于作用于杆端的外力偶之矩。这样,相对扭转角 φ 可表述为如下形式

$$\varphi = \frac{TL}{GI_P} \tag{5.7a}$$

式中,φ 为长为 L 的等直圆杆的相对扭转角,单位为弧度,用 rad 表示。

由式可知,相对扭转角 φ 与 GI_P 成反比,即当 GI_P 越大时,杆就越不容易发生扭转变形,GI_P 反映了截面抵抗扭转变形的能力,称为圆杆的抗扭刚度。

对于传动轴,通常杆上的扭矩不是常量,而是分段变化的,或杆为阶梯圆轴,I_P 分段为常量。在这种情况下,则应分段计算各段的扭转角,即有

$$\varphi = \sum_{i=1}^{n} \frac{T_i L_i}{GI_{Pi}} \tag{5.7b}$$

2. 单位长度扭转角

由式(5.7a)可知,相对扭转角 φ 的大小与杆长 L 有关。为了能更直观比较轴的扭转变形程度,在实际工程中通常采用扭转角 φ 沿杆长 x 的变化率 $\dfrac{\mathrm{d}\varphi}{\mathrm{d}x}$ 来度量扭转轴的变形程度。即

$$\varphi' = \frac{\mathrm{d}\varphi}{\mathrm{d}x} \tag{5.8}$$

其中,φ' 称为扭转轴的单位长度扭转角,单位为弧度/米,记为 rad/m。当轴上扭矩为变量时,φ' 也随所取截面位置的不同而变化。若圆轴的截面不变,且只在两端作用外力矩,则轴上各截面的 φ' 为常量,由式(5.7a)可得

$$\varphi' = \frac{\varphi}{L} = \frac{T}{GI_P} \tag{5.9}$$

应注意,式(5.8)和式(5.9)仅适用于材料处于线弹性范围内的情况。

3. 圆轴扭转时的刚度条件

为了保证轴的刚度,通常规定单位长度扭转角的最大值 φ'_{max} 应不超过规定的允许值 $[\varphi']$。这样,圆轴扭转时的刚度条件为

$$\varphi'_{max} = \frac{T_{max}}{GI_P} \leqslant [\varphi'] (\mathrm{rad/m}) \tag{5.10}$$

在工程中,$[\varphi']$ 单位习惯上用度/米,记为 $(°)/m$。由式(5.9)单位变换可得

$$\varphi'_{max} = \frac{T_{max}}{GI_P} \times \frac{180}{\pi} \leqslant [\varphi'] (°/m) \tag{5.11}$$

许用单位长度扭转角的数值按照对机器的要求和轴的工作条件来确定,可从有关手册中查到。下面列举几个参考数据:

精密机器的轴　　　　　　$[\varphi'] = (0.25 \sim 0.50)°/m$

一般传动轴　　　　　　　$[\varphi'] = (0.5 \sim 1.0)°/m$

精度要求不高的轴　　　　$[\varphi'] = (1 \sim 2.5)°/m$

例 5.3 某机器传动轴如图 5.4 所示,转速为 $n = 300$ r/min,主动轮 A 输入功率 $P_A = 400$ kW,三个从动轮输出功率为 $P_B = P_C = 100$ kW,$P_D = 200$ kW,材料的剪切弹性模量 $G = 80$ GPa,许用单位长度扭转角 $[\varphi'] = 0.3°/$m。试设计轴的直径。

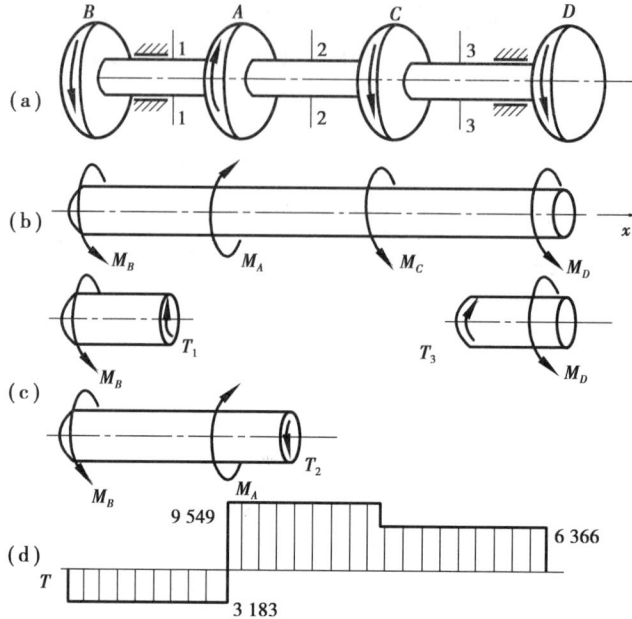

图 5.4 例 5.3 传动轴的受力图及内力图

解:①外力偶矩计算。

$$M_A = 9549 \frac{P_A}{n} = 9\,549 \times \frac{400}{300} = 12\,732 \text{ N} \cdot \text{m}$$

$$M_B = M_C = 9\,549 \frac{P_B}{n} = 9\,549 \times \frac{100}{300} = 3\,183 \text{ N} \cdot \text{m}$$

$$M_D = 9\,549 \frac{P_D}{n} = 9\,549 \times \frac{200}{300} = 6\,366 \text{ N} \cdot \text{m}$$

②求扭矩 T 并作扭矩图。

$$BA \text{ 段} \quad T_1 = -M_B = -3\,183 \text{ N} \cdot \text{m}$$

$$AC \text{ 段} \quad T_2 = M_A - M_B = 9\,549 \text{ N} \cdot \text{m}$$

$$CD \text{ 段} \quad T_3 = M_D = 6\,366 \text{ N} \cdot \text{m}$$

由轴的扭矩图可知,扭矩最大的危险截面在 AC 段内,且有

$$T_{\max} = 9\,549 \text{ N} \cdot \text{m}$$

③确定轴的直径 d。

由刚度条件公式可得

$$d \geqslant \sqrt[4]{\frac{32 \times 180 \times T_{\max}}{\pi^2 G [\varphi']}} = \sqrt[4]{\frac{32 \times 180 \times 9\,549 \times 10^3}{\pi^2 \times 80 \times 10^3 \times 0.3 \times 10^{-3}}} = 123.4 \text{ mm}$$

例 5.4 如图 5.5 所示传动轴所受外力偶为 $M_A = 5.4$ kN · m,$M_B = 1.8$ kN · m,$M_C = 3.6$ kN · m,材料的许用切应力 $[\tau] = 60$ MPa,许用单位长度扭转角 $[\varphi'] = 2°/$m,剪切弹性模量 $G = 80$ GPa,试按强度条件和刚度条件分别选取实心轴和空心轴的截面尺寸(空心轴内外径之比

$\alpha = 0.8$），并比较两种轴的重量和相对扭转角 φ_{CB}。

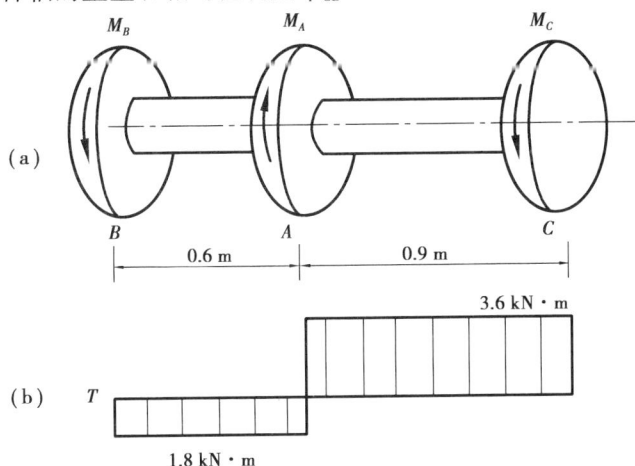

图 5.5　例 5.4 传动轴的受力图及内力图

解：①求扭矩，作扭矩图。

$$T_1 = -M_B = -1.8 \text{ kN} \cdot \text{m}$$

$$T_2 = M_C = 3.6 \text{ kN} \cdot \text{m}$$

扭矩图如图 5.5(b)所示。最大扭矩为

$$T_{\max} = T_2 = 3.6 \text{ kN} \cdot \text{m}$$

②根据强度条件，选择截面尺寸。

由强度条件公式，求出轴所需的抗扭截面系数

$$W_P \geqslant \frac{T_{\max}}{[\tau]} = \frac{3.6 \times 10^3}{60 \times 10^6} = 6.0 \times 10^{-5} \text{ m}^3$$

对于实心圆轴，$W_P = \dfrac{\pi}{16} D_{\text{实}}^3$，则

$$D_{\text{实}} \geqslant \sqrt[3]{\frac{16W_P}{\pi}} = \sqrt[3]{\frac{16 \times 6 \times 10^{-5}}{\pi}} = 0.067 \text{ m} = 67 \text{ mm}$$

对于空心圆轴，$W_P = \dfrac{\pi}{16} D_{\text{空}}^3 (1 - \alpha^4)$，则

$$D_{\text{空}} \geqslant \sqrt[3]{\frac{16W_P}{\pi(1 - \alpha^4)}} = \sqrt[3]{\frac{16 \times 6 \times 10^{-5}}{\pi(1 - 0.8^4)}} = 0.080 \text{ m} = 80 \text{ mm}$$

③由刚度条件校核。

实心圆轴和空心圆轴的极惯性矩分别为

$$I_{P\text{实}} = \frac{\pi}{32} D_{\text{实}}^4 = \frac{\pi}{32} \times 67^4 \times 10^{-12} = 1.99 \times 10^{-6} \text{ m}^4$$

$$I_{P\text{空}} = \frac{\pi}{32} D_{\text{空}}^4 (1 - \alpha^4) = \frac{\pi}{32} \times 80^4 \times 10^{-12} \times (1 - 0.8^4) = 2.37 \times 10^{-6} \text{ m}^4$$

由式(5.11)，可得

$$\varphi'_{\text{实max}} = \frac{T_{\max}}{GI_{P\text{实}}} \times \frac{180}{\pi}$$

$$= \frac{3.6 \times 10^3}{80 \times 10^3 \times 10^6 \times 1.99 \times 10^{-6}} \times \frac{180}{\pi} = 1.30°/m < [\varphi']$$

$$\varphi'_{空max} = \frac{T_{max}}{GI_{P空}} \times \frac{180}{\pi}$$

$$= \frac{3.6 \times 10^3}{80 \times 10^3 \times 10^6 \times 2.37 \times 10^{-6}} \times \frac{180}{\pi} = 1.09°/m < [\varphi']$$

故应选用的截面直径为

$$D_{实} \geqslant 67 \text{ mm}$$
$$D_{空} \geqslant 80 \text{ mm}$$

④比较两种轴的质量。

对于材料相同、长度相等的两个等直圆轴，一个是空心圆轴，一个是实心圆轴，它们的重量之比，就等于它们的横截面积之比，即

$$P_{空} / P_{实} = A_{空} / A_{实}$$

其中，空心圆轴的横截面面积为

$$A_{空} = \frac{\pi}{4}D_{空}^2(1 - \alpha^4) = \frac{\pi}{4} \times 80^2(1 - 0.8^2) = 1\ 810 \text{ mm}^2$$

实心轴的横截面面积为

$$A_{实} = \frac{\pi}{4}D_{实}^2 = \frac{\pi}{4} \times 76^2 = 3\ 526 \text{ mm}^2$$

则有

$$P_{空} / P_{实} = A_{空} / A_{实} = 1\ 810/3\ 526 = 0.513$$

即在同样强度条件下，空心轴所需的材料仅为实心轴的一半。

⑤比较两轴的相对扭转角 φ_{CB}。

由于轴的 BA 段和 AC 段的扭矩不同，因此应分段计算相对扭转角，并取代数和，即

$$\varphi_{CB} = \varphi_{AB} + \varphi_{CA} = \frac{T_{AB}l_{AB}}{GI_P} + \frac{T_{CA}l_{CA}}{GI_P}$$

$$= -\frac{1.8 \times 0.6 \times 10^3}{80 \times 10^3 \times 10^6 I_P} + \frac{3.6 \times 0.9 \times 10^3}{80 \times 10^3 \times 10^6 I_P} = \frac{2.7 \times 10^{-8}}{I_P}$$

则实心圆轴的扭转角

$$\varphi_{CB实} = \frac{2.7 \times 10^{-8}}{I_{P实}} = \frac{2.7 \times 10^{-8}}{1.99 \times 10^{-6}} = 0.013\ 6 \text{ rad} = 0.013\ 6 \times \frac{180}{\pi} = 0.78°$$

则空心圆轴的扭转角

$$\varphi_{CB空} = \frac{2.7 \times 10^{-8}}{I_{P空}} = \frac{2.7 \times 10^{-8}}{2.37 \times 10^{-6}} = 0.011\ 4 \text{ rad} = 0.011\ 4 \times \frac{180}{\pi} = 0.65°$$

可见空心圆轴的变形也比实心圆轴的小，即空心圆轴的抗扭刚度较大。

根据例5.4,可得出结论:对于由相同材料制成的实心圆轴和空心圆轴，若两者的长度和横截面积相等，则空心圆轴在强度和刚度方面均优于实心圆轴。

5.3　计算梁弯曲变形的积分法

1. 平面弯曲梁的变形

在讨论梁弯曲变形时,取变形前的梁轴线为 x 轴,竖直向下的轴线为 ω 轴如图 5.6 所示。在平面弯曲情况下,变形后梁的轴线将变为 $Ax\omega$ 平面内的一条光滑连续曲线,称为挠曲线。度量梁的位移所用的两个基本量是

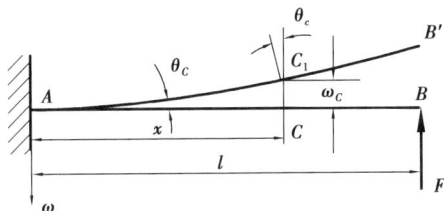

图 5.6　平面弯曲梁的变形示意图

（1）挠度

梁轴线上任一点 C（即梁上 C 截面的形心）,在变形后将移至 C_1。由于梁的变形很小,故 C 点的水平位移可忽略不计,可以认为线位移 CC_1 垂直于变形前梁的轴线,这种位移称为该截面形心的挠度,简称为该截面的挠度,图中用 ω_C 表示。

（2）转角

梁变形时,横截面绕其中性轴相对转动了一个角度,称为该截面的转角,C 截面的转角用 θ_C 表示。由于转动后的横截面仍与挠曲线正交,故转角 θ_C 也是挠曲线在 C_1 点的切线与 x 轴间的夹角。

挠度 ω 和转角 θ 随截面位置 x 而变化,即 ω 和 θ 是 x 的函数。因此,梁的挠曲线可表示为

$$\omega = \omega(x)$$

此式称为梁的挠曲线方程。式中 ω 是挠曲线上各点的纵坐标,即梁轴线上各点的挠度,如图 5.6 所示坐标系中,规定挠度 ω 向下为正,向上为负。

由微分学可知,过挠曲线上任意点的切线与 x 轴夹角正切就是挠曲线在该点处的斜率,即

$$\tan \theta = \frac{\mathrm{d}\omega}{\mathrm{d}x} = \omega'$$

在工程实际中,一般梁的变形很小,θ 是一个很小的角度,$\tan \theta \approx \theta$,故有

$$\theta = \frac{\mathrm{d}\omega}{\mathrm{d}x} = \omega' \tag{5.12}$$

即挠曲线上任一点切线的斜率代表该点横截面的转角。θ 以弧度（rad）表示,它的符号与 ω' 一致,如图 5.6 所示坐标系中,逆时针的转角为负,顺时针的转角为正。

2. 挠曲线近似微分方程

为了得到梁的挠曲线方程,必须建立变形和外荷载间的关系。在纯弯曲情况下有关系

$$\frac{1}{\rho} = \frac{M}{EI_z}$$

式中,EI_z 为梁的抗弯刚度,ρ 为挠曲线的曲率半径。通常直接把 I_z 写成 I,于是上式可写成

$$\frac{1}{\rho} = \frac{M}{EI} \qquad (5.13)$$

在受横向力作用的弯曲情况下,梁的弯曲变形主要由弯矩引起,而剪力也会引起一定程度的变形。具体而言,式(5.13)仅描述了由弯矩引起的弯曲变形部分。对于跨度远大于横截面高度的梁,弯矩引起的弯曲变形显著大于剪力引起的变形,因此可以忽略剪力对梁弯曲变形的影响。基于此,式(5.13)可视为计算横向力作用下梁弯曲变形的基本方程。

当梁受到横力弯曲时,式(5.13)中的弯矩 M 和曲率 $\frac{1}{\rho}$ 都是 x 的函数,即

$$\frac{1}{\rho(x)} = \frac{M(x)}{EI}$$

由高等数学可知,平面曲线的曲率可表示为

$$\frac{1}{\rho} = \pm \frac{\omega''}{(1 + \omega'^2)^{3/2}}$$

代入式(5.13),得到

$$\frac{\omega''}{(1 + \omega'^2)^{3/2}} = \pm \frac{M}{EI} \qquad (5.14)$$

按照 2.1 节关于弯矩符号的规定,当挠曲线向下凸时,M 为正如图 5.7(a)所示。在图示坐标系中,ω 轴向下为正,则下凸的曲线,其二阶导数 ω'' 为负。反之,梁轴线弯成上凸曲线时,M 为负,ω'' 为正如图 5.7(b)所示,由于 ω'' 与 $M(x)$ 符号的相反,故(5.14)式右端应取负号,即

$$\frac{\omega''}{(1 + \omega'^2)^{3/2}} = - \frac{M(x)}{EI}$$

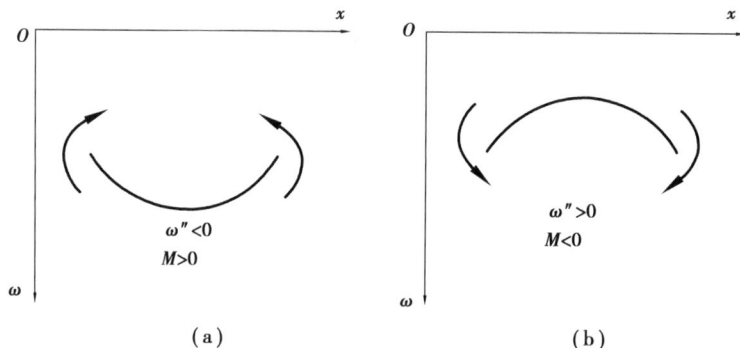

图 5.7　挠曲线弯矩符号与二阶导数关系示意图

在工程实践中,常用梁的挠度曲线通常呈现出极为平缓的形态,因此 ω' 是一个很小的量,可将 ω'^2 视为高阶无穷小忽略不计,故上式可近似写为

$$\omega'' = - \frac{M(x)}{EI}$$

此式通常称为梁的挠曲线近似微分方程,这是因为:

①略去了剪力 F_S 的影响。

②在 $(1+\omega'^2)^{3/2}$ 中略去了 ω'^2 项。若为等截面的直梁,其抗弯刚度 EI 为常量,可将上式改写成

$$EI\omega'' = -M(x) \tag{5.15}$$

利用挠曲线近似微分方程可求出梁的转角方程和挠度方程。

3. 积分法求弯曲变形

对于等截面直梁,抗弯刚度 EI 为常量。将挠曲线近似微分方程(5.15)的两边乘以 $\mathrm{d}x$,积分得到转角方程为

$$EI\omega' = EI\theta = \int M(x)\mathrm{d}x + C \tag{5.16}$$

同样,将所得的转角方程两边再乘以 $\mathrm{d}x$,积分即得挠曲线方程

$$EI\omega = \int\left[\int M(x)\mathrm{d}x\right]\mathrm{d}x + Cx + D \tag{5.17}$$

在梁的挠曲线分析中,积分常数 C 和 D 由已知点的挠度或转角情况来确定。例如:铰支座处挠度为零;固定端处挠度和转角均为零;在弯曲变形的对称点处转角为零。这些条件统称为边界条件。此外,挠度曲线必须连续且光滑,不应有如图 5.8(a)、(b)所示的不连续和不光滑现象。在挠曲线的任意点挠度和转角均应唯一确定,这被称为连续条件。结合边界条件和连续性要求,可以求解积分常数 C 和 D。

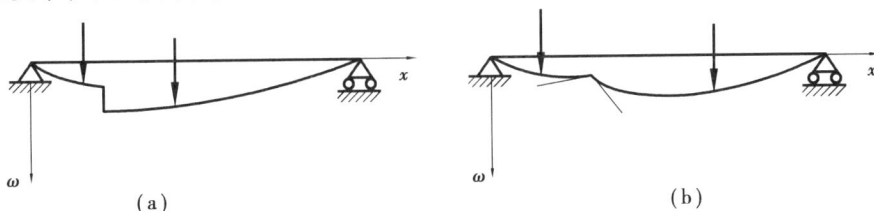

图 5.8　不符合连续性和光滑性要求的挠曲线示例

例 5.5　简支梁 AB 在 B 支座截面处受力偶 M_0 作用,如图 5.9 所示。已知梁的抗弯刚度 EI 和跨度 l,试求梁的挠曲线方程和转角方程,并确定其最大挠度 ω_{max} 及最大转角 θ_{max}。

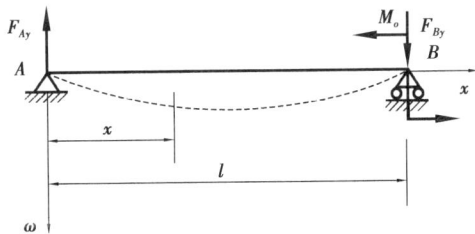

图 5.9　简支梁受集中力偶作用变形示意图

解:①求反力。

考虑梁的整体平衡,求得反力

$$F_{Ay} = F_{By} = \frac{M_0}{l}$$

②列挠曲线近似微分方程。

梁的弯矩方程为

$$M(x) = F_{Ay}x = \frac{M_0}{l}x$$

代入挠曲线近似微分方程式(5.15),有

$$EI\omega'' = -\frac{M_0}{l}x$$

③积分。

将上式两边同乘 $\mathrm{d}x$,积分得

$$EI\omega' = EI\theta = -\frac{M_0}{2l}x^2 + C$$

同样,二次积分得

$$EI\omega = -\frac{M_0}{6l}x^3 + Cx + D$$

④确定积分常数。

积分常数 C、D 可利用边界条件来确定。

在支座 A 处,即 $x=0$ 处,$\omega_A = \omega(0) = 0$;

在支座 B 处,即 $x=l$ 处,$\omega_B = \omega(l) = 0$。

分别代入积分式中,可得

$$D = 0, C = \frac{1}{6}M_0 l$$

⑤确定梁的转角方程和挠度方程。

将求出的积分常数代入积分式中,得

$$\theta(x) = \frac{M_0}{6EIl}(l^2 - 3x^2)$$

$$\omega(x) = \frac{M_0 x}{6EIl}(l^2 - x^2)$$

⑥求最大挠度和最大转角。

挠曲线的大致形状如图5.9中虚线所示。由图可见,在曲线最低点处,即切线成水平处,挠度的绝对值最大。此处梁的转角 $\theta = \omega' = 0$,故令 $\theta(x) = 0$,有

$$l^2 - 3x^2 = 0$$

由此求得

$$x = \frac{l}{\sqrt{3}}$$

将求得的 x 代入挠度方程,即得

$$\omega_{max} = \frac{M_0 l^2}{9\sqrt{3}\,EI}$$

由转角方程可判断出,$x=l$ 时,转角的绝对值最大,有

$$|\theta_{max}| = |\theta_B| = \frac{M_0 l}{3EI}$$

例5.6 悬臂梁 AB 受均布荷载 q 作用,已知梁长为 l,抗弯刚度为 EI。试求梁的挠曲线方程和转角方程,并确定其最大挠度 ω_{max} 和最大转角 θ_{max}。

解:①求约束力。

由平衡方程,得

$$F_{Ay} = ql$$

$$M_A = \frac{1}{2}ql^2$$

②列挠曲线近似微分方程。

梁的弯矩方程为

$$M(x) = -M_A + F_{Ay}x - \frac{1}{2}qx^2 = -\frac{1}{2}ql^2 + \frac{1}{2}qlx - \frac{1}{2}qx^2$$

代入挠曲线近似微分方程式(5.15),有

$$EIw'' = -\left(-\frac{1}{2}ql^2 + qlx - \frac{1}{2}qx^2\right) \tag{5.18a}$$

③积分。

将式(5.18a)两边一次积分得

$$EI\omega' = \frac{1}{2}ql^2x - \frac{1}{2}qlx^2 + \frac{1}{6}qx^3 + C \tag{5.18b}$$

将式(5.18b)两边二次积分得

$$EI\omega = \frac{1}{4}ql^2x^2 - \frac{1}{6}qlx^3 + \frac{1}{24}qx^4 + Cx + D \tag{5.18c}$$

④确定积分常数。

由悬臂梁固定端边界条件知,固定端截面的转角和挠度均为零,即

$$在 x = 0 处, \theta_A = \omega'_A = 0, \omega_A = 0$$

将边界条件分别代入式(5.18b)和式(5.18c),得

$$C = 0 \quad 和 \quad D = 0$$

⑤确定转角方程和挠度方程。

将求出的积分常数 C、D 代入式(5.18b)、式(5.18c),得

$$\theta(x) = \frac{q}{6EI}(3l^2x - 3lx^2 + x^3)$$

$$\omega(x) = \frac{qx^2}{24EI}(x^2 - 4lx^2 + 6l^2)$$

⑥求最大转角和最大挠度。

由图 5.10 所示的挠曲线示意虚线可知:梁的最大转角和最大挠度均发生在自由端 B 截面。将 $x = l$ 代入式(5.18b)、式(5.18c),得

$$\theta_B = \frac{ql^3}{6EI}$$

$$\omega_B = \frac{ql^4}{8EI}$$

梁的最大转角和最大挠度为

$$\theta_{\max} = \theta_B = \frac{ql^3}{6EI}$$

$$\omega_{\max} = \omega_B = \frac{ql^4}{8EI}$$

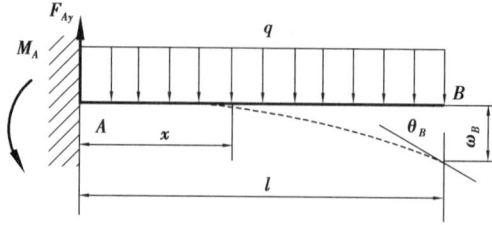

图 5.10 悬臂梁受均布荷载作用变形示意图

当梁的弯矩方程呈现分段形式时,例如在简支梁上作用集中力的情形,各段梁的挠曲线近似微分方程为分段函数,需分段进行积分处理。在积分各段梁的微分方程过程中,每段均会产生两个积分常数。这些常数可通过梁的边界条件及相邻段在交接点的光滑连续性条件来确定。以下将以简支梁受集中力作用为例,详细阐释此过程。

例 5.7 图示简支梁(图 5.11),在 C 点处受一集中荷载 F 作用。试求此梁的挠曲线方程和转角方程,并确定其最大挠度和最大转角。

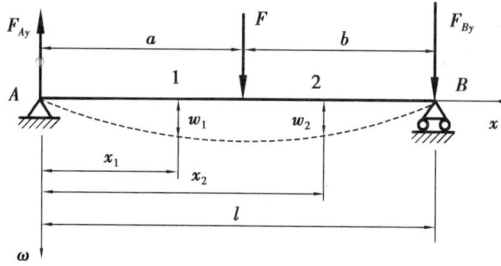

图 5.11 简支梁受集中荷载 F 作用变形示意图

解:梁两端的约束力为

$$F_{Ay} = F\frac{b}{l}$$

$$F_{By} = F\frac{a}{l}$$

分段列出两段的弯矩方程分别为

$$AC\ 段 \quad M_1(x) = \frac{Fb}{l}x_1 \quad 0 \leqslant x_1 \leqslant a$$

$$CB\ 段 \quad M_2(x) = \frac{Fb}{l}x_2 - F(x_2 - a) \quad a \leqslant x_2 \leqslant l$$

两段的挠曲线微分方程分别为

$$EI\omega_1'' = -M_1(x) \quad 和 \quad EI\omega_2'' = -M_2(x)$$

分别积分两次,结果如下

$$AC\ 段 \quad 0 \leqslant x_1 \leqslant a \qquad CB\ 段 \quad a \leqslant x_2 \leqslant l$$

$$EI\omega_1'' = M_1(x) = -\frac{Fb}{l}x_1$$

$$EI\omega_2'' = M_2(x) = -\frac{Fb}{l}x_2 + F(x_2 - a)$$

120

$$EI\omega_1' = -\frac{Fb}{l}\frac{x_1^2}{2} + C_1 \tag{5.19}$$

$$EI\omega_1 = -\frac{Fb}{l}\frac{x_1^3}{6} + C_1 x + D_1 \tag{5.20}$$

$$EI\omega_2' = -\frac{Fb}{l}\frac{x_2^2}{2} + F\frac{(x_2 - a)^2}{2} + C_2 \tag{5.21}$$

$$EI\omega_2 = -\frac{Fb}{l}\frac{x_2^3}{6} + F\frac{(x_2 - a)^3}{6} + C_2 x_2 + D_2 \tag{5.22}$$

积分过程中出现了 4 个积分常数,需要 4 个条件来确定。

利用 C 点处的光滑连续条件:

当 $x_1 = x_2 = a$ 时,$\omega_1' = \omega_2'$,$\omega_1 = \omega_2$

将此条件代入上面四个积分式(5.19)—式(5.22),可得

$$-\frac{Fb}{l}\frac{a^2}{2} + C_1 = -\frac{Fb}{l}\frac{a^2}{2} + \frac{F(a-a)^2}{2} + C_2$$

$$-\frac{Fb}{l}\frac{a^3}{6} + C_1 a + D_1 = -\frac{Fb}{l}\frac{a^3}{6} + \frac{F(a-a)^3}{6} + C_2 a + D_2$$

由以上两式即可求得

$$C_1 = C_2 \qquad D_1 = D_2$$

由于图中简支梁在 A、B 两端的支座边界条件是

$$x_1 = 0 \text{ 时} \quad \omega_1 = 0 \tag{5.23}$$

$$x_2 = l \text{ 时} \quad \omega_2 = 0 \tag{5.24}$$

将边界条件式(5.23)代入式(5.20),得

$$D_1 = D_2 = 0$$

将边界条件式(5.24)代入式(5.22),得

$$C_1 = C_2 = \frac{Fb}{6l}(l^2 - b^2)$$

把所求得的积分常数代回(5.19)—式(5.22),即得梁两段的转角方程和挠度方程如下

$$AC \text{ 段} \quad 0 \leqslant x_1 \leqslant a$$

$$CB \text{ 段} \quad a \leqslant x_2 \leqslant l$$

$$EI\omega_1' = \frac{Fb}{6l}(l^2 - b^2 - 3x_1^2) \tag{5.25}$$

$$EI\omega_1 = \frac{Fbx_1}{6l}(l^2 - b^2 - x_1^2) \tag{5.26}$$

$$EI\omega_2'' = \frac{Fb}{6l}\left[(l^2 - b^2 - 3x_2^2) + \frac{3l}{b}(x_2 - a)^2\right] \tag{5.27}$$

$$EI\omega_2 = \frac{Fb}{6l}\left[(l^2 - b^2 - x_2^2)x_2 + \frac{l}{b}(x_2 - a)^3\right] \tag{5.28}$$

将 $x_1 = 0$ 和 $x_2 = l$ 分别代入式(5.25)和式(5.27),可得梁 A、B 两端的截面转角分别为

$$\theta_A = \frac{Fb(l^2 - a^2)}{6EIl} = \frac{Fab(l + b)}{6EIl} \qquad (5.29)$$

$$\theta_B = -\frac{Fab(l + a)}{6EIl} \qquad (5.30)$$

当 $a>b$ 时,由以上两式可判明,B 支座处的转角绝对值最大,其值为

$$|\theta_{max}| = |\theta_B| = \frac{Fab(l + a)}{6EIl}$$

在确定梁的最大挠度时,应先确定极值点的位置。当 $\theta = \dfrac{\mathrm{d}\omega}{\mathrm{d}x} = 0$ 时,ω 为极值,故应先求出转角 θ 为零的截面的位置。由式(5.29)知 A 端截面的转角 θ_A 为正,在式(5.27)中令 $x_2 = a$,又可求得截面 C 的转角为

$$\theta_C = \frac{Fab}{3EIl}(a - b)$$

当 $a>b$ 时,则 θ_C 为正。由此可见从截面 A 到截面 C,转角由正变为负,改变了符号,而挠曲线为一条光滑连续曲线,$\theta=0$ 的截面必然在 AC 段内。令式(5.25)等于零,得

$$\frac{Fb}{6l}(l^2 - b^2 - 3x_0^2) = 0$$

$$x_0 = \sqrt{\frac{l^2 - b^2}{3}} \qquad (5.31)$$

x_0 即为最大挠度截面的横坐标。将 x_0 代入式(5.26),求得最大挠度为

$$\omega_{max} = \omega_1 \mid_{x = x_0} = \frac{Fb}{9\sqrt{3}\,EIl}\sqrt{(l^2 - b^2)^3} \qquad (5.32)$$

若 $a<b$ 时,可考虑将 B 点视为坐标原点,x 轴反向,即可使用上述计算中的公式进行相应计算,此处不再赘述。

下面,我们用此例讨论简支梁最大挠度 ω_{max} 得近似计算问题。

当集中力 F 作用在跨度中点时,$a = b = \dfrac{l}{2}$,由式(5.31)可得到 $x_0 = \dfrac{l}{2}$,即最大挠度发生在跨度中点,这也可由挠曲线的对称性直接看出。将 $x = \dfrac{l}{2}$ 代入式(5.26),可得到此情况时的中点挠度

$$\omega_C = -\frac{Fb}{48EI}(3l^2 - 4b^2) \qquad (5.33)$$

又由式(5.31)可知,b 值越小,x_0 的值越大,即荷载越靠近右支座时,梁上的最大挠度离中点越远,而且梁的最大挠度与梁跨中点挠度的差值也就随之增加。现研究其极端情况,当集中力 F 无限接近右端支座,以致 b^2 和 l^2 相比可以忽略不计时,从式(5.31)和式(5.32)可得

$$x_0 = \frac{l}{\sqrt{3}} = 0.577l$$

$$\omega_{max} = \frac{Fbl^2}{9\sqrt{3}\,EI}$$

即使在极端情况下,最大挠度通常依然出现在梁的跨度中点附近。因此,可以认为最大挠度截面总是接近于跨度中点,从而允许使用跨度中点的挠度值作为最大挠度的近似值。在式(5.33)中令 $b=0$,求出此种极端情况下跨度中点挠度的近似值

$$\omega_{\frac{l}{2}} = \frac{Fb}{48EI}3l^2 = \frac{Fbl^2}{16EI}$$

此时用 $\omega_{\frac{l}{2}}$ 代替 ω_{max} 所引起的误差为

$$\frac{\omega_{max} - \omega_{\frac{l}{2}}}{\omega_{max}} = \frac{\frac{1}{9\sqrt{3}} - \frac{1}{16}}{\frac{1}{9\sqrt{3}}} = 2.65\%$$

由此可知,在简支梁中,只要挠曲线上无拐点,总可用跨中点的挠度代替最大挠度,其精确度是能满足工程计算要求的。

5.4　用叠加法求梁的变形

对于发生弯曲变形的直梁,根据梁的约束不同可分为悬臂梁、简支梁、外伸梁这三种基本形式,同时梁上荷载又可分为集中力 F、分布荷载 q、力偶 M。在满足线弹性小变形的条件下,对于承受不同外力和约束组合的直梁,可以通过积分法求解其挠度曲线方程,并进一步计算关键控制截面的挠度和转角值,具体情况如表 5.2 所示。

根据表 5.2 可知直梁的挠曲线方程、转角方程可统一写为:
$$\omega = \omega(F,q,M,x)\ ;\theta = \omega'(F,q,M,x)$$

由积分法所求得的挠曲线方程可知:挠度、转角与梁上的集中力 F、分布荷载 q、力偶 M 为线性关系,因此可以采用叠加原理来计算梁在多荷载作用下的变形。具体而言,梁在多个荷载共同作用时的变形,等于各个荷载单独作用时引起变形的代数和。

叠加法求解梁变形的基本步骤包括:首先将梁上的组合荷载分解为单一荷载,使得每段梁仅承受一种荷载;然后根据表 5.2 中的公式,确定每种单一荷载作用下梁的变形;最终通过叠加各部分变形,得到总变形值。

该方法通常适用于计算受力较为简单的梁特定截面的挠度和转角。对于约束条件和受力情况较为复杂的梁,建议使用结构力学计算器或通用有限元分析软件来进行变形分析。

例 5.8　简支梁受集中力 F、均布荷载 q 作用如图 5.12(a)所示,且有 $F=2ql$。试用叠加法求 A、B 端转角及跨中 C 点挠度。

解:简支梁的变形是由集中力 F 和均布荷载 q 共同作用产生的,可将原受力分解为两种基本受力图示,再采用叠加法求解相应的变形量。

由图 5.12(b)查表可知: $\theta_{A1} = \frac{ql^3}{24EI}$, $\theta_{B1} = -\frac{ql^3}{24EI}$, $\omega_{C1} = \frac{5ql^4}{384EI}$。

由图 5.12(c)查表可知: $\theta_{A2} = \frac{Fl^2}{16EI}$, $\theta_{B2} = -\frac{Fl^2}{16EI}$, $\omega_{C2} = \frac{Fl^3}{48EI}$。

代入 $F=2ql$,叠加可得: $\theta_A = \dfrac{ql^3}{6EI}$, $\theta_B = -\dfrac{ql^3}{6EI}$, $\omega_C = \dfrac{7ql^4}{128EI}$。

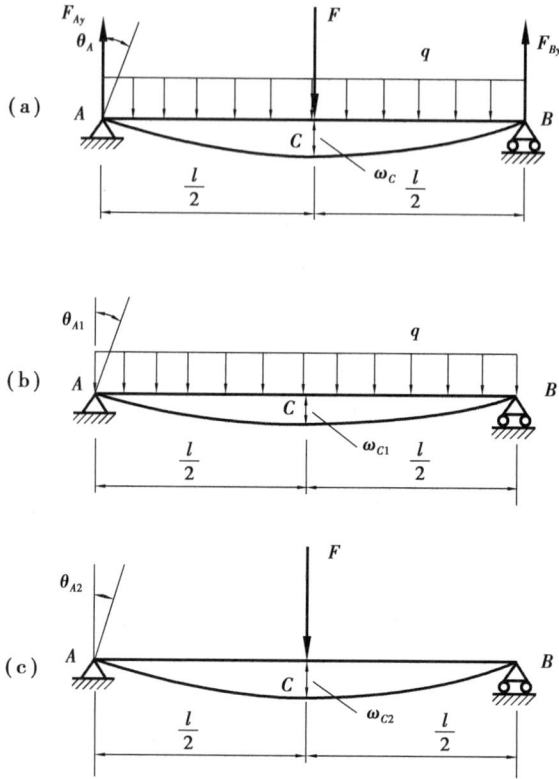

图 5.12　利用叠加法求简支梁变形的示意图

例 5.9　悬臂梁受三角形分布荷载作用。在自由端 B 处的荷载集度为 q,如图 5.13(a)所示。求 B 端的挠度。

解:表 5.2 中,不能直接查出 B 端的挠度,可结合微积分方法,将三角形分布荷载视作微元集中力的集合,对每一微元集中力查表计算后再叠加(或积分)。

在距 A 端二处取 $\mathrm{d}x$ 微元段,荷载

$$\mathrm{d}F = q(x)\,\mathrm{d}x = \frac{q_0}{l}x\,\mathrm{d}x$$

微元集中力对梁的作用如图 5.13(b)所示。

由表 5.2 查得由 $\mathrm{d}F$ 作用引起梁 B 端的微元挠度为

$$\mathrm{d}\omega_B = \frac{\mathrm{d}F}{6EI}(3l - x)x^2 = \frac{q_0 x^3}{6EIl}(3l - x)\,\mathrm{d}x$$

由叠加法可得,因全部荷载而引起的 B 端挠度为

$$\omega_B = \frac{q_0}{6EIl}\int_0^l (3l - x)x^3\,\mathrm{d}x = \frac{11q_0 l^4}{120EI}$$

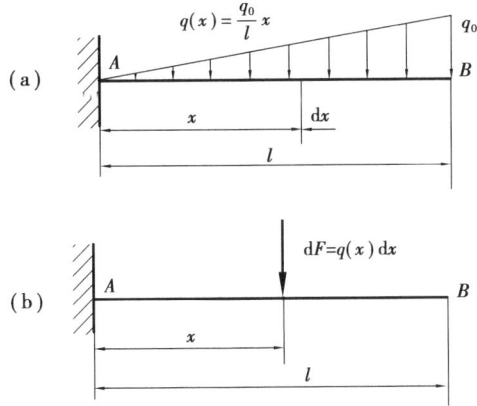

图 5.13　利用叠加法求解悬臂梁变形示意图

表 5.2　基本梁上简单荷载作用下的变形

序号	受力示意图	挠曲线方程	端截面转角	最大挠度
1		$\omega = \dfrac{M_e x^2}{2EI}$	$\theta_B = \dfrac{M_e l}{EI}$	$\omega_B = \dfrac{M_e l^2}{2EI}$
2		$\omega = \dfrac{F x^3}{6EI}(3l-x)$	$\theta_B = \dfrac{F l^2}{2EI}$	$\omega_B = \dfrac{F l^3}{3EI}$
3		$\omega = \dfrac{F x^3}{6EI}(3a-x)\,(0 \leqslant x \leqslant a)$ $\omega = \dfrac{F a^2}{6EI}(3x-a)\,(a \leqslant x \leqslant l)$	$\theta_B = \dfrac{F a^2}{2EI}$	$\omega_B = \dfrac{F a^2}{6EI}(3l-a)$
4		$\omega = \dfrac{q x^2}{24EI}(x^2 - 4lx + 6l^2)$	$\theta_B = \dfrac{q l^3}{6EI}$	$\omega_B = \dfrac{q l^4}{8EI}$
5		$\omega = \dfrac{M_e x}{6EIl}(l-x)(2l-x)$	$\theta_A = \dfrac{M_e l}{3EI}$ $\theta_B = -\dfrac{M_e l}{6EI}$	$x = \left(\dfrac{1}{\sqrt{3}}-1\right)l,$ $\omega_{\max} = \dfrac{M_e l^2}{9\sqrt{3}\,EI}$ $x = l/2,\ \omega_{l/2} = \dfrac{M_e l^2}{16EI}$

续表

序号	受力示意图	挠曲线方程	端截面转角	最大挠度
6		$\omega = \dfrac{M_e x}{6EIl}(l^2 - x^2)$	$\theta_A = \dfrac{M_e l}{6EI}$ $\theta_B = -\dfrac{M_e l}{3EI}$	$x = \dfrac{l}{\sqrt{3}},\ \omega_{max} = \dfrac{M_e l^2}{9\sqrt{3}EI}$ $x = l/2,\ \omega_{l/2} = \dfrac{M_e l^2}{16EI}$
7		$\omega = -\dfrac{M_e x}{6EIl}(l^2 - 3b^2 - x^2)$ $(0 \le x \le a)$ $\omega = -\dfrac{M_e}{6EIl}\left[-x^3 + 3l(x-a)^2 + (l^2 - 3b^2)x\right]\ (a \le x \le l)$	$\theta_A = -\dfrac{M_e}{6EIl}(l^2 - 3b^2)$ $\theta_B = -\dfrac{M_e}{6EIl}(l^2 - 3a^2)$	/
8		$\omega = \dfrac{Fx}{48EI}(3l^2 - 4x^2)$ $(0 \le x \le l/2)$	$\theta_A = \dfrac{Fl^2}{16EI}$ $\theta_B = -\dfrac{Fl^2}{16EI}$	$\omega_{max} = \dfrac{Fl^3}{48EI}$
9		$\omega = \dfrac{Fbx}{6EIl}(l^2 - x^2 - b^2)\ (0 \le x \le a)$ $\omega = \dfrac{Fb}{6EIl}\left[\dfrac{l}{b}(x-a)^3 + (l^2 - b^2)x - x^3\right]$ $(a \le x \le l)$	$\theta_A = \dfrac{Fab(l+b)}{6EIl}$ $\theta_B = -\dfrac{Fab(l+a)}{6EIl}$	设 $a>b$, $x = \sqrt{\dfrac{l^2 - b^2}{3}}$, $\omega_{max} = \dfrac{Fb(l^2 - b^2)^{3/2}}{9\sqrt{3}EIl}$ $x = \dfrac{l}{2}$, $\omega_{\frac{l}{2}} = \dfrac{Fb(3l^2 - 4b^2)}{48EIl}$
10		$\omega = \dfrac{qx}{24EI}(x^3 - 2lx^2 + l^3)$	$\theta_A = \dfrac{ql^3}{24EI}$ $\theta_B = -\dfrac{ql^3}{24EI}$	$\omega_{max} = \dfrac{5ql^4}{384EI}$
11		$\omega = -\dfrac{Fax}{6EIl}(l^2 - x^2)\ (0 \le x \le l)$ $\omega = \dfrac{F(x-l)}{6EIl}\left[a(3x-l)-(x-l)^2\right]$ $(l \le x \le l+a)$	$\theta_A = -\dfrac{Fal}{6EI}$ $\theta_B = \dfrac{Fal}{3EI}$ $\theta_C = \dfrac{Fa(2l+3a)}{6EI}$	$\omega_C = \dfrac{Fa^2(l+a)}{3EI}$
12		$\omega = \dfrac{M_e x}{6EIl}(x^2 - l^2)\ (0 \le x \le l)$ $\omega = \dfrac{M_e}{6EI}(3x^2 - 4xl + l^2)$ $(l \le x \le l+a)$	$\theta_A = -\dfrac{M_e l}{6EI}$ $\theta_B = \dfrac{M_e l}{3EI}$ $\theta_C = \dfrac{M_e(l+3a)}{3EI}$	$\omega_C = \dfrac{M_e a(2l+3a)}{6EI}$

5.5　弯曲刚度条件与提高弯曲刚度的措施

1. 弯曲刚度条件

在根据强度要求确定梁的截面尺寸后,还需依据刚度要求检验梁的位移是否满足设计规范所允许的限值。具体而言,需要确保梁的最大转角和最大挠度(或特定截面的转角和挠度)不超过规定的限值。

梁的刚度条件可以用以下数学表达式表示

$$\omega_{\max} \leqslant [\omega];\theta_{\max} \leqslant [\theta]$$

式中,$[\omega]$为许可挠度,$[\theta]$为许可转角。其数值可以从有关工程设计手册中查到。

在不同的工程领域,对梁的刚度要求存在显著差异。在土木工程中,结构物的挠度通常受到限制,如桥梁设计中,最大挠度通常被限定为不超过跨径的 1/600。而在机械工程领域,挠度和转角均受到限制。例如,机床主轴的挠度过大会降低加工精度;传动轴在支座处的转角过大可能导致轴承严重磨损。因此,梁的刚度设计需根据具体的工程应用背景来确定相应的限制条件。

例 5.10　如图 5.14 所示为工厂的吊车梁,采用 32a 工字钢,跨径 $l=10$ m,起吊重量 $P=10$ kN,许用应力$[\sigma]=200$ MPa,许可挠度$[\omega]=l/600$,弹性模量 $E=210$ GPa,试校核该梁的强度及刚度(要求计入工字钢的自重)。

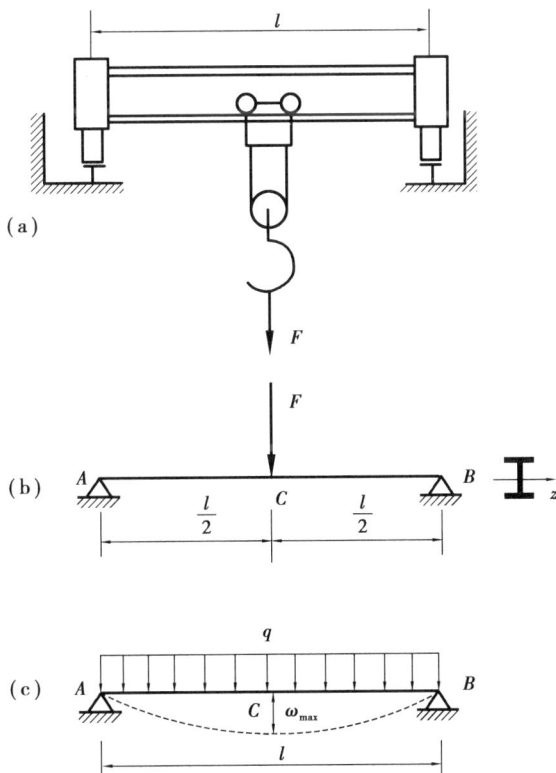

图 5.14　吊车梁受力图及变形示意图

解: ①强度校核。

查工字钢型号表可得:32a 工字钢的自重 $q=517$ N/m,截面惯性矩 $I_z=11\ 100$ cm^4,抗弯截面系数 $W_z=692$ cm^3。

吊车梁的跨中截面为最不利截面,对应的最大弯矩为

$$M_{max}=\frac{1}{4}Pl+\frac{1}{8}ql^2=31.46\ \text{kN}\cdot\text{m}$$

根据弯曲正应力计算公式有

$$\sigma=\frac{M_{max}}{W_z}=45.46\ \text{MPa}\leqslant[\sigma]$$

即该梁满足弯曲正应力强度条件要求。

②刚度校核。

$$\omega_{max}=\frac{Pl^3}{48EI}+\frac{5ql^4}{384EI}=11.83\ \text{mm}\leqslant[\omega]=16.67\ \text{mm}$$

即该梁满足弯曲刚度条件要求。

例 5.11 外伸梁如图 5.15(a)所示,已知 $F_1=1$ kN,$F_2=2$ kN,空心圆形截面梁尺寸为:$l=400$ mm,$a=100$ mm,外径 $D=80$ mm,内径 $d=40$ mm。材料的弹性模量 $E=200$ GPa。梁的许可变形为:C 截面处 $[\omega]=\dfrac{l}{10^4}$;B 截面处 $[\theta]=10^{-3}$ rad。试校核该梁的刚度。

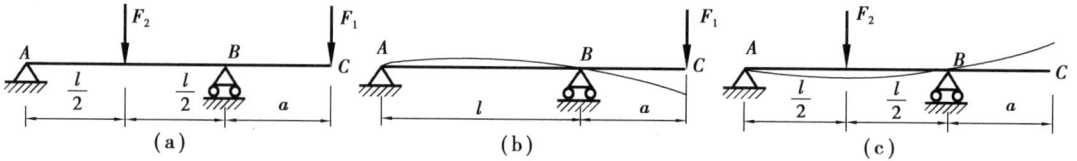

图 5.15 外伸梁受力图及变形示意图

解: 梁的截面惯性矩为

$$I_z=\frac{\pi}{64}(D^4-d^4)=188\times10^4\ \text{mm}^4$$

应用叠加法可求得 C 截面处的挠度和 B 截面处的转角。如图 5.15(b)所示的 C、B 截面处,由表 5.2 可查得由 F_1 力产生的变形为

$$\omega_{C1}=\frac{F_1a^2}{3EI}(l+a)=\frac{2\times10^3\times100^2\times10^{-6}}{3\times200\times10^9\times188\times10^4\times10^{-12}}=8.85\times10^{-6}\ \text{m(向下)}$$

$$\theta_{B1}=\frac{F_1la}{3EI}=\frac{2\times10^3\times400\times100\times10^{-6}}{3\times200\times10^9\times188\times10^4\times10^{-12}}=0.07\times10^{-3}\ \text{rad(顺时针)}$$

如图 5.15(c)所示的 B 截面处,由表 5.2 可查得由 F_2 力产生的转角为

$$\theta_{B2}=\frac{F_2l^2}{16EI}=\frac{1\times10^3\times400^2\times10^{-6}}{16\times200\times10^9\times188\times10^4\times10^{-12}}=0.026\ 5\times10^{-3}\ \text{rad(逆时针)}$$

F_2 力单独作用时,外伸部分梁上无荷载变形后应仍为直线,故由 F_2 力作用所产生的 C 截面的挠度为

$$\omega_{C2}=\theta_{B2}\times a=0.026\ 5\times10^{-3}\times100\times10^{-3}=2.65\times10^{-6}\ \text{m(向上)}$$

由 F_1、F_2 力共同作用所引起的 C、B 截面总变形为

$$\omega_C = \omega_{C1} - \omega_{C2} = 6.2 \times 10^{-6} \text{ m(向下)}$$

$$\theta_B = \theta_{B1} - \theta_{B2} = 0.043\ 5 \times 10^{-3} \text{ rad(顺时针)}$$

刚度校核

$$\frac{\omega_C}{l} = \frac{6.2 \times 10^{-6}}{400 \times 10^{-3}} = 1.55 \times 10^{-5} < \frac{1}{10^4}$$

$$\theta_B = 0.043\ 5 \times 10^{-3} < 10^{-3}$$

所以,此梁满足刚度要求。

2. 提高弯曲刚度的措施

为确保受弯构件的功能性,必须满足特定的刚度要求。若构件刚度不足,需依据其弯曲变形的特性来增强其刚度。根据常见梁的挠曲线方程,梁的变形不仅受支承和荷载条件的影响,还与梁的材料特性、截面形状和跨度等紧密相关。

梁的最大挠度和转角与材料的弹性模量 E、截面的惯性矩 I 成反比,与梁跨径的 n 次幂、外力荷载的大小成正比。由此可见,为了减小梁的位移,可以采取下列措施:

(1)增大梁的抗弯刚度 EI

这里包含 E 和 I 两个因素。应该指出,对于钢材来说,因各类钢材的弹性模量 E 的数值非常接近,故采用高强度优质钢材,虽然可以大大提高梁的强度,但却不能增大梁的刚度。

增大截面的惯性矩 I 则是提高抗弯刚度的主要途径。在保持截面面积恒定的前提下,通过选择适宜的截面形状,将截面面积有效分布在距离中性轴较远的位置,可以显著增加截面的惯性矩。这种做法不仅提升了梁的抗弯刚度,还有助于降低弯曲应力。

(2)减小梁的跨度或增加支承约束

由于梁的挠度和转角值与梁跨径的 n 次幂成正比,因此,如果能设法缩短梁的跨长,将能显著地减小梁的挠度和转角值。例如,简支梁受集中力 F 作用时,梁的挠度与跨长 L 的三次方成正比,当跨度减小一半时,挠度减小至原来的 1/8。当简支梁受到均布荷载作用,且两端支座向内收缩形成外伸梁时,由于支座间跨长的缩短,梁的最大挠度值相应减小。此外,外伸部分的荷载会导致简支段产生向上的挠度,这将部分抵消简支段原本向下的挠度,从而进一步降低其挠度值,如图 5.16 所示。

增加梁的支座也可减小梁的变形。如在悬臂梁的自由端增加一个支座可使梁的最大挠度显著地减小,如图 5.17 所示。

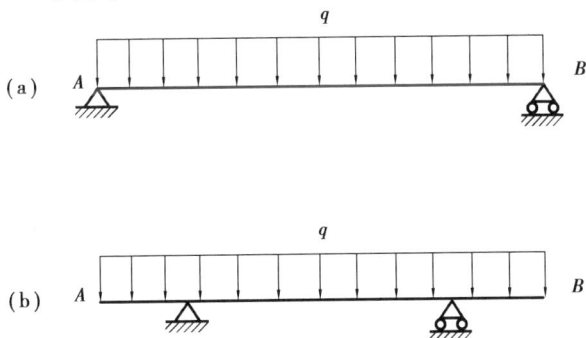

图 5.16　减小梁的跨度示意图

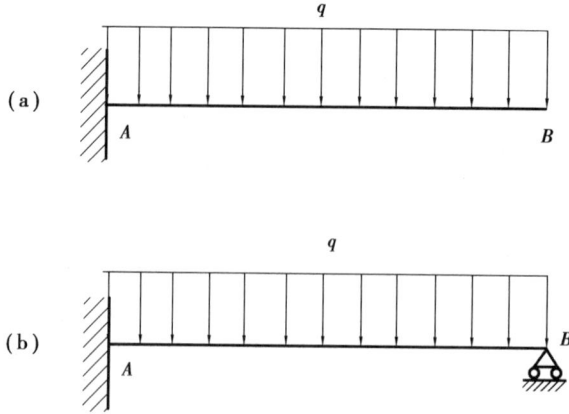

图5.17 增加梁支座示意图

(3)调整加载方式

在可行的情况下,优化梁的加载方式有助于减小弯矩,进而降低梁的变形。例如,将集中荷载转换为分布荷载可以有效地减轻梁的变形。这种调整有助于改善结构的力学性能。

5.6 直杆强度、刚度计算应用举例

1.平面简单杆系的结点位移

在5.1节中,我们探讨了轴向受拉或受压杆件的变形计算方法。对于平面杆系,其中各点均受到轴向力作用,当需要求解节点位移时,一般采用能量法进行计算。然而,对于结构相对简单的平面杆系,在满足小变形条件的前提下,可以通过变形的几何关系来求解。这种方法适用于结构简单且变形较小的情况,能够提供一种直观且有效的解决方案。

例5.12 如图5.18所示简单杆系结构中,杆1和杆2在B点铰结,B点受铅垂荷载F的作用。已知二杆均为钢杆,$E=210$ GPa,横截面面积均为$A=100$ mm^2,$F=15$ kN,杆1的长度$l=1$ m。求结点B的水平、铅垂位移及总位移。

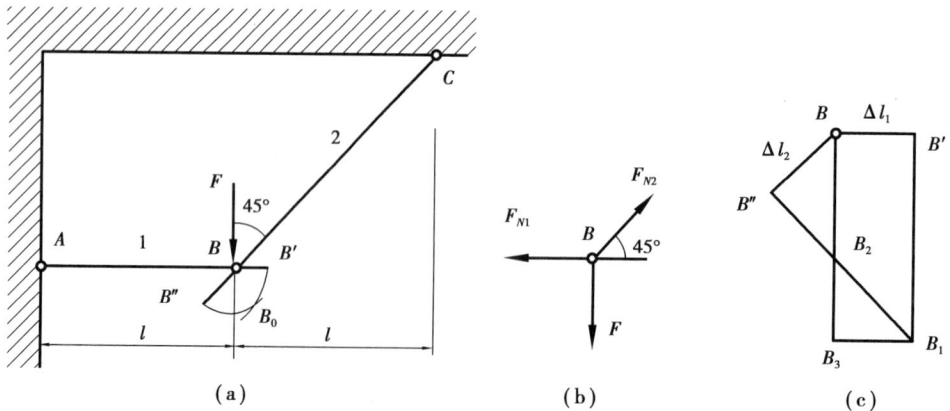

图5.18 杆系结构受力图及变形示意图

解:①求轴力取结点B为研究对象,受力图如图5.18(b)所示。

由平衡方程求得：$F_{N1} = F$，$F_{N2} = \sqrt{2}\,F$，两杆均为拉杆。

②设两杆的伸长量分别为 Δl_1 和 Δl_2，由胡克定律可知：

$$\Delta l_1 = \frac{F_{N1} l}{EA} = \frac{15 \times 10^3 \times 1}{210 \times 10^9 \times 100 \times 10^{-6}} = 0.714\,(\text{mm})$$

$$\Delta l_2 = \frac{F_{N2}\sqrt{2}\,l}{EA} = \frac{\sqrt{2} \times 15 \times 10^3 \times \sqrt{2}}{210 \times 10^9 \times 100 \times 10^{-6}} = 1.428\,(\text{mm})$$

③计算 B 结点位移。变形前，杆 1 和杆 2 铰接于 B 点，变形后，两杆虽都产生了轴向伸长，但仍然接在一起，因此，节点 B 在变形后的新位置应为：以 A 为圆心，以 AB' 为半径的圆弧，与以 C 为圆心，以 CB'' 为半径的圆弧的交点 B_0 处。在小变形情况下，杆的伸长量与原长相比是很小的，故可采用以切线代圆弧的方法，将所画圆弧用其切线代替，如图 5.18(c)所示。二切线 $B'B_1$ 和 $B''B_1$ 的交点 B_1，即为结点 B 变形后的新位置。

先计算 B 点的水平位移和铅垂位移，由图 5.18(c)可得水平位移为

$$\Delta_x = BB' = \Delta l_1 = 0.714\ \text{mm}$$

铅垂位移为

$$\Delta_y = BB_3 = BB_2 + B_2 B_3 = \sqrt{2}\,\Delta l_2 + \Delta l_1 = 2.73\ \text{mm}$$

B 点的总位移为水平位移和铅垂位移的几何和，即

$$\Delta = BB_1 = \sqrt{\Delta_x^2 + \Delta_y^2} = 2.82\ \text{mm}$$

由于 Δl_1 和 Δl_2 都与荷载 F 呈线性关系，从计算中可以看出，位移 BB_1 及 Δ_x 和 Δ_y，也与 F 呈线性关系。即对线弹性杆系，位移与荷载的关系也是线性的。

2. 两种材料组合梁的弯曲应力计算

对于由两种或多种不同材料组成的梁，因各材料的弹性模量 E 存在差异，导致在材料交界面上，尽管变形一致，但不同材料中的应力分布并不相同。因此，在分析和设计这类复合梁时，必须对每种材料的应力分别进行考量。

例 5.13　宽 $b = 80$ mm，高 $h = 100$ mm 的矩形截面木梁，在下部用宽 $b = 80$ mm，厚 $d = 5$ mm 的钢板加固，如图 5.19(a)所示。若梁上承受的最大弯矩 $M = 2$ kN·m，钢的弹性模量 $E_1 = 200$ GPa，木材的弹性模量 $E_2 = 10$ GPa，求钢板与木梁所承受的最大弯曲正应力。

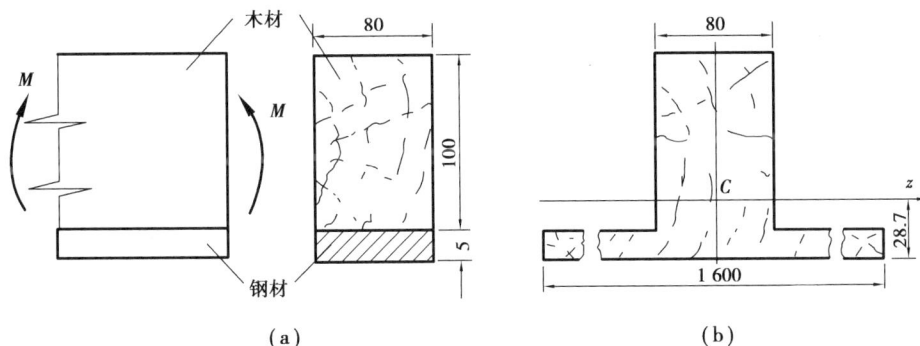

图 5.19　矩形截面木梁加固示意图

解：首先将两种材料的梁转换成一种材料的等效截面梁，然后计算弯曲应力，再对等效部分进行放大（或缩小），得到被转换材料的弯曲应力。

①将两种材料的组合梁,转换为木梁。

因为二者弹性模量之比

$$n = \frac{E_1}{E_2} = \frac{200}{10} = 20$$

故将钢板原宽度转化为等效木材的宽度:$b_1 = nb = 20 \times 80 = 1\,600(\mathrm{mm})$转换后的等效截面尺寸,如图 5.19(b)所示。

②计算转换后截面的形心与惯性矩。

转换后等效截面的形心到底边的距离

$$Z_C = \frac{E_1}{E_2} = \frac{80 \times 100 \times 55 + 1\,600 \times 5 \times 2.5}{80 \times 100 + 1\,600 \times 5} = 28.7(\mathrm{mm})$$

转换后的等效截面对中性轴 Z 的惯性矩

$$I_z = \frac{80 \times 100^3}{12} + (55 - 28.7)^2 \times 80 \times 100 + \frac{1\,600 \times 5^3}{12} + (28.7 - 2.5)^2 \times 1\,600 \times 5$$

$$= 1.77 \times 10^7(\mathrm{mm}^4)$$

③计算应力。

木梁中最大压应力发生在截面上边缘各点

$$\sigma_{c\max} = \frac{My_1}{I_z} = \frac{2\,000 \times (105 - 28.7) \times 10^{-3}}{1.77 \times 10^{-5}} = 8.6(\mathrm{MPa})$$

木梁中最大拉应力发生在木梁截面下边缘(即两种材料交界面)上各点

$$\sigma_{t\max} = \frac{My_2}{I_z} = \frac{2\,000 \times (28.7 - 5) \times 10^{-3}}{1.77 \times 10^{-5}} = 2.68(\mathrm{MPa})$$

钢梁各点均受拉,最大拉应力发生在截面下边缘上各点。转换后的梁下边缘上各点的应力为

$$\sigma_t' = \frac{My_2}{I_z} = \frac{2\,000 \times 28.7 \times 10^{-3}}{1.77 \times 10^{-5}} = 3.24(\mathrm{MPa})$$

钢梁中实际最大弯曲应力为

$$\sigma_{t\max}' = n\sigma_t' = 64.9 \text{ MPa}$$

3. 初曲率梁的弯曲变形

前述讨论了直梁的弯曲变形及刚度条件。在工程中,还经常用到一些具有初始曲率的梁,也可以利用前面所提供的方法加以讨论。

例 5.14 如图 5.20(a)所示悬臂梁具有微小的初曲率,初挠度方程为 $\omega_0 = -kx^3$,现在 B 端受集中力 F 作用如图 5.20(b)所示,当力逐渐增大时,梁缓慢向下变形,靠近固定端的区段与一刚性水平面接触。试求:

①梁与水平面的接触长度 x_0;

②梁 B 端与水平面的竖直距离。

解:①对于具有初始曲率 $\omega_0 = \omega_0(x)$ 的梁,其挠曲线曲率方程可写作:

$$\frac{1}{\rho(x)} = \omega''(x) + \omega_0''(x),\text{其中 } \omega''(x) = -\frac{M(x)}{EI}$$

首先确定在 F 力作用下梁与刚性平面接触部分的距离 x_0。

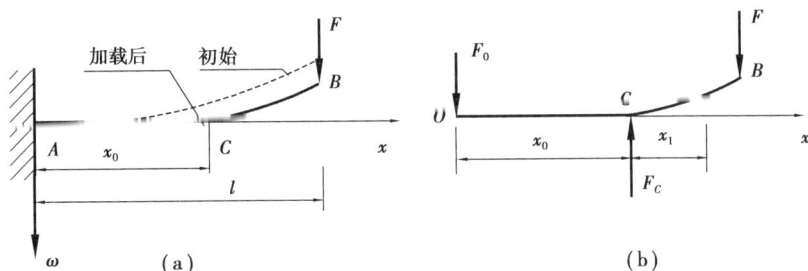

图 5.20 具有微小初曲率悬臂梁的受力图及变形示意图

设在 F 力作用下梁与刚性平面接触段的端点为 C,则在不计外力影响时,此时初始弯矩值为零,C 点初曲率为

$$\frac{1}{\rho_C} = 0 + \omega_0''(x_0) = -6kx \big|_{x=x_0} = -6kx_0$$

施加外力 F 力作用后,C 处曲率变为零,C 截面上的弯矩为

$$M(x_0) = -F(l - x_0)$$

根据初曲率梁的弯矩与曲率关系:$\dfrac{1}{\rho(x)} = -\dfrac{M(x)}{EI} + \omega_0''(x)$,可得

$$0 = -\frac{F(l - x_0)}{EI} + (-6kx_0)$$

由此解得

$$x_0 = \frac{Fl}{F + 6EIk}$$

②确定在 F 力作用下 B 与水平面的竖直距离。首先计算加力后梁的挠曲线方程。分析梁在 C 点与刚性平面接触后的受力情况。由挠曲线近似微分方程 $EI\omega'' = -M(x)$ 及弯矩与分布数荷的关系 $\dfrac{\mathrm{d}^2 M}{\mathrm{d}x^2} = q$,有

$$EI\frac{\mathrm{d}^4 \omega}{\mathrm{d}x^4} = q$$

将梁的初挠度方程 $\omega_0 = -kx^3$ 代入,有 $\dfrac{\mathrm{d}^4 \omega}{\mathrm{d}x^4} = 0$,即接触部分 AC 段上 $q = 0$。

这表明,如不考虑梁的自重,则在梁与刚性平面接触部分没有法向力作用,此梁的受力图如图 5.20(b) 所示。根据对接触点 C 的力矩平衡方程 $\sum M_C = 0$,得到固定端的约束力

$$F_0 = \frac{l - x_0}{x_0}F = 6EIk$$

根据铅垂方向的平衡方程,求得 C 点反力为

$$F_C = F + 6EIk$$

这样,梁上未与刚性面接触的 CB 部分便可视为在 C 处固定的悬臂梁,但它具有初曲率。

为求这段梁受力后的曲线方程,以 C 点为原点建立新的坐标系。

AB 段上任一截面在两坐标系中坐标的关系为

$$x = x_1 + x_0$$

加力前截面的初始曲率为 $\dfrac{\mathrm{d}^2 \omega}{\mathrm{d}x^2} = 6k(x_1 + x_0)$,加力后截面的曲率为 $\dfrac{\mathrm{d}^2 \omega}{\mathrm{d}x_1^2}$。

曲率的改变为

$$\Delta \omega'' = \frac{\mathrm{d}^2 \omega}{\mathrm{d}x_1^2} - 6k(x_1 + x_0) = \frac{\mathrm{d}^2 \omega}{\mathrm{d}x_1^2} - 6k\left(x_1 + \frac{Fl}{P + 6EIk}\right)$$

而在受力前后此截面上弯矩的改变为

$$\Delta M = -F(l - x_0 - x_1)$$

由曲线近似微分方程,有

$$\frac{\mathrm{d}^2 \omega}{\mathrm{d}x_1^2} - 6k\left(x_1 + \frac{Fl}{P + 6EIk}\right) = \frac{-F(l - x_0 - x_1)}{EI}$$

即

$$\frac{\mathrm{d}^2 \omega}{\mathrm{d}x_1^2} = 6k\left(x_1 + \frac{Fl}{P + 6EIk}\right) - \frac{Fx_1}{EI} + \frac{F(l - x_0)}{EI}$$

这就是 CB 段在受力后的挠曲线微分方程,分别积分两次得

$$\omega = kx_1^3 - \frac{Fx_1^3}{6EI} + 3k\frac{Flx_1^2}{F + 6EIk} + \frac{F(l - x_0)}{2EI}x_1^2 + Cx_1 + D$$

利用 C 点的变形条件

当 $x_1 = 0$ 时: $\qquad\qquad\qquad \omega = 0, \omega' = 0$

求得

$$C = D = 0$$

故由 CB 段加力后的挠曲线方程为

$$\omega = kx_1^3 - \frac{Fx_1^3}{6EI} + 3k\frac{Flx_1^2}{F + 6EIk} + \frac{F(l - x_0)}{2EI}x_1^2$$

将 $x_1 = l - x_0$, $x_0 = \frac{Fl}{F + 6EIk}$ 代入上式,化简后得到 B 端与水平面的竖直距离

$$|\omega_B| = \frac{36(EIkl)^3}{EI(F + 6EIk)^2}$$

在本例中因 $\frac{1}{\rho} = -\frac{M}{EI}$,小变形下弯距 M 可以叠加,故曲率也可以叠加。

5.7 复杂杆件组合变形概述

在工程实践中,构件常在复杂荷载作用下产生两种或两种以上的基本变形,此类变形被称为组合变形,如图 5.21 所示。若构件变形满足弹性小变形条件,可以假设各种基本变形相互独立且互不影响。

对于组合变形问题的分析思路为:

①外力分组:依据构件受力图,根据外力引起的基本变形类型对荷载进行分类。

②基本变形计算:基于构件的初始形状和尺寸,进行基本变形的内力和应力分析计算。

③叠加组合:利用基本变形计算得到的内力和应力结果,确定危险截面、危险点位置,进而分析关键点的应力状态,并根据强度理论进行强度计算。

本章将探讨工程中常见的几种组合变形问题,包括轴向拉压与弯曲、偏心拉压、弯曲与扭转等。在计算构件位移时,首先分别计算每种基本变形对应的位移,然后依据叠加原理求得组合变形下的总位移。

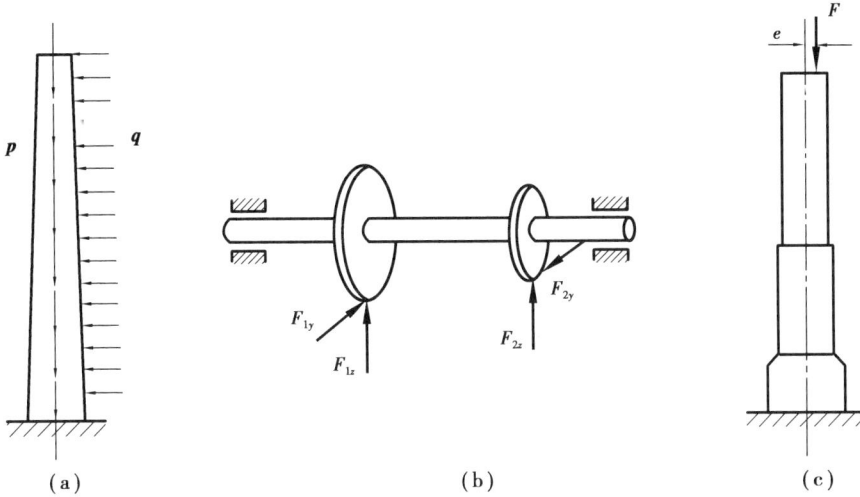

图 5.21　组合变形示意图

5.8　拉伸(或压缩)与弯曲的组合

当作用于杆件上的外力既有轴向拉(压)力,又有横向力作用时,杆将发生轴向拉伸(或压缩)与弯曲的组合变形。

1. 横截面上的应力

对于具有较高抗弯刚度(EI)的杆件,横向力引起的挠度相对于横截面尺寸而言甚微,因此可以忽略轴向力引起的弯矩。在这种情况下,可以将横向力和轴向力视为两组独立的力系,分别计算每组力单独作用时杆横截面上的正应力。随后,根据叠加原理,将这两组正应力的代数和作为同时受到拉压和弯曲组合变形作用下杆横截面上的正应力。这种方法允许我们分别处理复杂的受力情况,简化了对组合变形下杆件应力状态的分析。

如图 5.22(a)所示为一矩形等截面直杆的计算简图。在其纵向对称面内有横向力 F 和轴向力 F_x 共同作用。下面以此例说明杆在拉伸与弯曲组合变形时的强度计算过程。

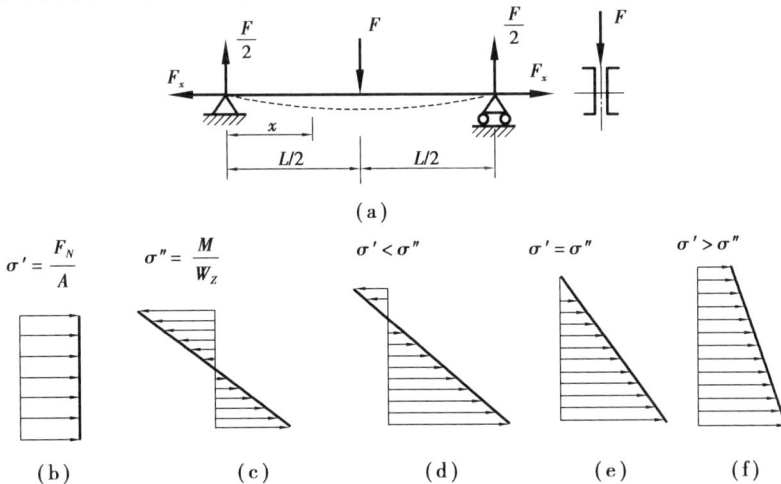

(a)

$$\sigma' = \frac{F_N}{A} \qquad \sigma'' = \frac{M}{W_Z} \qquad \sigma' < \sigma'' \qquad \sigma' = \sigma'' \qquad \sigma' > \sigma''$$

(b)　　　　　(c)　　　　　(d)　　　　　(e)　　　　　(f)

图 5.22　矩形等截面直杆在横向力 F 和轴向力 F_x 共同作用的计算简图

135

在轴向力 F_x 的作用下,杆的各个横截面上有相同的轴力 $F_N = F_x$;而在图示横向力 F 作用下,在杆的跨中截面有最大弯矩 $M_{max} = Fl/4$,因而跨中截面为危险截面。在该截面上各点处,与轴力 F_N 对应的拉伸正应力 σ' 都是相等的,其值为

$$\sigma' = \frac{F_N}{A}$$

而与 M_{max} 对应的最大弯曲正应力 σ'' 则在该截面的上和下边缘处,且为上压下拉

$$\sigma'' = \frac{M_{max}}{W_z} = \frac{Fl}{4W_z}$$

在此危险截面上与 F_N、M_{max} 对应的正应力沿截面高度变化的情况如图 5.22(b)、(c) 所示。

将拉伸正应力与弯曲正应力叠加后,正应力沿截面高度的变化情况如图 5.22(d)、(e) 或 (f) 所示。这要取决于 σ' 与 σ'' 这两项中哪一个的数值比较大些。

2. 危险点的应力状态及强度条件

从以上这些图可以看出,杆件在危险点处的正应力就是危险截面(跨中截面)的上、下边缘处的正应力,其大小可按下式计算

$$\sigma = \frac{F_N}{A} \pm \frac{M}{W_z} \tag{5.34}$$

即

$$\sigma_{tmax} = \frac{F_N}{A} + \frac{Fl}{4W_z}, \sigma_{cmax} = \frac{F_N}{A} - \frac{Fl}{4W_z}$$

然后将最大正应力与材料的许用应力相比来进行强度计算。

上述原理同样适用于不同形式截面及简化计算模型中轴向拉伸(或压缩)与弯曲组合变形的杆件分析。特别指出的是,当轴向力为压缩力时,应将危险点处的正应力视为压应力。若材料在拉伸和压缩状态下的许用应力存在差异,则必须同时计算最大拉应力和最大压应力,以确保进行准确的强度计算。这一考虑对于评估结构在复杂受力条件下的安全性至关重要。

例 5.15 折杆由两根无缝钢管焊接而成如图 5.23(a)所示:已知两根无缝钢管的外径都是 $D = 140$ mm,壁厚都是 $t = 10$ mm。试求折杆危险截面上最大拉应力和最大压应力。

解:首先求支反力如图 5.23(a)所示。由平衡方程可求得 $F_{Ay} = F_B = 5$ kN。

作折杆的受力图如图 5.23(b)所示。由于折杆本身和它所受的力都是左右对称的,故只需分析它的一半即 AC 杆。

用截面法分析 AC 杆任一横截面上的内力时,可将 F_A 分解得 $F_{Ax} = 3$ kN,$F_{Ay} = 4$ kN。由于 F_{Ay} 的作用,在 AC 杆的任一横截面上引起的弯矩 $M = F_{Ay}x$ 和剪力 $F_S = F_{Ay}$。

危险截面是 C 处的 1—1 截面如图 5.23(b)所示,因为该截面上的弯矩最大而各横截面上轴力相等。

由图 5.23(a)所示的尺寸可知,AC 杆轴线的长度是 2 m,因此,截面 1—1 上的轴力和弯矩分别为

$$F_N = -F_{Ax} = -3 \text{ kN}$$

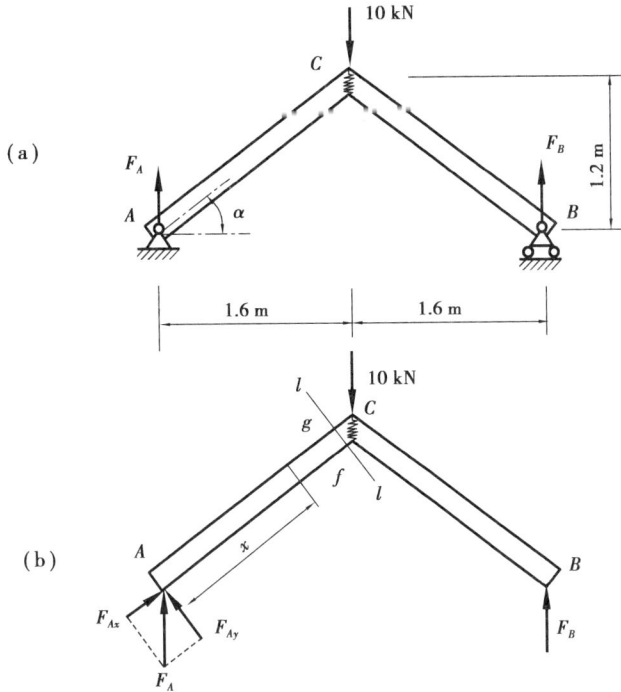

图 5.23　折杆受力图

$$M = F_{Ay} \times 2 = 8 \text{ kN} \cdot \text{m}$$

AC 杆危险截面 1—1 上的最大拉应力 σ_{tmax} 和最大压应力 σ_{cmax} 分别在最底下的 f 点和最顶上的 g 点处如图 5.23(b)所示,其值可由下式计算

$$\sigma = \frac{F_N}{A} \pm \frac{M}{W_Z}$$

根据已知的钢管截面尺寸可算出

$$A = \frac{\pi(D^2 - d^2)}{4} = 40.8 \times 10^{-4} \text{ m}^2$$

$$I_Z = \frac{\pi(D^4 - d^4)}{64} = 868 \times 10^{-8} \text{ m}^4$$

$$W_Z = \frac{I_Z}{\dfrac{D}{2}} = 124 \times 10^{-6} \text{ m}^3$$

将它们和已求得的 F_N、M 值代入式(5.34)可得

$$\begin{array}{c} \sigma_{tmax} \\ \sigma_{cmax} \end{array} = \frac{-3\,000}{40.8 \times 10^{-4}} \pm \frac{8\,000}{124 \times 10^{-6}} = \begin{array}{c} 63.8 \\ -65.2 \end{array} \text{ MPa}$$

3. 偏心拉伸(压缩)

当构件受到一对作用线与轴线平行但未通过横截面形心的拉力或压力作用时,该构件为偏心拉伸或偏心压缩状态。例如,钻床立柱如图 5.24 所示在受到钻孔进刀力 F 时,由于该力不通过立柱横截面形心,导致立柱承受偏心荷载。通过对例 5.16 的分析,可以认识到偏心拉伸或压缩实质上是轴向拉伸或压缩与弯曲的组合效应。

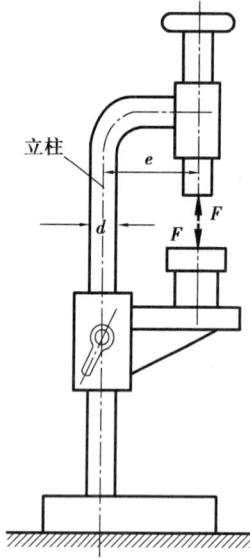

图 5.24　钻床立柱示意图

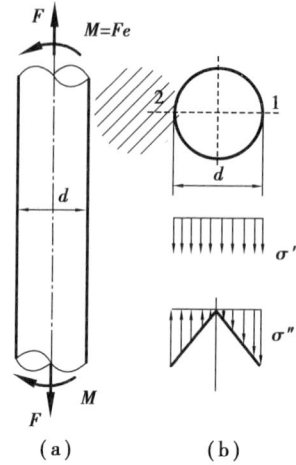

图 5.25　力向立柱中心简化及截面应力分布示意图

例 5.16　对如图 5.24 所示的钻床立柱,已知钻孔力 $F=15$ kN,F 力距立柱中心线的距离(偏心距)$e=300$ mm。立柱材料为铸铁许用拉应力 $[\sigma_t]=35$ MPa。试设计立柱直径 d。

解:将 F 力向立柱中线简化如图 5.25(a)所示,得到一个加在立柱轴线上的力 F 和一个力偶矩 $M=Fe$。故立柱承受拉伸和弯曲联合作用。

由轴向拉伸在横截面上出现均匀的拉应力 σ',由力偶矩的弯曲作用在横截面上引起线性分布的弯曲正应力 σ'',如图 5.25(b)所示。两个正应力叠加结果,截面上 1 点承受最大拉应力,由强度条件

$$\sigma = \frac{F_N}{A} + \frac{M}{W_z} = \frac{4F}{\pi d^2} + \frac{Fe}{\pi d^3/32} \leqslant [\sigma_t]$$

即

$$\frac{4 \times 15 \times 10^3}{\pi d^2} + \frac{32 \times 15 \times 10^3 \times 300 \times 10^{-3}}{\pi d^3} \leqslant 32 \times 10^6$$

经计算可求得:$d=114$ mm。

在以上讨论的情况中,偏心力 F 虽不通过形心,但仍位于形心主轴与杆轴所构成的平面(主平面)之内。当偏心拉力 F 作用于杆端面上任一点 $B(y_p,z_p)$ 时如图 5.26(a)所示,可将 F 力向形心 O 点平移,得到一个沿杆轴 x 的拉力 F 及一个力偶矩 $M=Fe$。

将此力偶矩沿形心主轴 y、z 分解如图 5.26(b)得到

$$M_y = M \sin \varphi = Fe \sin \varphi = F \cdot z_p$$
$$M_z = M \cos \varphi = Fe \cos \varphi = F \cdot y_p$$

可将原结构的偏心受拉等效为一个轴向拉伸和绕 y、z 轴两个方向的弯曲。轴力 F_N 和弯矩 M_y、M_z 分别与 F 和 M_y、M_z 在数值上相等,则在任一截面 $A(y,z)$ 点的正应力是

$$\sigma = \frac{F_N}{A} + \frac{M_y}{I_y} \cdot z + \frac{M_z}{I_z} \cdot y$$

即为

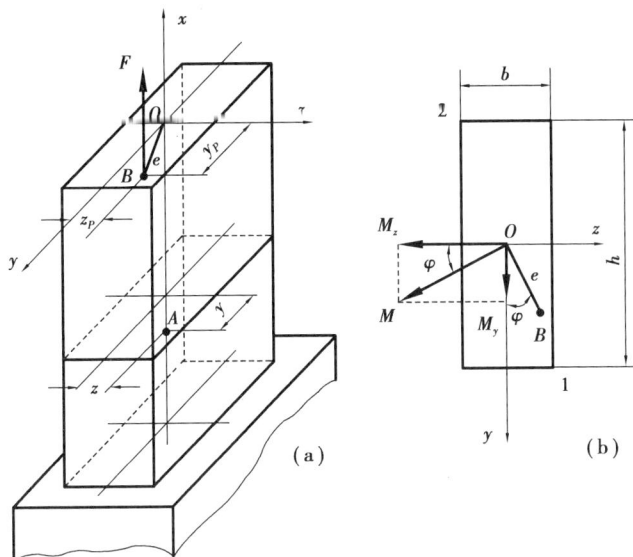

图 5.26　偏心力作用下力的平移与力偶矩的生成示意图

$$\sigma = \frac{F}{A} + \frac{F \cdot z_P}{I_y} \cdot z + \frac{F \cdot y_P}{I_z} \cdot y$$

将惯性半径　$i_y = \sqrt{\dfrac{I_y}{A}}, i_z = \sqrt{\dfrac{I_z}{A}}$ 代入上式可得

$$\sigma = \frac{F}{A}\left(1 + \frac{z_P}{i_y^2} \cdot z + \frac{y_P}{i_z^2} \cdot y\right)$$

令上式为零,则有　$1 + \dfrac{z_P}{i_y^2} \cdot z + \dfrac{y_P}{i_z^2} \cdot y = 0$

$$1 + \frac{z_P}{i_y^2} \cdot z + \frac{y_P}{i_z^2} \cdot y = 0 \tag{5.35}$$

$$y_0 = -\frac{i_z^2}{y_P}, z_0 = -\frac{i_y^2}{z_P} \tag{5.36}$$

此即为偏心拉压时截面的中性轴方程。这是一条直线方程,利用其在坐标轴上的截距 y_0 和 z_0 如图 5.27 所示,即可定出中性轴 HH。

如图 5.27 所示是假设横截面周边为一任意曲线的一般情况,画出平行中性轴 HH 且与周边相切的直线,则切点 D_1、D_2 即为该横截面上最大拉应力或最大压应力的作用点。

对如图 5.26(b)所示矩形截面(以及工字形等带外凸尖角的截面)受偏心拉压时,其最大正应力作用点由观察即可定出,无须找中性轴。

以上讨论的是偏心拉伸的情况,对于偏心压缩时,只要杆的抗弯刚度较大,上述分析方法仍然适用,只需将偏心力 F 换为负值。

4. 截面核心

如前所述,当偏心拉力 F 的偏心距较小时,杆件横截面上仅出现拉应力而无压应力。同样,对于偏心压力 F,若其偏心距较小,杆件横截面上可能仅出现压应力而无拉应力。

在土木工程中,常用建材如砖、石及混凝土的抗拉强度通常远低于抗压强度,因此它们主要用作承压构件。在偏心压缩情况下，为避免横截面上出现拉应力，应确保中性轴不通过横截面。

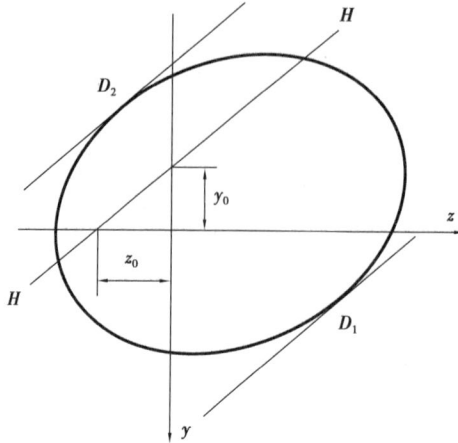

图 5.27　偏心拉压截面中性轴方程及其坐标轴截距示意图

根据式（5.36），对于特定截面，y_P 和 z_P 值越小，y_0 和 z_0 值越大，意味着外力作用点越接近形心，中性轴距离形心越远。当外力作用点位于截面形心附近的特定区域内时，中性轴不会穿过横截面，这一区域被称为截面核心。当外力作用点位于截面核心边界时，相应的中性轴与横截面周边相切，如图 5.28 所示。利用这一关系，可以确定截面核心的边界。

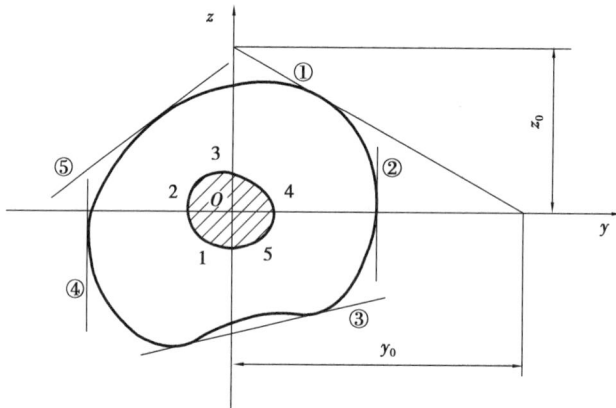

图 5.28　外力作用点位于截面核心边界时中性轴与横截面相切示意图

为了确定任意横截面的截面核心边界，可以假设与截面周边相切的直线作为中性轴，并在形心主惯性轴 y 和 z 上分别标记其截距为 y_{01} 和 y_{02}。利用这两个截距值，依据式（5.36）可以确定与该中性轴对应的外力作用点 1，即截面核心边界上的一个点的坐标 $1(\rho_{y1}, \rho_{z1})$。这种方法为分析和设计提供了一种确定截面核心边界的实用工具。

$$\rho_{y1} = -\frac{i_z^2}{y_{01}}, \rho_{z1} = -\frac{i_y^2}{z_{01}} \tag{5.37}$$

同样，分别将与横截面周边相切的直线②、③……看作中性轴，按同样的方法求出对应的截面核心边界点 2、3……的坐标。将所有这样的点连接起来，即可形成封闭的截面核心边界线。被这条边界线所包围的区域，即带阴影部分的面积，定义为截面核心，如图 5.28 所示。

（1）圆形横截面的截面核心（设直径为 d）

由于圆截面的圆心 O 为截面的中心对称点，相应的截面核心的边界也应以圆心 O 为中心对称点，也为一个以 O 为圆心的圆，只要找到一个边界上的点即可求出截面核心圆的半径。

任作一条与圆截面周边相切于 A 点的直线①如图 5.29 所示，将其视为中性轴，并取图示坐标轴。于是中性轴①在形心主惯性轴 y、z 上的截距为 $y_1 = \dfrac{d}{2}, z_1 = \infty$。圆截面的 $i_y^2 = i_z^2 = \dfrac{d^2}{16}$，将各值代入式（5.37）可得与中性轴①对应的截面核心边界上的点 1 坐标为

$$\rho_{y1} = -\frac{d}{8}, \rho_{z1} = 0$$

由此可求出截面核心是一个以 O 为圆心，以 $d/8$ 为半径的圆如图 5.29 所示阴影部分。

（2）矩形截面的截面核心（设边长为 h 和 b）

如图 5.30 所示矩形截面关于 y、z 轴对称，则其截面核心也一定关于 y、z 轴对称。

先将与 AB 边相切的直线①视为中性轴，它在 y、z 两轴上的截距分别为 $y_1 = \dfrac{h}{2}, z_1 = \infty$。截面的惯性半径 $i_y^2 = \dfrac{b^2}{12}, i_z^2 = \dfrac{h^2}{12}$。将各值代入式（5.37）可以得到与中性轴①对应的截面核心边界上点 1 的坐标为

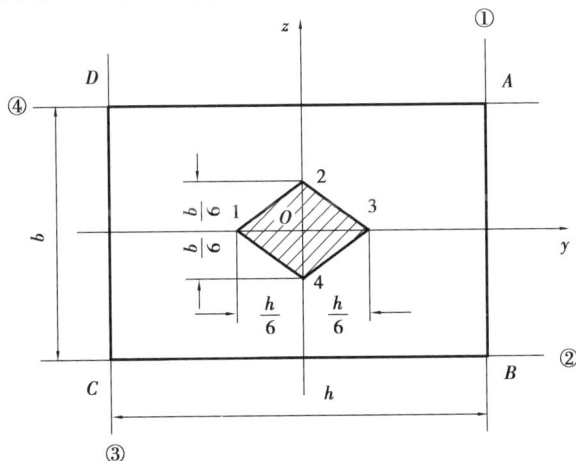

图 5.29　圆形横截面的截面
核心示意图

$$\rho_{y1} = -\frac{h}{6}, \rho_{z1} = 0$$

同理，将与 BC 相切的直线②视为中性轴，可得对应截面核心边界上点 z 的坐标为

$$\rho_{y2} = 0, \rho_{z1} = -\frac{b}{6}$$

这样得到截面核心边界上的两个点。当中性轴①绕顶点 B 旋转到中性轴②时，就可以得到过顶点 B 但斜率不同的一系列中性轴。

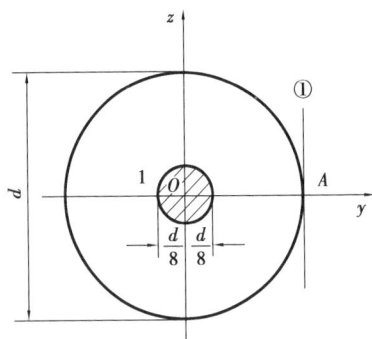

图 5.30　矩形截面的截面核心示意图

将 B 的坐标值代入中性轴公式（5.35）可得

$$1 + \frac{z_B}{i_y^2} \cdot z_P + \frac{y_B}{i_z^2} \cdot y_P = 0$$

由于式中 y_B 和 z_B 为常数,此式可视为表示外力作用点坐标 y_P 和 z_P 间关系的直线方程。此为连接点 1 和点 2 的直线方程,即为截面核心的相应边界直线方程。再利用截面核心对 y、z 轴的对称性,就可以得出如图 5.30 所示的一个位于横截面中央的菱形,其对称线长度分别为 $h/3$ 和 $b/3$。

5.9 弯曲与扭转的组合

在机械工程领域,弯曲与扭转的组合变形现象极为普遍。对于传动轴而言,若伴随的弯曲影响较小,可以将其视为纯粹的扭转问题。然而,当弯曲效应不容忽视时,必须将其作为弯曲与扭转的组合变形问题进行分析。本节将重点探讨圆截面杆在发生此类组合变形时的强度计算问题。如图 5.31(a)所示表示处于水平位置的直角拐轴,A 端固定,在自由端 C 处作用一铅垂向下的集中力 F。

若要考察圆轴 AB 段的变形形式,可先进行外力分析,把作用于 C 端的集中力 F 向 AB 的 B 截面形心简化(平移),可得到一个作用于 B 截面的横向力 F 和一个位于 B 截面内的附加力偶,其力偶矩 $M = Fa$,如图 5.31(b)所示。这个横向力 F 使圆轴 AB 产生平面弯曲,而力偶矩 M 使圆轴 AB 产生扭转。于是,圆轴 AB 将产生弯曲与扭转的组合变形。

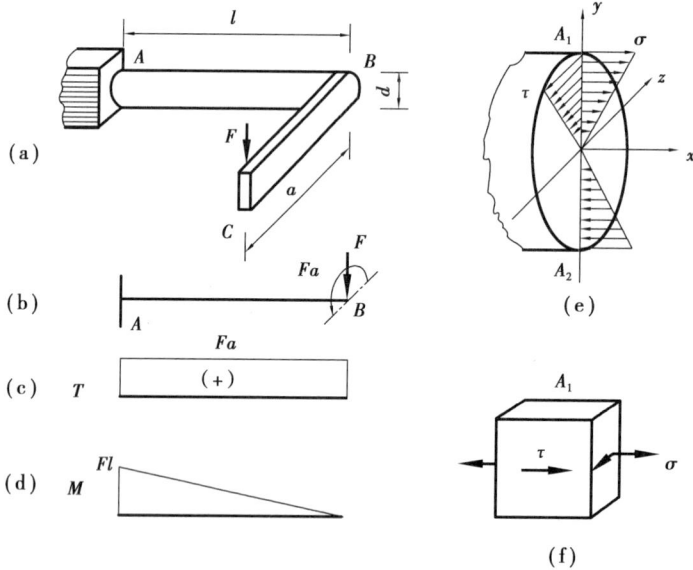

图 5.31 弯扭组合示意图

进一步可画出 F 和 M 单独作用时圆轴 AB 的扭矩图和弯矩图,如图 5.31(c)、(d)所示,由以上内力图可以看出,其固定端 A 为危险截面,其上的弯矩值和扭矩值的大小分别为:$M = Fl$,$T = Fa$。

在危险截面 A 上,由弯矩引起的弯曲正应力沿截面高度按线性分布,如图 5.31(e)所示,在此截面距中性轴 z 最远的上和下边缘 A_1 和 A_2 处有最大的弯曲正应力,其大小为

$$\sigma = \frac{M}{W_z}$$

危险截面 A 上,由扭矩引起的切应力是沿半径按线性分布如图 5.31(e)所示。在圆截面周边各点处的切应力均为最大值,其大小为

$$\tau = \frac{T}{W_P}$$

因为 A_1 和 A_2 两点处的正应力 σ 和切应力 τ 同时达到最大,故这两点都是危险点。

一般圆轴为塑性材料制成,因其抗拉和抗压性能相同,故只需取 A_1 和 A_2 中的任一点进行强度计算即可。对 A_1 进行应力分析,在 A_1 点处取出一个单元体,作用于该单元体各个平面上的应力,如图 5.31(f)所示。

由于此为平面应力状态,必须根据强度理论进行计算。将 A_1 点的正应力 σ 和切应力 τ 代入主应力公式。可求得相应的主应力为

$$\sigma_1 = \frac{\sigma}{2} + \sqrt{\left(\frac{\sigma}{2}\right)^2 + \tau^2}$$

$$\sigma_2 = 0$$

$$\sigma_3 = \frac{\sigma}{2} - \sqrt{\left(\frac{\sigma}{2}\right)^2 + \tau^2}$$

将以上主应力代入相当应力计算公式,可得第三强度理论的强度条件为

$$\sigma_{r3} = \sqrt{\sigma^2 + 4\tau^2} \leqslant [\sigma]$$

第四强度理论的强度条件为

$$\sigma_{r4} = \sqrt{\sigma^2 + 3\tau^2} \leqslant [\sigma]$$

为简化计算,利用圆截面 $W_P = \dfrac{\pi d^3}{16}$,$W_z = \dfrac{\pi d^3}{32}$,$\sigma = M/W_z$,$\tau = T/W_P$,可得圆轴弯曲和扭转组合变形时的第三、四强度理论强度条件的另一种表达形式如下

$$\sigma_{r3} = \frac{\sqrt{M^2 + T^2}}{W_z} \leqslant [\sigma]$$

$$\sigma_{r4} = \frac{\sqrt{M^2 + 0.75T^2}}{W_z} \leqslant [\sigma]$$

在机械工程中,转轴的横截面周边各点位置随轴的旋转而变化,导致这些点处的弯曲正应力数值及其符号交替变化,此类应力被称为交变应力。实验数据表明,即使在最大应力远低于材料静态荷载强度指标的情况下,杆件在交变应力作用下也可能发生破坏。因此,在机械设计中,对于承受交变应力的构件,有特定的计算标准。然而,对于某些转轴,也可以直接采用标准公式进行强度计算,只需适当降低许用应力值以适应交变应力的影响。

对于同时承受拉伸(或压缩)与弯曲、扭转组合变形作用的圆截面直杆,如图 5.32 所示,由于危险点的应力状态与单纯的弯扭组合变形相同,因此,只需将轴向拉伸(或压缩)的正应力纳入公式计算,即可得出相应的强度条件

$$\sigma_{r3} = \sqrt{\left(\frac{F_N}{A} + \frac{M}{W_z}\right)^2 + 4\left(\frac{T}{W_z}\right)^2} \leqslant [\sigma]$$

$$\sigma_{r4} = \sqrt{\left(\frac{F_N}{A} + \frac{M}{W_z}\right)^2 + 3\left(\frac{T}{W_z}\right)^2} \leqslant [\sigma]$$

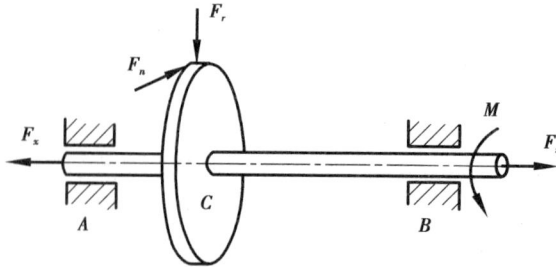

图 5.32 同时承受拉伸(或压缩)与弯曲、扭转组合变形作用的圆截面直杆

例 5.17 如图 5.33(a)所示的手摇绞车,已知圆轴的直径 $d = 3$ cm,卷筒直径 $D = 36$ cm,两轴承间的距离 $l = 80$ cm,轴的许用应力 $[\sigma] = 80$ MPa。试按第三强度理论计算绞车能起吊的最大安全荷载 W。

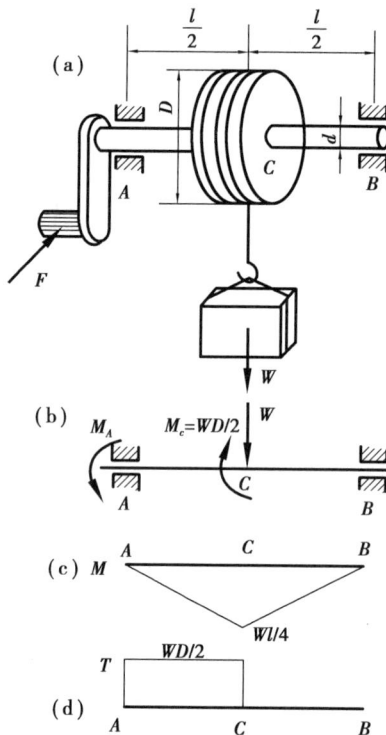

图 5.33 手摇绞车的受力图及内力图

解:①外力分析。

将荷载 W 向轮心等效力线平移,得到作用于轮心的外力 W 和附加力偶 $M_C = WD/2$,且分别与轴承的反力和转动绞车外力偶 M_A 相平衡。由此得到轴的计算简图如图 5.33(b)所示。

②内力分析。

绞车轴的弯矩图和扭矩图分别如图 5.33(c)、(d)所示。可见,危险截面在轴中点 C 处。C 截面的弯矩和扭矩分别为

$$M_{\max} = \frac{Wl}{4} = 0.2\ W$$

$$T = \frac{WD}{2} = 0.18\ W$$

③求最大安全荷载。

手摇绞车圆轴的危险点处于复杂应力状态,且轴为塑性材料制成,故按第三强度理论公式 $\sigma_{r3} = \dfrac{\sqrt{M^2 + T^2}}{W_z} \leqslant [\sigma]$ 进行强度条件计算

$$\frac{\sqrt{(0.2W)^2 + (0.18W)^2}}{\dfrac{\pi \times 3^3 \times 10^{-6}}{32}} \leqslant 80 \times 10^6$$

由此可解得

$$W \leqslant 790 \text{ N}$$

即最大安全荷载为 $W = 790$ N。

例 5.18 如图 5.34 所示为某机床变速箱的第一轴,由电动机传来的外力偶矩 $m = 50$ N·m,齿轮的节圆直径为 $D = 80$ mm,齿轮啮合时周向力 F_τ 与径向力 F_r 的关系为 $F_r = F_\tau \tan \alpha$,齿轮的压力角为 $\alpha = 20°$。已知轴的直径 $d = 32$ mm,轴的许用应力 $[\sigma] = 50$ MPa。试按第三强度理论校核轴的强度。

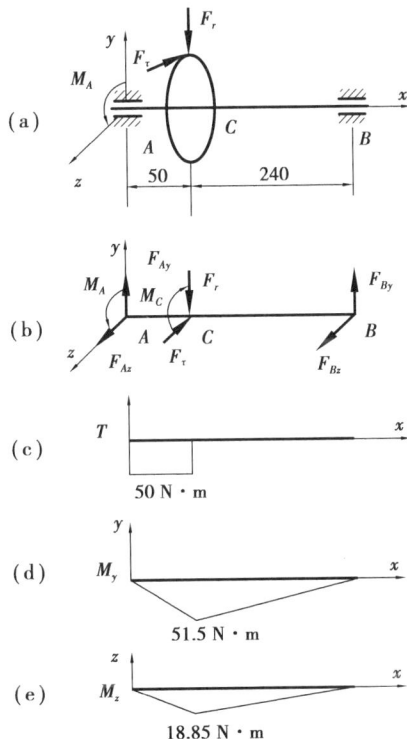

图 5.34 圆轴的受力图及内力图

解:①外力分析。

将外力向 C 截面形心简化后,得到 AB 受力如图 5.34(b)所示。匀速转动时,齿轮传递的力偶矩与电动机输入力偶矩在数值上相等,即 $M = 50$ N·m。

齿轮的周向力和径向力分别为

$$F_\tau = \frac{M}{\dfrac{D}{2}} = \frac{2 \times 50}{80 \times 10^{-3}} = 1.25 \text{ (kN)}$$

$$F_r = P \tan \alpha = 1.25 \times \tan 20° = 0.455(\text{kN})$$

力偶矩 M 使 AC 段产生扭转，铅垂横向力 F_r 和水平横向力 F_τ 以及相应的支承反力使轴 AB 分别在铅垂平面（xy 平面）和水平面（yz 平面）产生平面弯曲。于是，轴 AB 的变形属于两个平面弯曲（称其为双向弯曲）与扭转的组合变形。

②内力分析。

画出外力偶矩单独作用下的扭矩图，如图 5.34(c) 所示，其扭矩值为 $T = 50$ N·m。

利用静力平衡方程，求出水平力 F_τ 在单独作用下，水平面内的支反力

$$F_{Az} = \frac{1\,250 \times 240}{290} = 1\,030(\text{N})$$

$$F_{Bz} = \frac{1\,250 \times 50}{290} = 220(\text{N})$$

画出水平面内的弯矩图，如图 5.34(d) 所示。C 截面的 M_y 弯矩值为

$$M_y = 1\,030 \times 50 \times 10^{-3} = 51.5(\text{N·m})$$

利用静力平衡方程，求出铅垂力 F_r 在单独作用下，铅垂平面内的支反力

$$F_{Ay} = \frac{455 \times 240}{290} = 377(\text{N})$$

$$F_{By} = \frac{455 \times 50}{290} = 78(\text{N})$$

画出铅垂平面内的弯矩图，如图 5.34(e) 所示。C 截面的 M_z 弯矩值为

$$M_z = 377 \times 50 \times 10^{-3} = 18.85(\text{N·m})$$

对于圆截面轴，因为通过圆心的任意一根直径都是对称轴，所以圆轴在双向弯曲时可以直接求其合成弯矩。用矢量表示为 M_y 和 M_z，因为这两个矢量互相垂直，故合成弯矩的大小为

$$M = \sqrt{M_y^2 + M_z^2}$$

在本例中，危险截面 C 上的合成弯矩值为

$$M_C = \sqrt{51.5^2 + 18.85^2} = 54.75(\text{N·m})$$

③根据第三强度理论进行强度校核。

$$\sigma_{r3} = \frac{\sqrt{M^2 + T^2}}{W_z} = \frac{\sqrt{54.75^2 + 50^2}}{\frac{\pi \times 32^3 \times 10^{-9}}{32}} = 23(\text{MPa}) \leqslant [\sigma]$$

由此可见，轴的强度足够。

5.10 斜弯曲问题分析

先前讨论的弯曲问题均属于平面弯曲范畴，即梁上的荷载及变形后的挠曲线均位于同一纵向对称平面内。然而，存在一种不同于平面弯曲的情况，如图 5.35(a) 所示，梁上的荷载 F 不位于该纵向对称平面内，导致梁变形后的挠曲线所在平面与荷载所在的纵向平面不再重合，此类弯曲被称作斜弯曲。

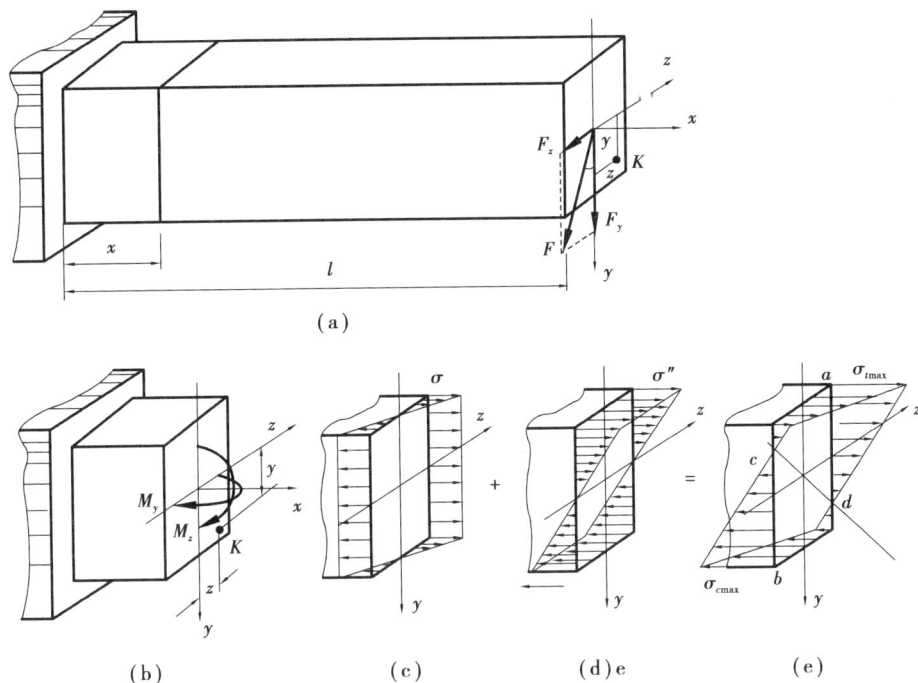

图 5.35　斜弯曲示意图

如图 5.35(a)所示的矩形截面梁上,作用于自由端截面形心处的横向力 F 与竖向对称轴 y 间的夹角为 φ,可将 F 沿 y、z 轴分解为两个分力 F_y 和 F_z

$$F_y = F \cos \varphi, F_z = F \sin \varphi$$

由图可见 F_z 作用在梁的水平对称面内,在水平方向使梁产生平面弯曲;而 F_y 作用在梁的竖向对称面内,使梁产生竖直方向的平面弯曲。原先的问题可以视为在两个相互垂直方向上的平面弯曲的叠加效应。因此,可以分别应用平面弯曲应力计算公式,随后将所得结果进行叠加,以求解复合应力状态的应力值。

先分别求出单独在 F_y 和 F_z 作用下的两个弯矩 M_z 和 M_y 如图 5.35(b)所示,在距梁左端 x 处

$$M_y = F_z(l - x) = F(l - x) \sin \varphi$$
$$M_z = F_y(l - x) = F(l - x) \cos \varphi$$

若以 M 表示此截面上的总弯矩,由于 M_y 和 M_z 互相垂直,M 可由下式求出

$$M = \sqrt{M_y^2 + M_z^2}$$

且有 $M_y = M \sin \varphi, M_z = M \cos \varphi$。

对应于弯矩 M_y 和 M_z 在横截面上有两组正应力 σ' 和 σ'',其分布情况如图 5.35(a)、(d)所示,其值为

$$\sigma' = \frac{M_y z}{I_y}, \sigma'' = \frac{M_z y}{I_z}$$

式中,y 和 z 为截面上任一点 K 的坐标,而 I_y 和 I_z 分别为横截面对 y 轴和 z 轴的惯性矩。在图示 K 点,由于 M_y 引起拉应力,故 σ' 取为正号,而 M_z 引起 K 点的压应力,故 σ'' 取负号。根据叠加原理,横截面上 K 点的总应力为

$$\sigma = \sigma' + \sigma''$$

$$\sigma = \frac{M_y z}{I_y} - \frac{M_z y}{I_z} \tag{5.38}$$

将式中各参数的代数值代入,也可直接由弯矩的转向以及 K 点位置来判定各项应力的正负,而取其绝对值计算。式(5.38)是一个平面方程,它表示的应力分布规律如图 5.35(e)所示。它也是图 5.35(c)、(d)两组应力分布图叠加的结果。由图 5.35(e)可知,cd 直线上的应力为零,故 cd 为中性轴。距中性轴距离最远的两点是 a 和 b,其上分别作用有最大拉应力和最大压应力,且二者数值相等。

在进行强度计算时,首先需确定梁的危险截面及其上的危险点。通常,危险截面的位置可通过弯矩图来确定。至于危险点的位置,则可以根据以下两种情况来讨论。

①对于诸如矩形截面、工字形截面等,由于截面上有明显的棱角突出,而由 M_y 和 M_z 引起的应力在棱角处皆为最大,故截面上危险点的位置较容易确定,就在这些凸角处。可直接观察并找到。

此时梁的强度条件为

$$\sigma_{max} = \frac{M_{ymax}}{W_y} + \frac{M_{zmax}}{W_z} \leqslant [\sigma]$$

上式中,M_{ymax} 和 M_{zmax} 为危险截面上位于两个纵向对称面内的最大弯矩,W_y 和 W_z 分别为截面对应于 y 轴和 z 轴的抗弯截面模量。

②对于没有凸角的截面如图 5.36 所示,则必须首先将中性轴位置确定,才能确定危险点的位置。为此,可先假设中性轴上有某点。其坐标为 y_0、z_0,由于此点的应力必为零,可将 y_0、z_0 代入式(5.38),并令其右端等于零,便可得出中性轴的方程为

$$\frac{M_y z_0}{I_y} - \frac{M_z y_0}{I_z} = 0$$

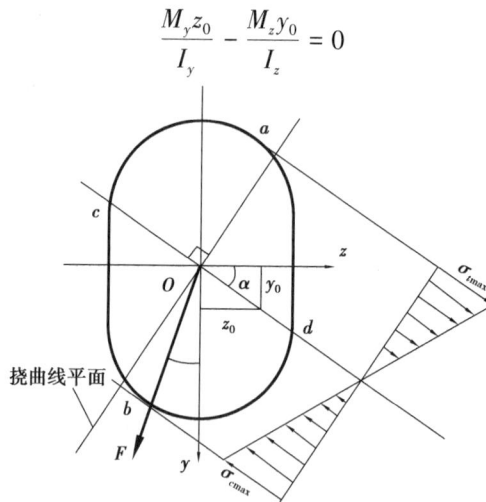

图 5.36 无凸角的截面

由此可知,中性轴是通过截面形心的直线 cd。若令 α 为中性轴 cd 与 z 轴间的夹角,则

$$\tan \alpha = \frac{y_0}{z_0} = \frac{M_y}{M_z} \frac{I_z}{I_y} = \frac{I_z}{I_y} \tan \varphi \tag{5.39}$$

由式(5.39)可确定中性轴的位置,即图 5.36 中 cd。

中性轴 cd 确定后,在其两侧各作一与其平行并与截面周边相切的切线,得到切点 a 和 b,

它们即为距中性轴最远的危险点 $a(y_a, z_a)$ 和 $b(y_b, z_b)$，将两点坐标分别代入式（5.38），可得横截面上的最大拉应力 $\sigma_{t\max}$ 和最大压应力 $\sigma_{c\max}$，从而可建立下式的强度条件

$$\sigma_{\max} = \frac{M_{y\max}}{I_y} z_{a,b} + \frac{M_{z\max}}{I_z} y_{a,b} \leqslant [\sigma] \tag{5.40}$$

式中 $z_{a,b}$，$y_{a,b}$ 表示取使 σ 最大的一个，且各参数值均以绝对值代入计算。

从式（5.39）还可以看出，当 $I_y \neq I_z$ 的情况下，$\alpha \neq \phi$，即中性轴不垂直于外力所在的纵向平面。同时，由于梁弯曲后的挠曲线平面垂直于中性层，可以推断出在斜弯曲中，挠曲线所在的平面不再与外力作用的纵向平面重合。这一点是斜弯曲与平面弯曲的主要区别。

例 5.19　如图 5.37(a)所示的梁用 32a 工字钢制成，长度 $l = 4$ m，作用于梁中点处的集中荷载通过梁横截面的形心，与竖向对称轴的夹角 $\varphi = 15°$，已知 $F = 30$ kN，梁的许用应力 $[\sigma] = 160$ MPa。试校核此梁的强度。

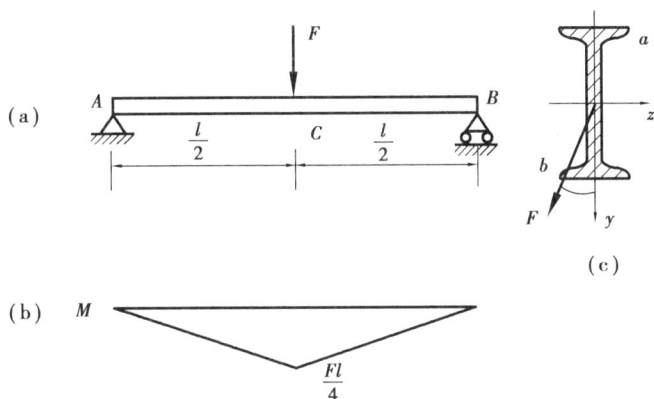

图 5.37　例 5.19 图

解：由梁的受力情况可知，这是一个斜弯曲问题。在梁跨中点 C 处的横截面有 $M_{\max}$ 为危险截面。作梁的弯矩图如图 5.37(b)所示。

$$M_{\max} = \frac{Fl}{4} = 30 \text{ kN} \cdot \text{m}$$

在 xz 和 xy 两平面内的最大弯矩分别为

$$M_{y\max} = M_{\max} \sin \varphi = 30 \sin 15° = 7.76 (\text{kN} \cdot \text{m})$$
$$M_{c\max} = M_{\max} \cos \varphi = 30 \cos 15° = 29 (\text{kN} \cdot \text{m})$$

由于截面上有凸角 a 和 b，即危险点如图 5.37(c)所示，分别作用有最大拉应力和最大压应力。由型钢表可查得 32a 号工字钢的抗弯截面模量为

$$W_y = 70.8 \text{ cm}^3 = 70.8 \times 10^{-6} \text{ m}^3$$
$$W_z = 692 \text{ cm}^3 = 692 \times 10^{-6} \text{ m}^3$$

将 W_y、W_z 代入 $\sigma_{\max} = \dfrac{M_{y\max}}{W_y} + \dfrac{M_{z\max}}{W_z}$，可得危险点的最大应力为

$$\sigma_{\max} = \frac{M_{y\max}}{W_y} + \frac{M_{z\max}}{W_z} = \frac{7.76 \times 10^3}{70.8 \times 10^{-6}} + \frac{29 \times 10^3}{692 \times 10^{-6}} = 151.5 (\text{MPa}) \leqslant [\sigma]$$

故此梁满足强度条件。

进一步讨论：若上例中 $\varphi = 0°$ 时，则梁的最大应力为

$$\sigma_{\max} = \frac{M_{\max}}{W_z} = \frac{30 \times 10^3}{692 \times 10^{-6}} = 43.4(\text{MPa})$$

可见,对于工字型截面梁,只要外力偏离轴一个很小的角度,梁上最大应力就会明显增加,故只要条件允许,应尽量避免斜弯曲出现。

5.11　连接件的计算

在工程设计实践中,为了简化连接件的计算,通常基于连接件破坏的可能性,采用实用计算方法。以螺栓(或铆钉)连接为例如图5.38(a)所示,连接破坏主要有三种可能:螺栓可能在如图5.38(b)所示截面 $m\text{-}m$ 处被剪断;螺栓与钢板接触面因挤压作用导致连接松动;以及钢板在螺栓孔削弱的截面处发生全截面塑性变形。其他类型的连接也存在类似的破坏模式。以下内容将分别阐述剪切和挤压的实用计算方法。

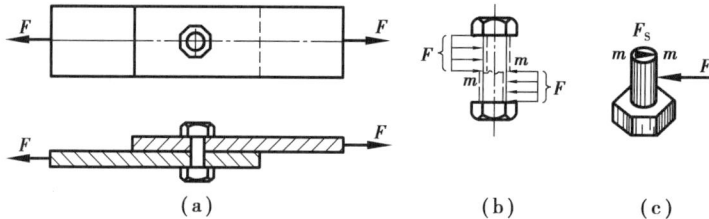

图5.38　螺栓(或铆钉)连接破坏模式示意图

1. 剪切的实用计算

当两块钢板通过螺栓连接并承受拉力 F 时如图5.38(a)所示,螺栓两侧面会受到大小相等、方向相反且作用线间距较小的分布外力如图5.38(b)所示。在这种外力作用下,螺栓会在两侧外力之间,沿与外力作用线平行的截面 $m\text{-}m$ 发生相对滑动,这种变形称为剪切。该发生剪切变形的截面 $m\text{-}m$ 被称作剪切面,剪切面面积记作 A_s。

应用截面法,可得剪切面上的内力,即剪力 F_s 如图5.38(c)所示。在剪切实用计算中,假设剪切面上各点处的切应力相等,于是,得剪切面上的名义切应力为

$$\tau = \frac{F_s}{A_s} \tag{5.41}$$

于是,剪切的强度条件可表示为

$$\tau = \frac{F_s}{A_s} \leqslant [\tau] \tag{5.42}$$

式中,$[\tau]$ 为许用切应力,在确定许用切应力时,根据名义切应力公式(5.41)计算得到的切应力值,实际上代表的是剪切面上的平均切应力,而非精确的理论值。对于低碳钢等塑性材料制造的连接件,在变形较大且接近破坏时,剪切面上的切应力趋于均匀分布。此外,当满足剪切强度条件式(5.42),剪切破坏显然不会发生,从而符合工程实用的需求。对于大多数连接件而言,剪切变形和剪切强度是主要考虑因素。

2. 挤压的实用计算

在如图5.38(a)所示的螺栓连接中,螺栓与钢板接触的侧面会发生局部承压现象,这种现象称为挤压。接触面上的压力称为挤压力,记为 F_{bs}。挤压力可以通过被连接件所受外力,

依据静力平衡条件计算得出。若挤压力过大,可能会导致螺栓压扁或钢板孔缘压皱,进而造成连接松动失效,如图5.39(a)所示。在挤压的实用计算中,名义挤压应力的计算公式为

$$\sigma_{bs} = \frac{F_{bs}}{A_{bs}} \qquad (5.43)$$

其中,F_{bs}为接触面上的挤压力;A_{bs}为计算挤压面面积。在螺栓或铆钉连接中,当接触面为圆柱面时,挤压面面积A_{bs}应取为实际接触面在直径平面上的投影面积,如图5.39(b)所示。理论分析显示,这类圆柱形连接件与钢板孔壁间接触面上的理论挤压应力沿圆柱面的变化如图5.39(c)所示,而根据式(5.43)计算的名义挤压应力接近于接触面中点处的最大理论挤压应

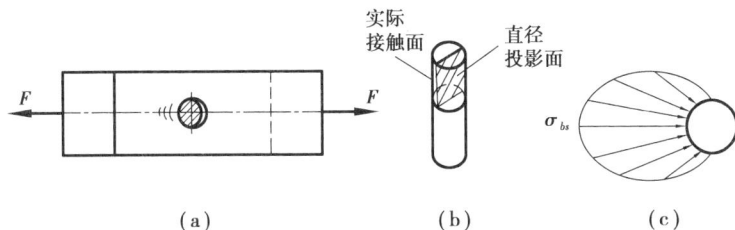

图5.39　挤压实用计算示意图

力值。对于连接件与被连接构件的接触面为平面的情况,如图5.39(b)所示的键连接中,键与轴或轮毂间的接触面,挤压面面积A_{bs}则为实际接触面的面积。

挤压强度条件可表述为

$$\sigma_{bs} = \frac{F_{bs}}{A_{bs}} \leqslant [\sigma_{bs}] \qquad (5.44)$$

式中,$[\sigma_{bs}]$为许用挤压应力,需要注意的是,挤压应力是连接件与被连接件之间相互作用的结果。因此,当涉及不同材料时,应根据许用挤压应力较低的材料来校核挤压强度。

3. 铆钉连接的计算

铆钉连接在建筑结构中被广泛采用。铆接的方式主要有搭接如图5.40(a)所示,单盖板对接如图5.40(b)所示和双盖板对接如图5.40(c)所示三种。搭接和单盖板对接中的铆钉具有一个剪切面(称为单剪),双盖板对接中的铆钉具有两个剪切面(称为双剪),如图5.40所示。

在搭接和单盖板对接连接中,铆钉受力分析表明,铆钉或钢板将发生弯曲变形。在铆钉组连接如图5.41所示的弹性变形阶段,两端铆钉与中间铆钉的受力存在差异。为了简化计算,并基于连接在破坏前会发生塑性变形的考虑,在铆钉组的计算中,我们采用以下假设:

①不论铆接的方式如何,均不考虑弯曲的影响。

②若外力的作用线通过铆钉组横截面的形心,且同一组内各铆钉的材料与直径均相同,则每个铆钉的受力相等。

按照上述假设,即可得每个铆钉的受力F_1为

$$F_1 = \frac{F}{n} \qquad (5.45)$$

在铆钉组中,设n表示铆钉的数量。确定每个铆钉所受的力F_1后,可以根据式(5.42)和式(5.43)分别对其剪切强度和挤压强度进行校核。对于被连接件,由于铆钉孔的削弱作用,其拉伸强度应基于最弱截面(即轴力较大且截面积较小的截面)来评估,在此不考虑应力集中的影响。

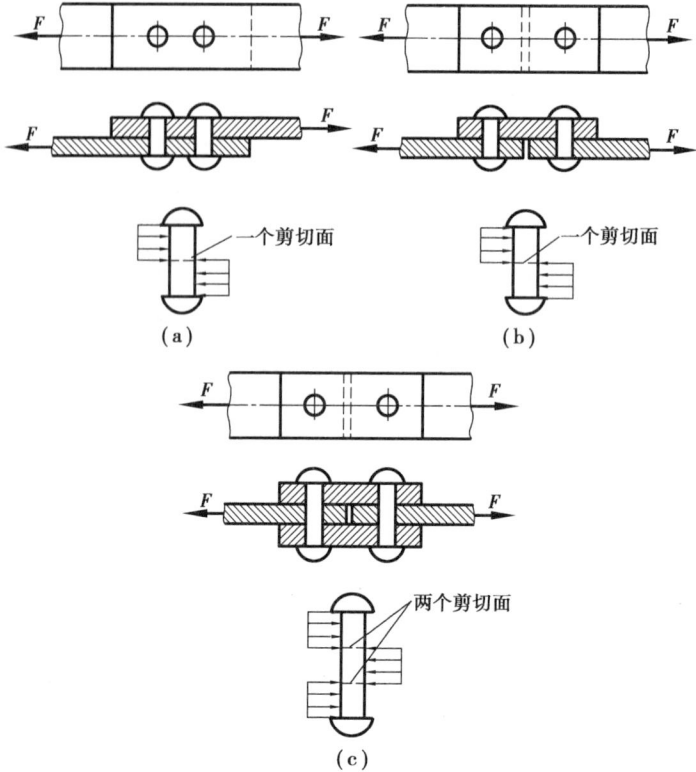

图 5.40　铆钉连接方式示意图

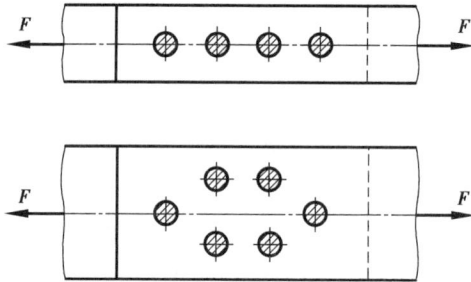

图 5.41　铆钉组连接示意图

对于销钉或螺栓连接的分析计算方法,与铆钉连接相同。在螺栓连接中,通过拧紧螺栓产生预拉应力,并在接触的两层钢板间形成足够的摩擦力以传递荷载,这种连接通常称为高强度螺栓连接。有关高强度螺栓连接的强度计算,可以参考钢结构相关教材进行深入了解。

例 5.20　如图 5.42(a)所示的盖板采用铆钉连接,已知:$F = 80$ kN,$\delta = 10$ mm,$b = 80$ mm,$d = 16$ mm,$[\tau] = 100$ MPa,$[\sigma_{bs}] = 300$ MPa,$[\sigma] = 160$ MPa。校核接头的强度。

解:当各铆钉的材料与直径均相同,外力作用线在铆钉组剪切面上的投影,通过铆钉组横截面形心时,认为各铆钉剪切面上的剪力相等,则有 $F_s = F/4$,如图 5.42(a)所示。

铆钉剪切强度校核

$$\tau = \frac{4F_s}{\pi d^2} = \frac{F}{\pi d^2} = 99.5 \text{ MPa} < [\tau]$$

铆钉挤压强度校核

$$\sigma_{bs} = \frac{F_{bs}}{\delta d} = \frac{\dfrac{F}{4}}{\delta d} = 125 \text{ MPa} < \lfloor \sigma_{bs} \rfloor$$

盖板的轴力图如图 5.42(c)所示,1—1 截面轴力最大,2—2 截面面积最小,都有可能是危险截面,分别进行拉伸强度校核

$$\sigma_1 = \frac{F_{N1}}{A_1} = \frac{F}{(b - d)\delta} = 125 \text{ MPa} < [\sigma]$$

$$\sigma_2 = \frac{F_{N2}}{A_2} = \frac{3F}{4(b - 2d)\delta} = 125 \text{ MPa} < [\sigma]$$

因此接头的强度满足要求,连接是安全的。

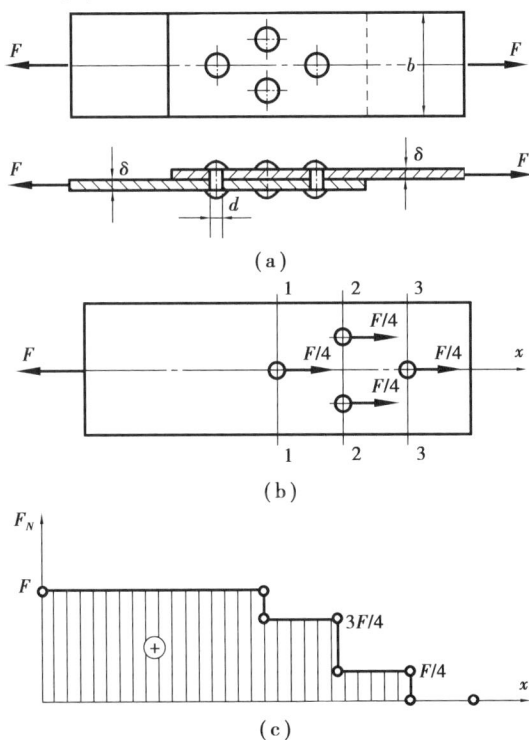

图 5.42　例 5.20 图

4. 榫齿连接计算

榫齿连接有平齿、单齿和双齿连接三种,分别如图 5.43(a)、(b)和(c)所示。

榫接处木材的压缩强度条件为

$$\sigma_c = \frac{F_N}{A_c} \leqslant [\sigma_c]_\alpha \tag{5.46}$$

式中,F_N 为承压面的压力;A_c 为齿的承压面面积;$[\sigma_c]_\alpha$ 为木材的斜纹许用压应力,其中下标 α 为压力 F 与木纹间的夹角。

榫接处木材的剪切强度条件为

$$\tau = \frac{F_s}{A_s} \leqslant K_s[\tau] \tag{5.47}$$

式中,F_s 为剪切面上的剪力,A_s 为剪切面的面积,$[\tau]$ 为木材的顺纹许用切应力,K_s 为考虑沿剪切面长度切应力分布不均匀的降低因数,其值可按表 5.3 选用。

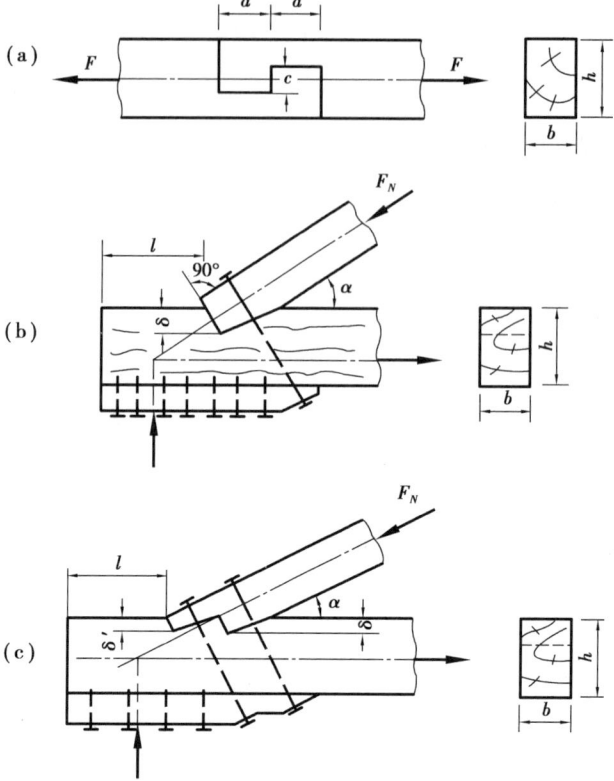

图 5.43　榫齿连接示意图

表 5.3　降低因数 K_s

l/δ		4.5	5.0	6.0	7.0	8.0	10
K_s	单齿	1.0	0.95	0.9	0.85	0.8	0.75
	双齿	—	—	1.0	0.95	0.9	0.85

例 5.21　矩形截面木拉杆的榫接头如图 5.44 所示。已知轴向拉力 $F=50$ kN,截面宽度 $b=250$ mm,木材的顺纹许用挤压应力 $[\sigma_{bs}]=10$ MPa,顺纹许用切应力 $[\tau]=1$ MPa。试求接头处所需的尺寸为 l 和 a。

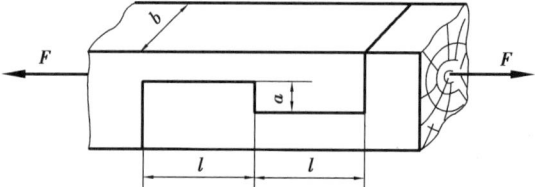

图 5.44　矩形截面木拉杆的榫接头受力图

解:①剪切强度条件。

$$\tau = \frac{F_s}{A_s} = \frac{F}{bl} = \frac{50 \times 10^3}{250 \times 10^{-3} l} \leqslant [\tau] = 1 \times 10^6$$

得 $l \geqslant 0.2$ m。

②挤压强度条件。

$$\sigma_{bs} = \frac{F_{bs}}{A_{bs}} = \frac{F}{ab} = \frac{50 \times 10^3}{250 \times 10^{-3} a} \leqslant \left[\sigma_{bs} \right] = 10 \times 10^6$$

得 $a \geqslant 0.02$ m。

综上可知,接头处所需尺寸为 $[l] = 0.2$ m, $[a] = 0.02$ m。

习题 A

5.1　(判断题)两根材料、长度 l 都相同的等直柱,一根的横截面面积为 A_1,另一根为 A_2, 且 $A_2 > A_1$。如习题 5.1 图所示,两杆均受自重作用。这两杆的最大压应力相等,最大压缩变形 也相等。(　　)

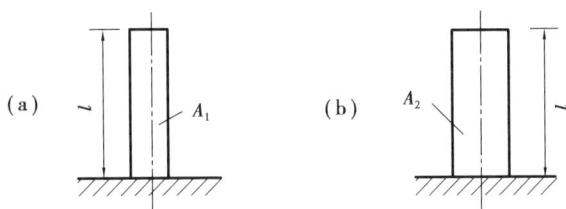

习题 5.1 图

5.2　(填空题)如习题 5.2 图所示,两个微元体受力变形后如虚线所示,图(a)、(b)所示 微元体的切应变分别是 $\gamma(a) = $ _____; $\gamma(b) = $ _____。

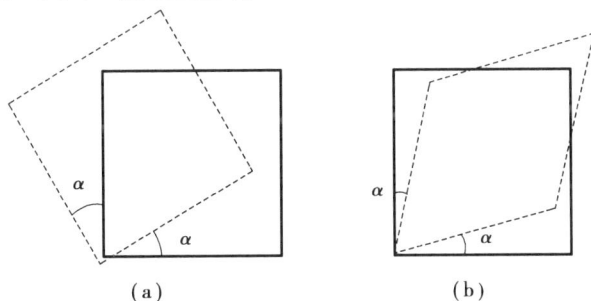

习题 5.2 图

5.3　如习题 5.3 图所示,拉杆的外表面上有一斜线,当拉杆变形时,斜线将(　　)。
（A）平动　　　　　（B）转动　　　　　（C）不动　　　　　（D）平动加转动

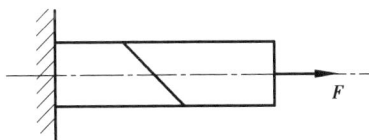

习题 5.3 图

5.4　应用静力学中"力的等效原理"将作用在梁上的分布荷载化为集中荷载时,正确答 案是(　　)。
（A）不会改变梁的内力　　　　　　　　（B）不会改变梁的支座反力
（C）不会改变梁的变形　　　　　　　　（D）不会改变梁的位移

习题 B

5.5 如习题 5.5 图所示,已知圆形截面杆各段横截面积为 $A_1 = 125\ \text{mm}^2$, $A_2 = 60\ \text{mm}^2$, $A_3 = 50\ \text{mm}^2$,各段长度为 $l_1 = 1\ \text{m}$, $l_2 = 1.5\ \text{m}$, $l_3 = 2\ \text{m}$,作用力 $P_1 = 4\ \text{kN}$, $P_2 = 2\ \text{kN}$, $P_3 = 0.5\ \text{kN}$,弹性模量 $E = 200\ \text{GPa}$。求:(1)杆的最大伸长线应变;(2)杆的总伸长。

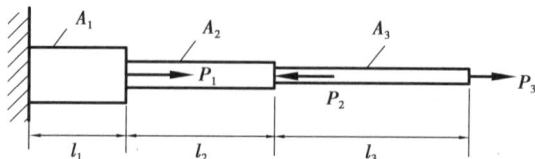

习题 5.5 图

5.6 如习题 5.6 图所示,圆截面锥形杆两端有轴向荷载 P,已知两端截面的直径分别为 d 和 D,材料的弹性模量为 E。试求该杆的总伸长。

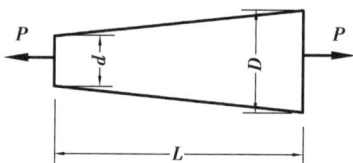

习题 5.6 图

5.7 如习题 5.7 图所示,刚性梁 $ABCD$,在 BD 两点用钢丝悬挂,钢丝绕进定滑轮 G 和 F,钢丝弹性模量 $E = 200\ \text{GPa}$,横截面面积 $A = 120\ \text{mm}^2$,在 C 点处受到荷载 $F = 20\ \text{kN}$ 的作用,不计钢丝和滑轮的摩擦,求 C 点的铅垂位移。

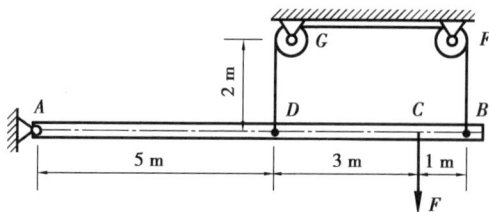

习题 5.7 图

5.8 如习题 5.8 图所示,等截面传动轴的转速为 400 r/min,主动轮 A 输入功率 328 kW,从动轮 B 和 C 分别输出功率 147 kW 和 181 kW。已知许用切应力 $[\tau] = 70\ \text{MPa}$,许用单位长度扭转角 $[\theta] = 1\ °/\text{m}$,材料的剪切弹性模量 $G = 80\ \text{GPa}$。求:(1)设计传动轴的直径;(2)提出一个提高传动轴承载能力的方法,并简述其理由。

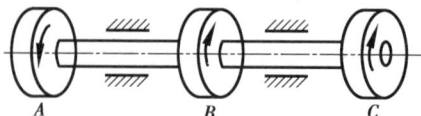

习题 5.8 图

5.9 外伸梁如习题 5.9 图所示,求 A、B、C、D 截面处的位移。EI = 常量。

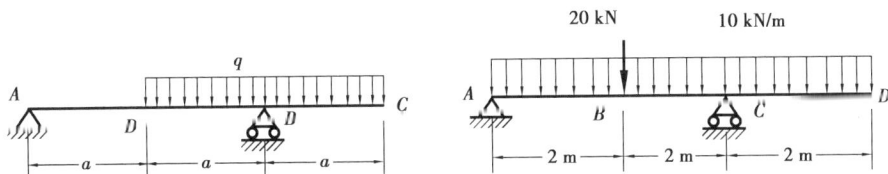

习题 5.9 图

5.10 简支梁受荷载如习题 5.10 图所示,试求 θ_A、θ_B 和 ω_{max}。

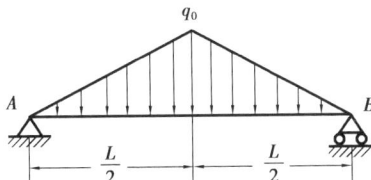

习题 5.10 图

5.11 用叠加法求如习题 5.11 图所示梁截面 B 的挠度与转角。EI 为已知常数。

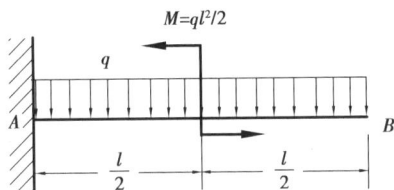

习题 5.11 图

5.12 如习题 5.12 图所示,在拉力 P 作用下的螺栓,已知材料的剪切许用应力 $[\tau]$ 是拉伸许用应力 $[\sigma]$ 的 0.6 倍,求螺栓直径 d 和螺栓头高度 h 的合理比值。

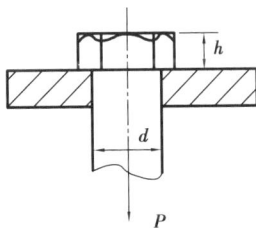

习题 5.12 图

习题 C

5.13 求如习题 5.3 图所示,变截面梁的最大挠度和最大转角(提示:图中梁对跨度中点对称,可利用梁的对称性只分析梁的二分之一)。

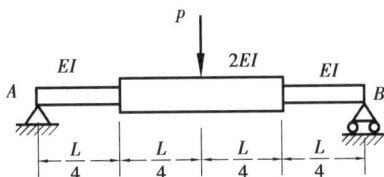

习题 5.13 图

5.14 由两根横截面均为正方形($a \times a$)的杆件所组成的简单结构,受力如习题 5.14 图所示。已知 $a = 51$ mm,$F_P = 2.20$ kN,$E = 200$ GPa。用叠加法求点 E 的挠度。

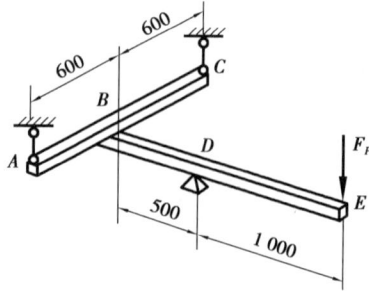

习题 5.14 图(单位:mm)

5.15 如习题 5.15 图所示,梁的右端 B 点由拉杆吊起。已知梁的截面为 $200 \times 200 \text{ mm}^2$ 正方形,其弹性模量 $E_1 = 10 \text{ GPa}$。拉杆的横截面面积为 $A = 2\,500 \text{ mm}^2$,弹性模量 $E_2 = 200 \text{ GPa}$。求 AB 梁中间截面的垂直位移。

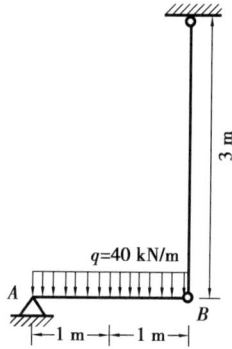

习题 5.15 图

5.16 如习题 5.16 图所示,重为 W 的直梁放置在水平刚性平面上,受力后未提起部分仍与平面密合,梁的 EI 为已知。试求提起部分的长度 a。

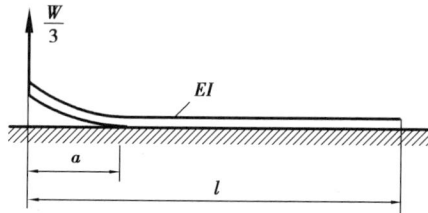

习题 5.16 图

5.17 已知蒸汽汽缸的内径 $D = 350 \text{ mm}$,连接汽缸和汽缸盖的螺栓直径 $d = 20 \text{ mm}$。如汽缸内的工作压力 $p = 1 \text{ MPa}$,螺栓材料的许用应力 $[\sigma] = 40 \text{ MPa}$,试求所需的螺栓的个数 n。

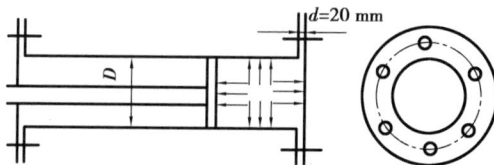

习题 5.17 图

第 6 章
超静定结构

6.1 静定和超静定的概念

前面章节,我们学习了构件或杆系在轴向拉压、扭转、弯曲变形时的内力计算,它们都属于静定结构。在本章,我们要分析超静定结构,要弄清楚两者的关系和区别,首先我们引入一个概念——自由度,自由度是指完整地描述一个力学系统的运动所需要的独立变量的个数。一个平面运动的自由质点,需要两个独立的坐标 x、y 来确定,因此这个质点有两个自由度,如图 6.1(a)所示,要使这个自由质点处于静止(或平衡)状态,则至少需要两个约束,如图 6.1(b)所示,对 A 点进行受力分析,A 点为平面汇交力系,如图 6.1(b)所示,两个未知量,可列静力平衡方程求出所有未知量;如果是空间运动的自由质点,则需要 3 个独立坐标 x、y、z 来确定,因此该自由质点有 3 个自由度,图 6.1(c)所示,要使空间运动的自由质点处于静止(或平衡)状态,则至少需要 3 个约束,如图 6.1(d)所示,对 A 点进行受力分析,如图 6.1(d)所示,A 点为空间汇交力系,3 个未知量,可列静力平衡方程求出所有未知量。

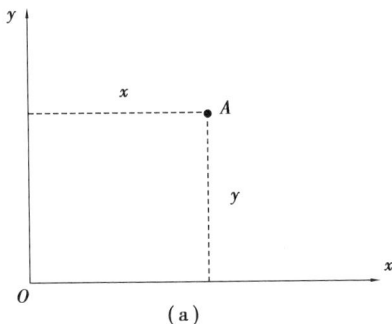

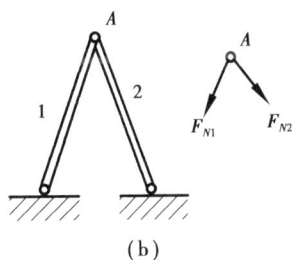

（c）

（d）

（e）

（f）

（g）

（h）

（i）

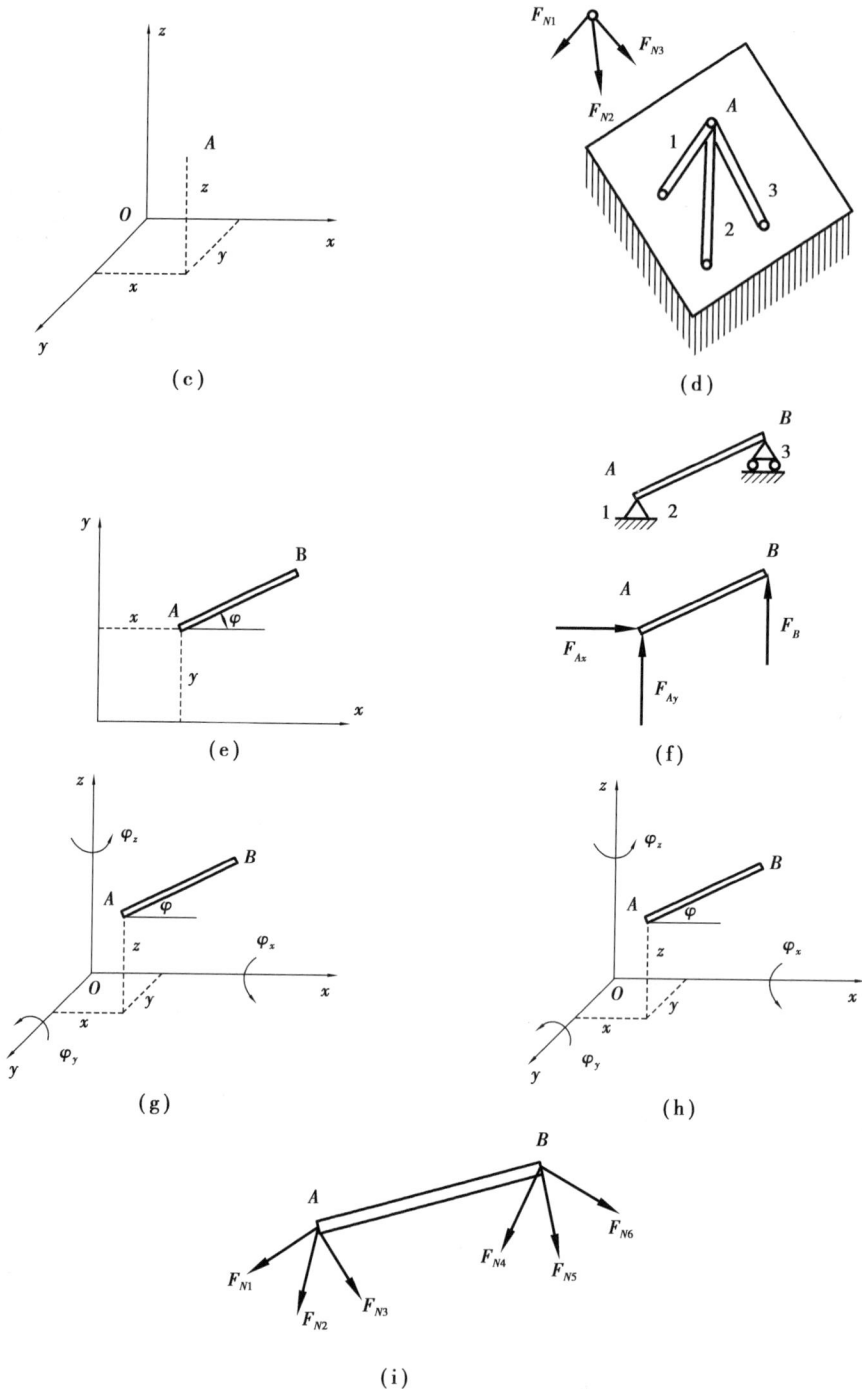

图 6.1　平面与空间运动自由度及约束示意图

　　一个平面运动的自由刚体(质点系)，需要 3 个独立坐标 x、y、φ 来确定，因此该自由刚体(质点系)有 3 个自由度，如图 6.1(e)所示，要使平面运动的自由刚体(质点系)处于静止(或平衡)状态，则至少需要 3 个约束，如图 6.1(f)所示，对 AB 杆进行受力分析，如图 6.1(f)所示，为平面一般力系，3 个未知量，可列静力平衡方程求出所有未知量；如果是空间运动的自由刚体，需要 6 个独立坐标 x、y、z 以及对 3 根坐标轴的转角 φ_x、φ_y、φ_z 来确定，因此该刚体有 6

个自由度,如图 6.1(g)所示,要使空间运动的刚体处于静止(或平衡)状态,则至少需要 6 个约束,如图 6.1(h)所示,对 *AB* 杆进行受力分析,为空间一般力系,如图 6.1(i)所示,6 个未知量,可列静力平衡方程求出所有未知量。

也就是说,给质点或刚体加上和自由度一样多的有效约束,就可以让运动的自由质点或自由刚体刚好处于静止(或者平衡)状态,这些约束的个数就是让质点或刚体处于静止(或者平衡)状态的最少约束,质点或刚体在最少约束的作用下保持平衡,所有的约束力都可以通过静力平衡方程求解,这类问题称为静定问题。

与静定结构对应的就是超静定结构,所谓的超静定结构,就是在静定结构的基础之上增加 1 个或多个约束得到的结构,由于增加了约束,因此该结构的所有约束力无法完全由静力平衡方程求出,这类问题称为超静定结构。由于超静定结构比静定结构的约束数量要多,因此超静定结构的内力分布更均匀、整体性更好,结构的抗力、抗变形性能更好。另外,超静定结构中一旦有某个多余约束失效,结构仍然保持平衡状态;而静定结构中一旦有某个约束失效,整个结构就会变成机构,非常危险,这就是工程中绝大多数结构都是采用超静定结构的原因。

在超静定问题中,对于维持结构平衡而多增设的约束称为多余约束,而多余约束相应的约束力称为多余约束力。由于有多余约束力的存在,未知力的数目超过独立平衡方程数目,我们把未知力数目减去独立平衡方程数目,得到的数目称为超静定次数,也就是超静定次数和多余约束力的数目相等。

6.2　超静定结构的解法

超静定结构由于有多余约束力的存在,未知力个数超过独立的平衡方程个数,因此,除了静力平衡方程外,还要寻找补充条件,建立补充方程。由于有多余约束力的存在,我们可以在多余约束处寻找结构的变形协调条件,从而建立结构在多余约束处的变形协调方程,代入物理关系,即可得补充方程,解多余约束力。一般地,超静定结构有多少个多余约束,就能列多少个变形协调条件。超静定结构解法具体如下:

1.对结构进行受力分析,判断结构是否为超静定结构

对于给定的题目,先判断是静定问题还是超静定问题,若为静定问题,如图 6.2(a)所示,直接列方程求解;若为超静定问题,如图 6.2(b)所示,判断超静定次数,明确补充方程个数。

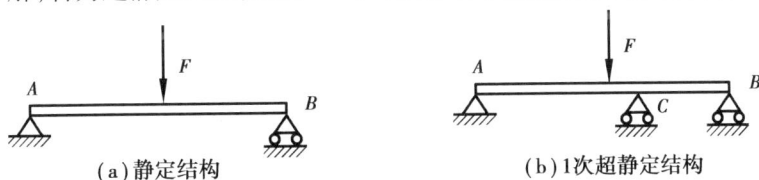

(a)静定结构　　　　　　　　　　(b)1次超静定结构

图 6.2　静定结构与 1 次超静定结构

2.建立超静定结构的相当系统

将超静定结构在多余约束处将多余约束解除,用以约束对应的多余约束力来代替,从而得到一个包含多余约束力的静定结构,该静定结构称为原超静定结构的相当系统(或基本静定系)。特别说明,静定结构增加约束得到的超静定结构是唯一的,但是,超静定结构解除

约束得到的相当系统不唯一,但必须保证所选取的相当基本静定系或相当系统是平衡的,不能是机构。就以图 6.2(b)为例,可以把 C 点的约束当成多余约束,用约束力来代替,得到的相当系统如图 6.3(a)所示;也可以把 B 点的约束当成多余约束,用约束力来代替,得到的相当系统如图 6.3(b)所示;但是不能把 A 点的水平约束看成多余约束,否则相当系统为机构,无法计算,如图 6.3(c)所示。

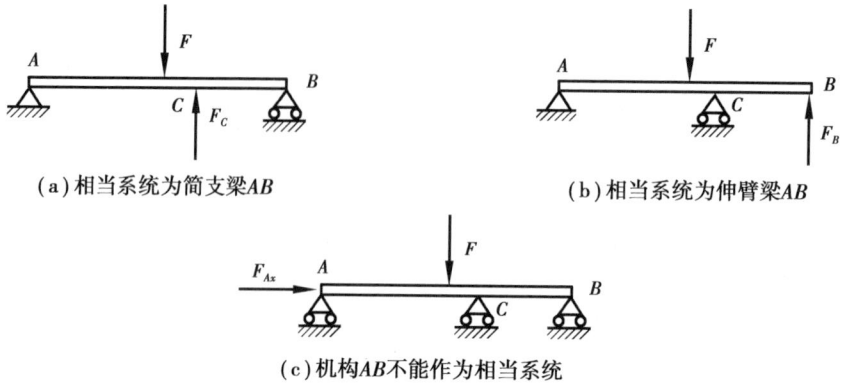

(a)相当系统为简支梁 AB　　　　　　　(b)相当系统为伸臂梁 AB

(c)机构 AB 不能作为相当系统

图 6.3　相当系统示意图

3. 寻找变形协调条件,建立补充方程

在超静定问题中的变形关系,一般是在相当系统的基本静定系或多余约束处建立,多余约束处的变形要等于原超静定结构在该处的变形,从而建立变形协调条件,再将力和位移的物理关系带入变形协调条件,即可得到补充方程。

在建立变形协调条件时,结构的变形可采用积分法、叠加法、能量法等方法来计算,优先选择最便利的计算方法。

4. 静力平衡方程和补充方程联立求解

补充方程确定之后,与之前所列的静力平衡方程联立求解,多余未知力即可求出,此时超静定问题转化为静定问题,后续一系列的问题(内力、应力、变形问题)均可按静定结构方法进行计算。

6.3　超静定结构问题计算

前面已经讲述了超静定结构的解法,接下来讲超静定实例的计算。本节主要根据构件基本变形顺序来讲述超静定问题的计算。

1. 超静定轴向拉(压)杆

例 6.1　如图 6.4 所示杆系,在 1、2 杆上吊一重物 G,两杆所受的力只要静力平衡即可求出,但为了提高结构强度和刚度,可在结构中间加一杆,如图 6.5(a)所示。设 1、2 两杆的材料、长度、横截面面积均相同,$l_1 = l_2$,$A_1 = A_2$,$E_1 = E_2$,第 3 杆的长度为 l_3,横截面面积为 A_3,弹性模量为 E_3,1、2 两杆与 3 杆的夹角为 α,试求 3 杆的轴力。

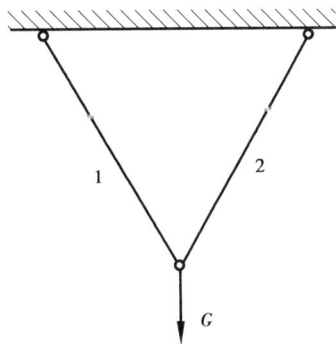

图 6.4　静定结构杆系

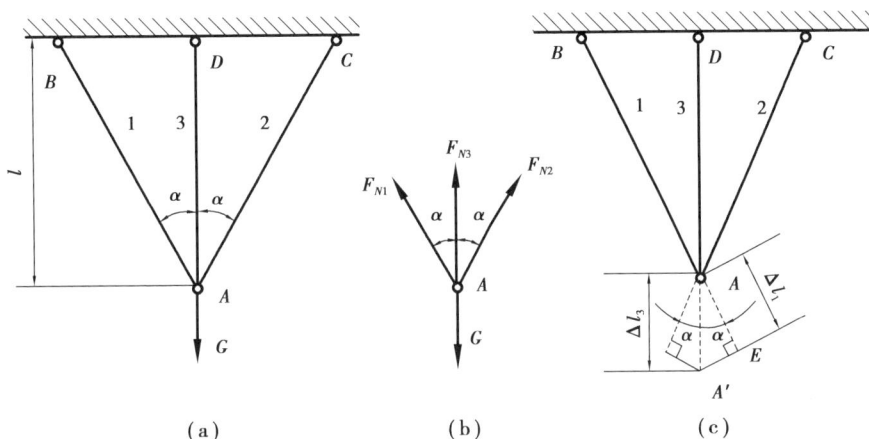

（a）　　　　　　　　　　（b）　　　　　　　　　　（c）

图 6.5　超静定结构杆系受力分析示意图

解：取 A 节点进行受力分析，如图 6.5（b）所示，可知这是一次超静定问题。设三杆轴力分为 F_{N1}、F_{N2}、F_{N3}。

①静力平衡方程。

$$\sum F_x = 0, F_{N1} \sin \alpha - F_{N2} \sin \alpha = 0 \qquad (6.1)$$

$$\sum F_y = 0, F_{N3} + F_{N1} \cos \alpha + F_{N2} \cos \alpha - G = 0 \qquad (6.2)$$

由于有 3 个未知数，必须根据三杆变形的变形协调关系建立补充方程。

②寻找变形协调关系，建立补充方程。

由图 6.5（c）所示，三杆受力后，由于 1、2 杆形状、长度、拉（压）刚度对称，故 A 点必沿着铅垂方向下降，并且三杆最终铰接在一起。A 点由于三杆伸长，位置由 A 点沿铅直方向变到 A' 点，则 3 杆伸长了 $\overline{AA'}$ 即为 Δl_3，1、2 杆的伸长量可按下述方法来求：过 A' 点做 AB 的垂线 $A'E$，由于构件的变形比原有几何尺寸小得多，故称为小变形，在小变形作用下构件变形可以以直代曲，简化计算过程，精度也是满足要求的，所以 $A'E$ 可以代替以 B 点为圆心、BE 为半径所画的圆弧，这样，AE 即为 1 杆的伸长量 Δl_1。同理，亦可找出 2 杆的伸长量 Δl_2。于是有下列的变形协调方程

$$\Delta l_1 = \Delta l_2 = \Delta l_3 \cos \alpha \qquad (6.3)$$

由于，杆的伸长与轴力间存在着物理关系，即满足胡克定律

则有：
$$\Delta l_1 = \Delta l_2 = \frac{F_{N1} l_3}{E_1 A_1 \cos \alpha}, \Delta l_3 = \frac{F_{N3} l_3}{E_3 A_3} \tag{6.4}$$

将式(6.4)代入式(6.3)，可得补充方程

$$\frac{F_{N1} l_3}{E_1 A_1 \cos \alpha} = \frac{F_{N3} l_3}{E_3 A_3} \cos \alpha \tag{6.5}$$

将式(6.1)、式(6.2)和式(6.5)联立求解，得到三杆轴力

$$F_{N1} = F_{N2} = \frac{G}{2 \cos \alpha + \dfrac{E_3 A_3}{E_1 A_1 \cos^2 \alpha}}$$

$$F_{N3} = \frac{G}{1 + 2 \dfrac{E_1 A_1}{E_3 A_3} \cos^3 \alpha}$$

若所得结果为正，说明与原先假设三杆轴力方向一致；若所得结果为负，则说明与原先假设方向相反。由上式结果表明，在超静定杆系问题中，各杆的轴力与该杆本身的刚度和整个结构的刚度之比有关。另外，在此例题中，由于 1 和 2 杆的变形是对称的，故 A 点位移为铅直方向。若 1 和 2 杆拉压刚度不等，如 $E_1 A_1 \neq E_2 A_2$，则 A 点发生倾斜位移。这时的变形协调关系较复杂一些，但方法相同。

例 6.2 如图 6.6(a) 所示一平行杆系 1、2、3 悬吊着刚性横梁 AB，在 AB 上作用荷载 G，三杆的横截面面积、长度、弹性模量均相同，即分别为 A、l、E。试求 1、2、3 杆的轴力。

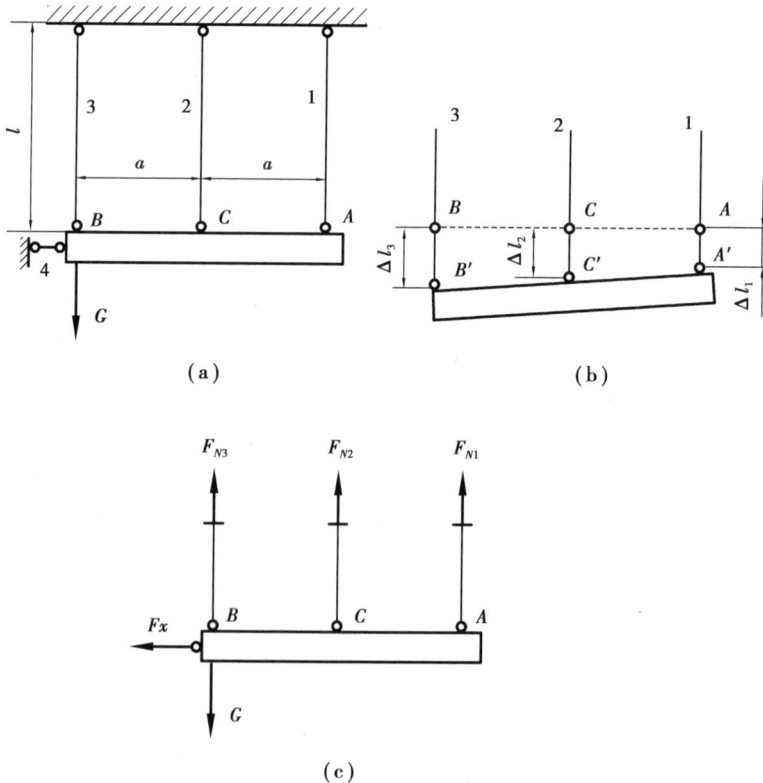

(a)　　　　　　　　　　(b)

(c)

图 6.6　平行杆系悬吊刚性横梁示意图

解:设在 G 作用下,横梁 AB 移到了 $A'B'$ 位置,如图 6.6(b) 所示,则杆 1、2、3 的伸长量分别为 Δl_1、Δl_2、Δl_3。取刚性横梁 AB 为研究对象,在横梁上作用有荷载 G,拉力 F_{N1}、F_{N2}、F_{N3} 及 F_x,如图 6.6(c) 所示。

①平衡方程。

$$\sum F_x = 0, F_x = 0 \tag{6.6}$$

$$\sum F_y = 0, F_{N1} + F_{N2} + F_{N3} - G = 0 \tag{6.7}$$

$$\sum M_B = 0, F_{N1} \cdot 2a + F_{N2}a = 0 \tag{6.8}$$

②变形协调关系。

由图 6.6(b) 可明显看出

$$\Delta l_1 + \Delta l_3 = 2\Delta l_2 \tag{6.9}$$

③物理方程。

$$\left. \begin{aligned} \Delta l_1 &= \frac{F_{N1}l}{EA} \\ \Delta l_2 &= \frac{F_{N2}l}{EA} \\ \Delta l_3 &= \frac{F_{N2}l}{EA} \end{aligned} \right\} \tag{6.10}$$

将式(6.10)代入式(6.9),然后与式(6.7)和式(6.8)联立求解,可得

$$F_{N1} = -\frac{G}{6}$$

$$F_{N2} = \frac{G}{3}$$

$$F_{N3} = \frac{5G}{6}$$

由此例题可以看出:假定各杆是拉力或是压力,要以变形关系图中所反映的杆是伸长还是缩短为依据,两者之间必须一致。经计算,2、3 杆的轴力为正,说明正如变形关系图中所设那样,2、3 杆伸长。而 F_{N1} 为负,说明杆 1 变形与所设相反,实际为压缩。

以上两个例题均为 1 次超静定问题,若在每个题中再增加一个多余约束,如图 6.7(a)、(b)所示,则题目均变为 2 次超静定问题。增加约束后,增加杆件的变形与其他杆件的变形均

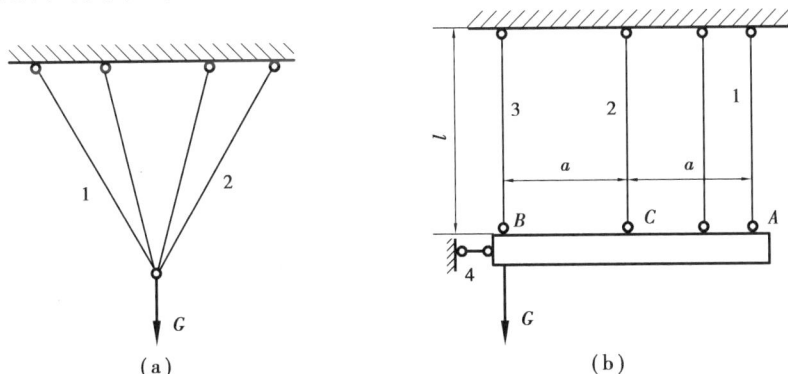

图 6.7   2 次超静定结构

满足变形协调关系,因此在之前的基础之上又可以再建立一个变形协调关系,从而得到补充方程,也就能求解所有的未知力。若结构增加 n 个约束,我们总是可以列出和多余约束数量一致的变形协调关系(n 个变形协调方程),带入物理关系,即可求出全部未知力。

(1)装配应力

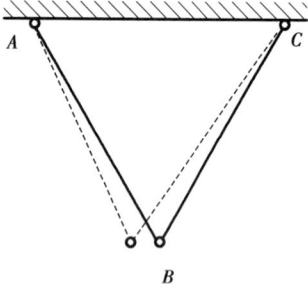

图6.8 静定结构装配示意图

由于杆件在制成后,其尺寸难免有微小的误差。在静定结构中,这种误差只会引起结构的几何形状发生微小的改变,而不会在构件内产生内力。如图6.8所示的例子,AB 杆的长度虽比设计尺寸稍短一些,但静定结构装配之前是机构,此时只要将二杆稍作微小的旋转仍可以装配在一起,如图6.8中虚线所示。但在超静定结构中,情况就大不一样了。例如,在图6.9(a)所示的杆系中,设1、2两杆长度相同,横截面面积及材料也都相同,即 $l_1 = l_2$,$A_1 = A_2$,$E_1 = E_2$。3 杆长度为 l,横截面面积均为 A_3,弹性模量为 E_3。1、2两杆与3杆的夹角为 α。若加工时,3杆的长度比应有的长度 l 短了 δ(δ 与 l 相比,是一个极小的量)。那么,将此杆系强行装配在一起之后[节点为图6.9(a)中的 A' 点],杆3将由于受拉而产生拉应力,而1和2两杆将由于受压而产生压应力。这种由于装配而引起的内力称为装配内力,装配内力相应的应力称为装配应力。装配应力是在施加外荷载前就已经具有了的应力,因而是一种初应力。若设杆1、2所受的压力分别为 F_{N1}、F_{N2},杆3所受的拉力为 F_{N3},作其受力图如图6.9(b)所示。

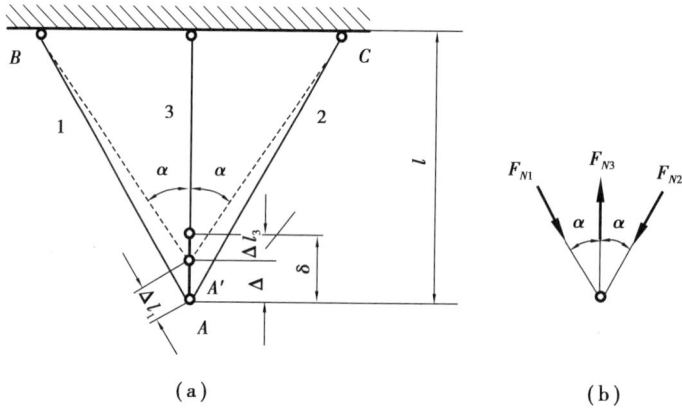

图6.9 超静定结构装配内力示意图

①平衡方程。

$$\sum F_x = 0, F_{N1} \sin \alpha - F_{N2} \sin \alpha = 0 \tag{6.11}$$

$$\sum F_y = 0, F_{N3} - F_{N1} \cos \alpha - F_{N2} \cos \alpha = 0 \tag{6.12}$$

②变形协调条件。

由于3根杆的变形并不孤立,它们之间必须保持一定的互相协调的几何关系。从图6.9(a)不难看出

$$\Delta l_3 + \Delta = \delta \tag{6.13}$$

式中,Δl_3 代表杆3的伸长量,Δ 代表装配后 A 点的位移。此时,杆1和杆2的缩短量 $\Delta l_1 =$

$\Delta \cos \alpha$,故可得 Δ 值的大小为

$$\Delta_1 = \frac{\Delta l_1}{\cos \alpha}$$

将 Δ 值代入式(6.13)。而得变形的协调方程

$$\Delta l_3 + \frac{\Delta l_1}{\cos \alpha} = \delta \tag{6.14}$$

③物理关系。

另外,杆的伸长或缩短与轴力间存在着物理关系,即满足胡克定律

$$\left.\begin{aligned} \Delta l_1 &= \frac{F_{N1} \dfrac{1}{\cos \alpha}}{E_1 A_1} \\ \Delta l_3 &= \frac{F_{N3} l}{E_3 A_3} \end{aligned}\right\} \tag{6.15}$$

再注意:在计算 Δl_3 时,杆 3 的原长为 $l-\delta$,但 $\delta \ll l$,故计算 Δl_3 时,是可以将 l 代替 $l-\delta$ 的。现将式(6.15)代入式(6.14),即可得补充方程

$$\frac{F_{N3} l}{E_3 A_3} + \frac{F_{N1} l}{E_1 A_1 \cos^2 \alpha} = \delta \tag{6.16}$$

再将式(6.11)、式(6.12)和式(6.16)联立求解,得

$$F_{N1} = F_{N2} = \frac{F_{N3}}{2 \cos \alpha}$$

$$F_{N3} = \frac{\delta E_3 A_3}{l \left(1 + \dfrac{E_3 A_3}{2 E_1 A_1 \cos^3 \alpha}\right)}$$

若将 F_{N1}、F_{N2} 和 F_{N3} 的值分别除以各自的截面面积,即可得到三杆的装配应力。

若三杆的材料、截面面积都相同。$\delta/l = 1/1\,000$,弹性模量 $E = 200$ GPa,角 $\alpha = 30°$,可以计算出 $\sigma_1 = \sigma_2 = 65.3$ MPa(压),$\sigma_3 = 112.9$ MPa(拉)。

从以上计算中可以看出,制造误差 δ/l 虽很小,但装配后仍要引起相当大的初应力。如果杆 3 再承受外荷载的拉力,则其应力是初应力与工作时外荷载引起的应力叠加。因此,装配应力的存在对于结构往往是不利的,工程中要求制造时保证足够的加工精度,来降低有害的装配应力。但是我们也可以利用装配应力,来增强结构性能,例如机构上的紧配合、结构上的预应力就是根据需要有意识地使其产生适当的装配应力。

(2)温度应力

在工程实际中,结构或其部分杆件往往会遇到温度变化(工作条件中温度的改变或季节的更替等),根据材料的特性,工程中的杆件就会发生膨胀或者缩短。对于静定结构,由于杆件能自由变形,因此,整个结构在温度变化作用下不会在杆内产生内力及与之相应的应力。但在超静定结构中,由于具有多余对变形的限制,**这种由于温度变化而产生的内力称为温度内力,与内力相应的应力称为温度应力**(或热应力)。温度应力的计算方法与超静定问题的解法相似,不同之处只在于杆的变形包含了弹性变形和温度变形两部分。

如图 6.10(a)所示,AB 为一装在两个刚性支承间的杆件。设杆 AB 长为 l。横截面面积

为 A,其线膨胀系数为 α。

当温度升高 ΔT 以后,杆将伸长如图 6.10(b)所示,但因刚性支承的阻挡,使杆不能伸长,这就相当于杆的两端受到了压力。

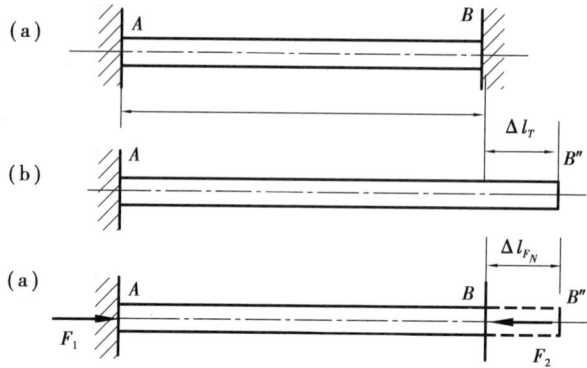

图 6.10　温度升高引起的杆件变形及刚性支承约束示意图

设两端压力为 F_1 和 F_2。

① 平衡方程。

$$F_1 = F_2 = F \tag{6.17}$$

两端压力相等,但 F 未知,为一次超静定问题。

② 变形协调关系。

因为支承为刚性的,故与此约束相适应的变形协调条件是杆的总长度不变,即 $\Delta l = 0$。但杆的变形包括由温度引起的变形和轴向压力引起的变形两部分,故变形几何方程为

$$\Delta l = \Delta l_T - \Delta l_{F_N} = 0 \tag{6.18}$$

式中,Δl_T 表示由温度升高引起的变形,Δl_{F_N} 表示由轴力引起的弹性变形。这两个变形都取其绝对值。

③ 物理关系。

利用线膨胀定律和胡克定律,可得

$$\left.\begin{array}{l} \Delta l_T = \alpha \cdot \Delta T \cdot l \\[2mm] \Delta l_{F_N} = \dfrac{F_N l}{EA} = \dfrac{Fl}{EA} \end{array}\right\} \tag{6.19}$$

将式(6.19)代入式(6.18),可得

$$F = \alpha \cdot E \cdot A \cdot \Delta T \tag{6.20}$$

由此可求得温度应力为

$$\sigma = F/A = \alpha \cdot E \cdot \Delta T \tag{6.21}$$

结果为正,说明假定杆受轴向压力与假设方向一致,故该温度应力是压应力。

若杆的材料是钢,其线膨胀系数 $\alpha = 12.5 \times 10^{-6} 1/℃$,弹性模量 $E = 200 \text{ GPa}$。当温度升高 $\Delta T = 40 ℃$ 时,其杆内温度应力可由式(6.21)算得

$$\sigma = \alpha \cdot E \cdot \Delta T = 12.5 \times 10^{-6} \times 200 \times 10^9 \times 40$$
$$= 100 \text{ MPa}(压应力)$$

由此数值可见温度变化较大时杆的温度应力是相当大的,所以钢轨在装设时必须留有空隙以避免出现过大的温度应力。

2. 超静定自由扭转轴

在前面所研究的扭转问题中,轴的约束力偶矩或轴横截面上的扭矩都可由静力平衡条件求出,属于扭转的静定问题,如图 6.11(a)所示。若轴的 B 端也为固定支承,如图 6.11(b)所示,则其约束力偶矩 M_A、M_B 或横截面上的扭矩仅由静力平衡条件无法确定,这属于扭转超静定问题。解决扭转超静定问题的方法与求解拉压超静定问题相同,除静力学关系外,还需要考虑变形协调关系和物理关系。

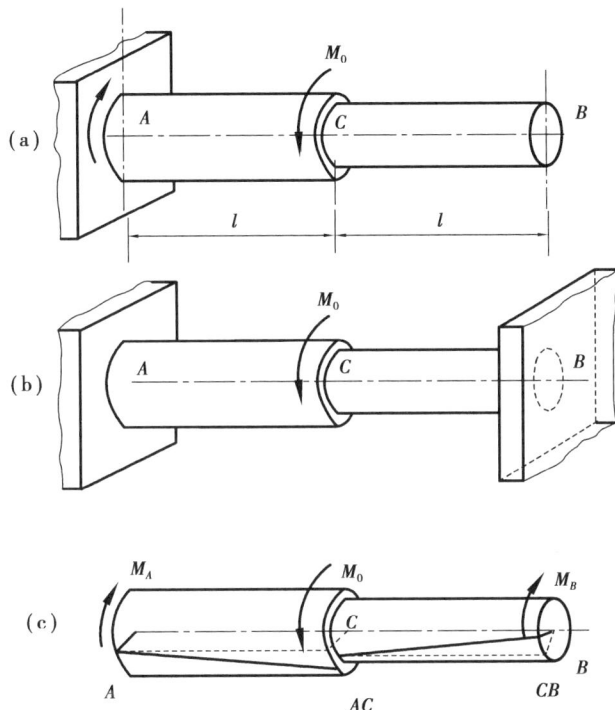

图 6.11　扭转超静定示意图

例 6.3　试求如图 6.11(b)所示圆轴的约束力偶矩 M_A 和 M_B。已知作用在 C 处的外力偶矩 M_0,AC 段及 CB 段的抗扭刚度分别为 $G_1 I_{P1}$ 和 $G_2 I_{P2}$。

解:

①列静力平衡方程。取 AB 轴为研究对象,其受力如图 6.11(c)所示,可列出静力平衡方程

$$\sum M_x = 0, M_0 - M_A - M_B = 0 \tag{6.22}$$

式中有两个未知量 M_A 和 M_B,为一次超静定问题,需要建立一个补充方程。

②建立变形协调关系。

由于轴的两端均为固定端,故截面 A、B 间的相对扭转角为零。即有变形协调方程为

$$\varphi_{AB} = \varphi_{AC} + \varphi_{CB} = 0 \tag{6.23}$$

③建立物理方程。

由图 6.11(c)可知,AC 段及 CB 段扭矩分别为

$$T_{AC} = M_A, T_{CB} = -M_B$$

$$\left.\begin{aligned}\varphi_{AC} &= \frac{T_{AC}l}{G_1 I_{P1}} = \frac{M_A l}{G_1 I_{P1}} \\ \varphi_{CB} &= \frac{T_{CB}l}{G_2 I_{P2}} = \frac{M_B l}{G_2 I_{P2}}\end{aligned}\right\} \tag{6.24}$$

将式(6.24)代入式(6.23),可得补充方程

$$\frac{M_A l}{G_1 I_{P1}} - \frac{M_B l}{G_2 I_{P2}} = 0 \tag{6.25}$$

④求约束力偶矩。

联立式(6.22)和式(6.25),解出

$$M_A = \frac{G_1 I_{P1}}{G_1 I_{P1} + G_2 I_{P2}} M_0, \ M_A = \frac{G_2 I_{P2}}{G_1 I_{P1} + G_2 I_{P2}} M_0$$

从结果可以看出,超静定结构的内力分配是按照相对刚度来进行的,若自身刚度占结构总刚度份额大,则分配到的内力就大;若自身刚度占结构总刚度份额小,则分配到的内力就小。

约束力偶矩确定后,即可求出扭矩图,也可进行强度、刚度计算,后续一系列问题,均可按照静定结构的方法来计算。

3. 超静定平面弯曲梁

以前我们研究的平面弯曲问题都属于静定问题,而弯曲超静定问题是工程实际中最常见的情况。例如,安装在车床卡盘上的工件如果比较细长,切削时就容易产生过大的弯曲变形,影响加工精度。为减小工件的变形,常在工件的一端用尾架上的顶尖顶紧,这就相当于增加了一个辊轴支座,如图6.12所示,称为一次超静定平面弯曲梁。又如,有些固定的单梁吊车,因其长度较大,常用三个或更多的支座支承,如图6.13所示,以增加轴的强度和刚度。这些构件都是超静定平面弯曲梁。

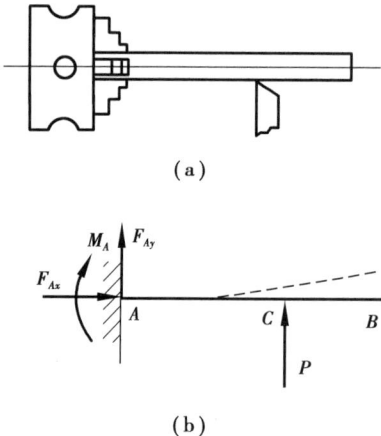

(a)	(a)
(b)	(b)
图6.12 车床切削过程中的简化1次超静定平面弯曲梁示意图	图6.13 单梁吊车简化模型的超静定平面弯曲梁示意图

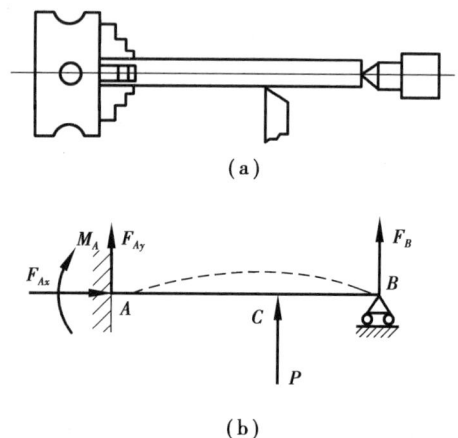

对于超静定平面弯曲梁,可根据前面讲述的方法进行求解。首先,解除多余约束,选择基本静定系,建立相当系统;其次,建立变形协调关系,一般是在多余约束处建立变形关系,相当系统在多余约束处的变形要等于原超静定结构在该处的变形,从而建立变形协调方程;最后,

引入胡克定律,把变形关系变成力的关系,从而得到补充方程,补充方程与静力学方程联立求解,即可求出多余约束力,超静定问题转化为静定问题求解,后续一系列强度和刚度等问题皆可求解。

例 6.4　长度为 l、弯曲刚度为 EI 的半固定梁 AB,受到均布荷载 q 的作用,如图 6.14(a)所示。试求梁 B 点的约束力。

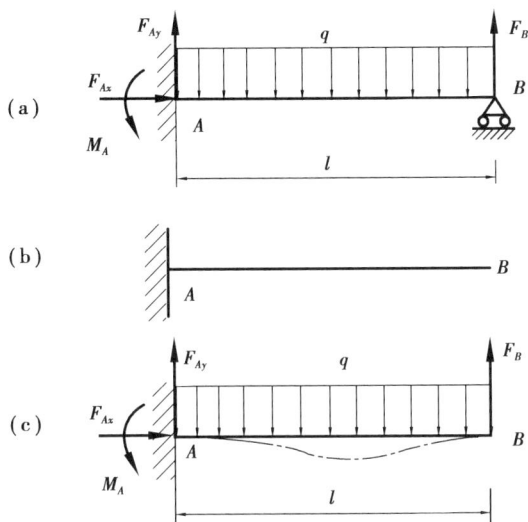

图 6.14　例 6.4 图

解:①选择基本静定系,进行受力分析,可判断该题为一次超静定结构。建立相当系统。题目为 1 次超静定问题,解除 B 点约束,用约束力代替,得到相当系统,如图 6.14(b)所示。

②寻找变形协调关系。

从题目不难看出,相当系统在 B 点的变形等于原超静定结构在该处变形,如图 6.14(c)所示,原超静定结构在 B 点有支座,故原超静定结构在 B 点的挠度是零,从而建立变形协调方程。

$$\omega_B = 0 \tag{6.26}$$

相当系统 B 点的挠度是由均布荷载和 B 点的约束力两部分引起的变形,因此有

$$\omega_B = \omega_{Bq} + \omega_{BF_B} = 0 \tag{6.27}$$

查表可得

$$\omega_{Bq} = \frac{ql^4}{8EI} \tag{6.28}$$

$$\omega_{BF_B} = -\frac{F_B l^3}{3EI} \tag{6.29}$$

将式(6.28)和式(6.29)代入式(6.27),得

$$\omega_B = \frac{ql^4}{8EI} - \frac{F_B l^3}{3EI} = 0 \tag{6.30}$$

式(6.30)即为所需的补充方程。由此解除多余约束力

$$F_B = \frac{3ql}{8}$$

多余约束力求得后,再利用平衡方程求其余的约束力。可得 $F_{Ax} = 0$, $F_{Ay} = \dfrac{5}{8}ql$, $M_A = \dfrac{1}{8}ql^2$,所得结果均为正值,说明各约束力和约束力偶的方向与所设一致。约束力求得后,即可进一步做弯矩图,进行强度或刚度计算,后续的计算跟静定梁的计算一样。

需要注意的是,求解超静定梁时,选择哪个约束为多余约束并不是固定的、唯一的。根据解题方便来选择多余约束,只要保证得到的静定基本系统是平衡的。另外,若选取的多余约束不同,则相应的相当系统和变形条件也不一样。例如,对图 6.15(a)所示的超静定梁,也可选择阻止 A 端转动的约束为多余约束,相应的多余约束力偶 M_A。这时 A 端就剩下阻止其上下或左右移动的约束了,即变成一个固定铰链约束,相应的相当系统为包含一个未知约束力偶 M_A 的简支梁 AB,如图 6.15(b)所示。此时,变形协调关系应该是相当系统在多余约束力偶处的转角,等于原超静定结构在该处的转角,而原超静定结构在该处是固定端约束,因此该处的转角应为零。即

$$\theta_A = 0$$

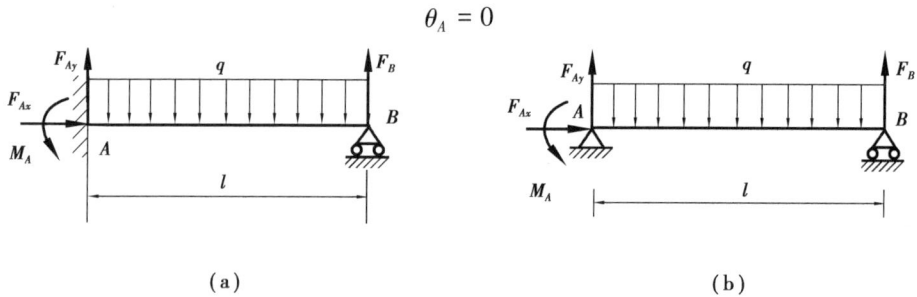

(a)   (b)

图 6.15　超静定梁的不同相当系统示意图

这就是相应的变形条件。由叠加法,这一变形又可写为

$$\theta_A = \theta_{Aq} + \theta_{AM_A} = 0$$

查表可得,因均布荷载 q 和约束力偶 M_A 而引起的 A 端转角分别为

$$\theta_{Aq} = \frac{ql^3}{24EI}, \theta_{AM_A} = -\frac{M_A l}{3EI}$$

带入变形条件后的补充方程为

$$\frac{ql^3}{24EI} - \frac{M_A l}{3EI} = 0$$

由此解得

$$M_A = \frac{ql^2}{8}$$

最后再利用平衡方程求出其余约束力,分别为

$$F_{Ax} = 0, F_{Ay} = \frac{5}{8}ql, F_B = \frac{3}{8}ql$$

结果与前面相同。

4. 超静定平面刚架

如图 6.16(a)所示的平面刚架,其弯曲刚度 EI 为常量。很显然,这是 1 次超静定平面刚架,求约束处的约束力,现以此例说明其解法。

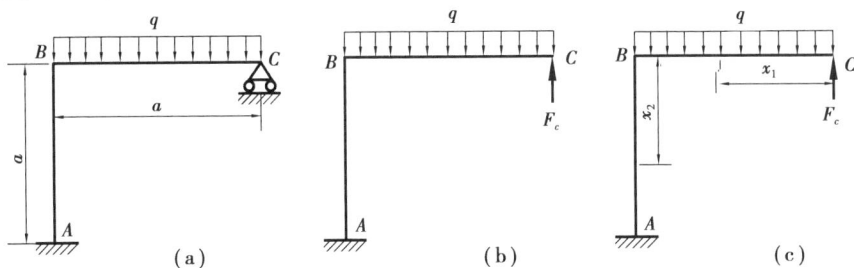

图 6.16　超静定平面刚架

① 首先选定多余约束,建立相当系统。由于 A 为固定端,C 点处为可动铰支座,可取 C 为多余约束,相应的约束力为 F_c。这样便得到了以 F_c 为多余约束的相当系统,如图 6.16(b)所示。

② 建立变形协调条件。根据超静定刚架 C 处的约束情况,刚架在均布荷载 q 和约束力 F_c 的共同作用下引起 C 点的挠度,应该等于原超静定结构在该处的挠度,所以有

$$\omega_C = 0 \tag{6.31}$$

③ 用能量法求 ω_C 如图 6.16(c)所示(参照第 8 章能量法部分)

在 CB 段:$M(x_1) = F_C x_1 - \dfrac{qx_1^2}{2}, \dfrac{\partial M(x_1)}{\partial F_C} = x_1$

在 BA 段:$M(x_2) = F_C \cdot a - \dfrac{qa^2}{2}, \dfrac{\partial M(x_2)}{\partial F_C} = a$

由卡氏第二定理求 ω_C:

$$\omega_C = \int \frac{M(x)}{EI} \cdot \frac{\partial M(x)}{\partial F_C} \cdot \mathrm{d}x$$

$$= \frac{1}{EI}\int_0^a \left(F_C \cdot x_1 - \frac{qx_1^2}{2}\right) \cdot x_1 \mathrm{d}x + \frac{1}{EI}\int_0^a \left(F_C a - \frac{qa^2}{a}\right) \cdot a\mathrm{d}x$$

$$= \frac{4a^3}{3EI}F_C - \frac{5qa^4}{8EI} \tag{6.32}$$

把式(6.32)带入式(6.31),则有

$$\frac{4a^3}{3EI}F_C - \frac{5qa^4}{8EI} = 0$$

可解出 $F_C = \dfrac{15qa}{32}$

然后用平衡方程求出其余约束力

$$F_{Ay} = \frac{17qa}{32}(向上), F_{Ax} = 0, M_A = \frac{qa^2}{32}(逆转)$$

173

习题 A

6.1 （填空题）如习题6.1图所示四种结构的超静定次数分别为：
（a）_____次；（b）_____次；（c）_____次；（d）_____次。

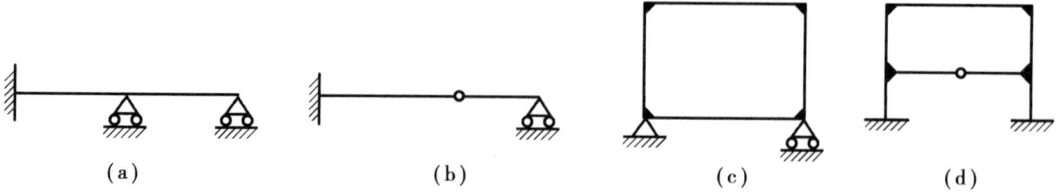

习题6.1图

6.2 如习题6.2图所示两个超静定结构,均选择 CD 杆作为多余约束,切断 CD 杆得到基本静定系,则变形协调条件相同,均为_____。

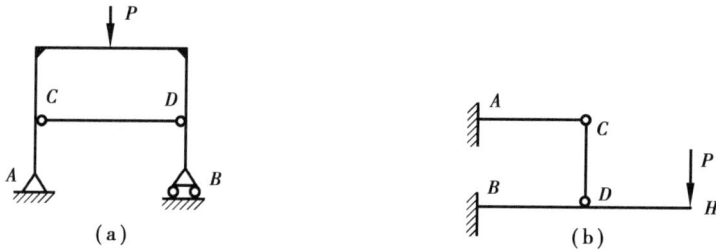

习题6.2图

6.3 如习题6.3图所示三杆结构,欲使杆3的内力减小,应该(　　)。
（A）增大杆3的横截面积
（B）减小杆3的横截面积
（C）减小杆1的横截面积
（D）减小杆2的横截面积

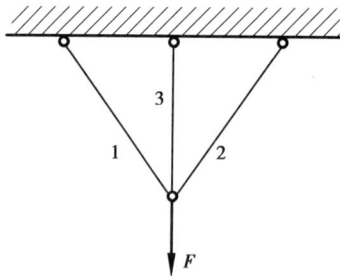

习题6.3图

习题 B

6.4 如习题6.4图所示杆系中各杆的 EA 均相等,求各杆的轴力。

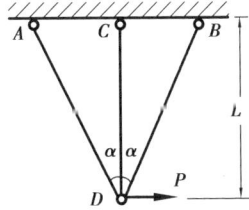

习题 6.4 图

6.5 结构如习题 6.5 图所示,设梁 *AB* 与梁 *CD* 的 *EI* 相等,拉杆 *BC* 的抗拉刚度为 *EA*,求拉杆 *BC* 所受的力。

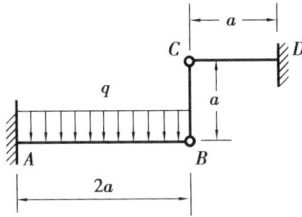

习题 6.5 图

6.6 求习题 6.6 图所示超静定梁的约束反力,已知 *EI* 为常数。

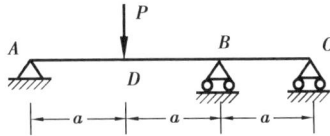

习题 6.6 图

习题 C

6.7 如习题 6.7 图所示为组合柱,由钢和铸铁制成,其横截面是宽为 $2b$、高为 $2b$ 的正方形,钢和铸铁各占一半($b \times 2b$)。荷载 F_P 通过刚性板加到组合柱上。已知钢和铸铁的弹性模量分别为 $E_s = 196$ GPa,$E_i = 98.0$ GPa。今欲使刚性板保持水平位置,求加力点位置 x 的值。

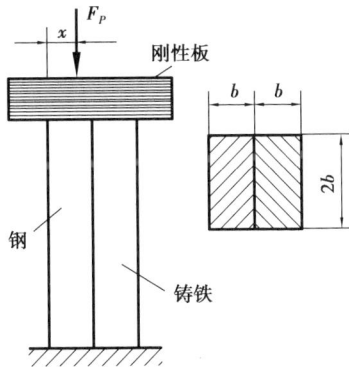

习题 6.7 图

6.8 如习题 6.8 图所示,钢杆 *BE* 和 *CD* 具有相同的直径 $d = 16$ mm,二者均可在刚性杆 *ABC* 中自由滑动,且在端部都有螺距 $h = 2.5$ mm 的单道螺纹,故可用螺母将两杆与刚性杆

ABC 连成一体。当螺母拧至使杆 *ABC* 处于铅垂位置时,杆 *BE* 和 *CD* 中均未产生应力。已知弹性模量 $E = 200$ GPa。求当螺母 *C* 再拧紧一圈时,杆 *CD* 横截面上的正应力以及刚体 *ABC* 上点 *C* 的位移。

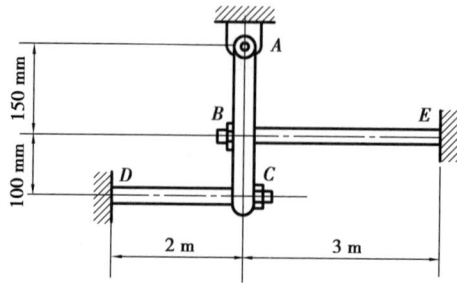

习题 6.8 图

第 **7** 章
压杆稳定

7.1 压杆稳定性的概念

工程中有些构件虽然具有足够的强度、刚度,却不一定能安全可靠地工作。比如,1907年,加拿大圣劳伦斯河魁北克大桥,在架设中跨时,由于悬臂桁架中受压力最大的下弦杆丧失稳定,致使桥梁倒塌,9 000 t 钢铁成废铁,桥上 86 人中伤亡 75 人。

某些杆件承受轴向压力,如活塞连杆机构中的连杆、凸轮机构中的顶杆、支承机械的千斤顶等,人们发现当压力超过一定数值后,在外界扰动下,其直线平衡形式将转变为弯曲平衡形式,从而使杆件或由其组成的机器丧失正常功能,情形严重者,可能会造成生命与财产的重大损失,而该构件当时承受的压力往往是满足强度条件的。又比如,人们将 1 mm×20 mm×300 mm 钢杆立在桌面上,其上施加不到 40 N 压力就被压弯,如图 7.1(a)所示,如果只按[σ]=100 MPa 的强度要求,则满足 $F \leqslant 2\ 000$ N 就是安全的,如图 7.1(b)所示,因此,对于压杆,仅仅考虑强度问题是不够的。

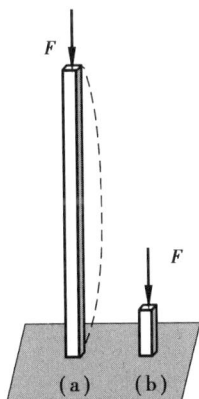

图 7.1 钢杆受力
弯曲示意图

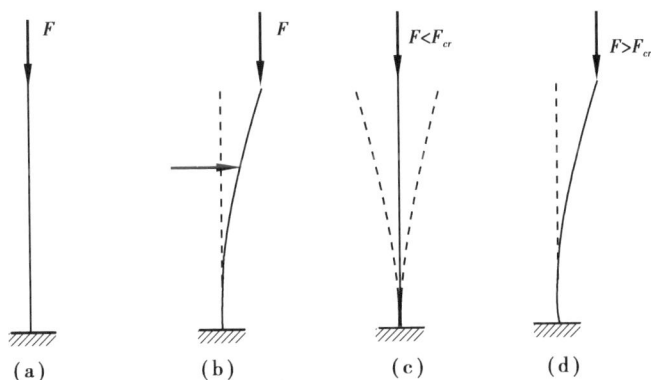

图 7.2 压杆在受轴向力作用下
稳定性分析示意图

先建立一个理想压杆模型:①杆的材料均匀;②杆的轴线为直线;③压力和轴线重合。压杆受轴向力 F 作用,可以通过对其施加一干扰力,使其产生微小的弯曲变形,然后撤出干扰力来分析。在压力 F 逐渐增加的过程中会出现以下两种情况:①在干扰力除去后,压杆会自行恢复到原来的直线形状平衡状态,如图 7.2(c)所示,故压杆原来的直线平衡状态是稳定的。②当压力逐渐增加到某一极限值时,在除去干扰力后,压杆将保持曲线形式平衡状态,而不能恢复其原来的直线平衡状态,如图 7.2(d)所示,这说明压杆原来直线形状的平衡是不稳定的,上述压力的极限值称为**临界压力**或**临界力**,用 F_{cr} 表示。压杆丧失其直线形状平衡而过渡为曲线形状平衡的现象,称为**丧失稳定**(或简称失稳)。即临界压力 F_{cr} 是使压杆保持微弯平衡时,杆受到的最小压力。显然,解决压杆稳定问题的关键是确定其临界压力。如果将压杆的工作压力控制在由临界压力所确定的允许范围内,则压杆不会失稳。

7.2 细长压杆临界压力的欧拉公式

如图 7.3 所示,设细长压杆在轴向力 F 作用下处于微弯平衡状态,则当杆的应力不超过材料的比例极限时,压杆 x 截面的弯矩为

$$M(x) = F\omega$$

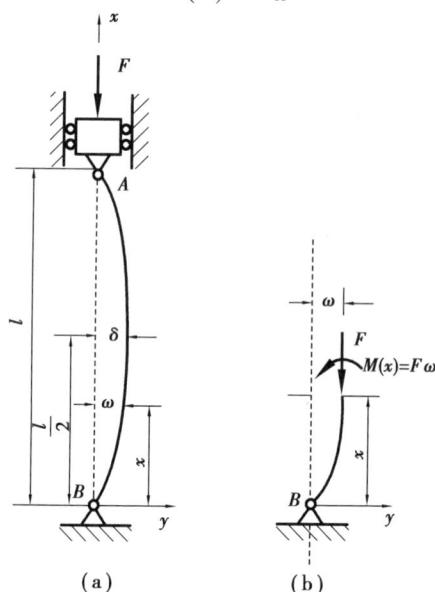

图 7.3 细长压杆在轴向力作用下处于微弯平衡状态的示意图

所以,压杆挠曲线的近似微分方程为

$$EI\omega'' = -M(x) = -F\omega$$

令 $k^2 = \dfrac{F}{EI}$,并代入上式,可得

$$\omega'' + k^2\omega = 0$$

该微分方程的通解为

$$\omega = A\sin kx + B\cos kx$$

式中,A 和 B 是积分常数。

压杆的边界条件为:当 $x=0$ 时, $\omega=0$;当 $x=l$ 时, $\omega=0$。将此边界条件代入通解,得
$$B=0,\ A\sin kl=0$$
因为 $A\sin kl=0$,这就要求 $A=0$ 或 $\sin kl=0$。但若 $A=0$,则 $\omega=0$,这表示杆件轴线任意点的挠度皆为零,即仍是直线。这与压杆有微小的弯曲变形这一前提假设相矛盾。因此
$$\sin kl=0$$
kl 是数列 $0,\pi,2\pi,3\pi,\cdots$ 中的任何一个数。可以写成
$$kl=n\pi\ (n=0,1,2,3,\cdots)$$
由此得
$$k=\frac{n\pi}{l}$$

把 k 值代入 k 的定义公式,可得
$$F=\frac{n^2\pi^2 EI}{l^2}$$

因为 n 是 $0,1,2,\cdots$ 等整数中的任一整数,这使杆件保持为曲线形状平衡的压力,在理论上是多值的。在这些压力中,使杆件保持微小弯曲的最小压力,才是真正的临界压力 F_{cr},此时有 $n=1$。所以临界压力为
$$F_{cr}=\frac{\pi^2 EI}{l^2}\tag{7.1}$$

用挠曲线近似微分方程法或挠曲线比较法(由于压杆失稳时挠曲线拐点处的弯矩为零,可将拐点处看作一铰链约束,因此两拐点间的一段看作两端铰支压杆),可得欧拉公式的普遍形式
$$F_{cr}=\frac{\pi^2 EI}{(\mu l)^2}\tag{7.2}$$

式中, μl 表示把压杆折算成两端铰支压杆的长度,称为相当长度, μ 称为长度因数。表7.1中列出了几种杆端约束条件下的长度因数。

表 7.1 几种杆端约束条件下的长度因数

(a)	(b)	(c)	(d)	(e)
两端铰支	一端固定另一端铰支	两端固定	一端固定另一端自由	两端固定但可沿横向相对移动
$\mu=1$	$\mu=0.7$	$\mu=0.5$	$\mu=2$	$\mu=1$

需要特别说明的是表 7.1 中的约束都是理想约束,实际工程中杆的约束情况是复杂的,只能具体情况具体分析,得到近似的长度因数 μ。①柱形铰链约束,根据压杆是否能转动,在一个平面内简化为两端铰支,如图 7.4(a)所示,另一平面内简化为两端固定如图 7.4(b)所示。②螺母和丝杠由螺母的接触长宽比来决定,如图 7.5 所示,当 $l_0/d_0 < 1.5$ 时,简化为铰支,当 $l_0/d_0 > 3$ 时,简化为固定端。当 $1.5 < l_0/d_0 < 3$ 时,简化为非完全铰,两端均为非完全铰时,取 $\mu = 0.75$。③桁架结构的腹杆与弦杆连接为铆接或焊接,因杆受力后连接处仍有微小的转动,所以简化为铰支,如图 7.6 所示。④与坚实的基础固结成一体的柱脚可简化为固定端。

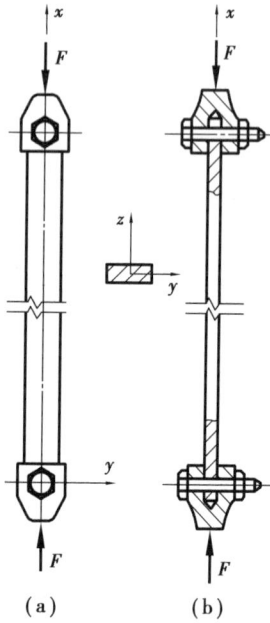
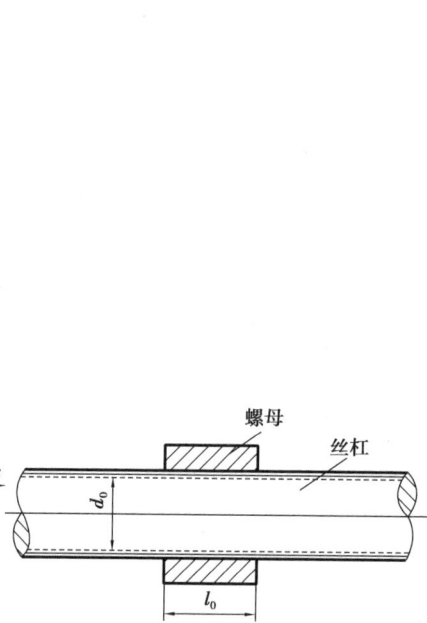
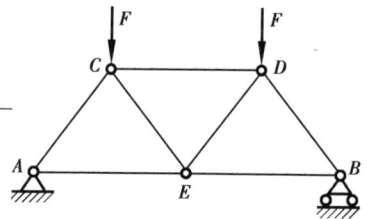

图 7.4　柱形铰链约束　　图 7.5　螺母和丝杠接触示意图　　图 7.6　桁架结构

例 7.1　有一矩形截面细长压杆如图 7.7 所示,一端固定,另一端自由,材料为钢材,已知 $b = 40$ mm,$h = 80$ mm,$l = 2$ m,$E = 200$ GPa,试计算此压杆的临界压力。

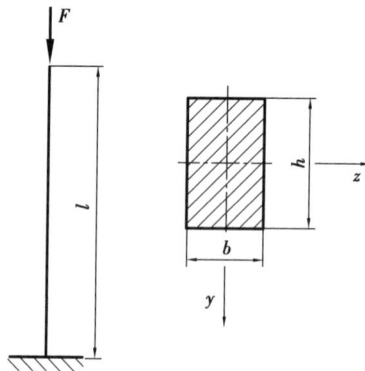

图 7.7　例 7.1 图

解: 由于杆一端固定,另一端自由,查表 7.1 得长度因数 $\mu = 2$。

矩形截面对 y 轴的惯性矩 I_y,矩形截面对 z 轴惯性矩 I_z,因为 $b < h$,所以 $I_y < I_z$,而且欧拉公

式表达式为 $F_{cr} = \dfrac{\pi^2 EI}{(\mu l)^2}$，惯性矩越小临界压力越小，压杆越容易丧失稳定。所以，压杆会在图示平面左右失稳，按 I_y 计算临界压力，代入欧拉公式得

$$F_{cr} = \frac{\pi^2 EI}{(\mu l)^2} = \frac{\pi^2 \times 200 \times 10^9 \times \dfrac{1}{12} \times 8 \times 4^3 \times 10^{-8}}{(2 \times 2)^2} = 52.64(\text{kN})$$

7.3　欧拉公式的适用范围　经验公式及折减弹性模量公式

1. 临界应力与柔度

将压杆的临界压力除以横截面面积，得到横截面上的应力，称为临界应力，用 σ_{cr} 表示。

$$\sigma_{cr} = \frac{F_{cr}}{A} = \frac{\pi^2 EI}{(\mu l)^2 A}$$

式中，I 与 A 都是与压杆横截面的尺寸和形状有关的量，令 $\dfrac{I}{A} = i^2$，i 为压杆横截面的惯性半径，代入上式得

$$\sigma_{cr} = \frac{\pi^2 EI}{(\mu l)^2 A} = \frac{\pi^2 E}{\left(\dfrac{\mu l}{i}\right)^2}$$

令

$$\lambda = \frac{\mu l}{i} \tag{7.3}$$

则上式可写成

$$\sigma_{cr} = \frac{\pi^2 E}{\lambda^2} \tag{7.4}$$

式 (7.4) 是临界应力形式的欧拉公式，式中，λ 为压杆的柔度或长细比，是一个无量纲的量，它综合反映了压杆的长度、杆端的约束以及横截面尺寸对临界应力的影响。对于某一材料的压杆，其临界应力仅与柔度 λ 有关，λ 值越大，则临界应力值 σ_{cr} 越小，压杆越容易失稳。所以，柔度 λ 是压杆稳定计算中的一个重要参数。

2. 欧拉公式的适用范围

欧拉公式是在材料符合胡克定律条件下，由挠曲线近似微分方程推导出来的。只有当压杆内的应力不超过材料的比例极限时，才能用欧拉公式来计算压杆的临界压力。因此，根据这一条件就可以确定欧拉公式的适用范围。

$$\sigma_{cr} = \frac{\pi^2 E}{\lambda^2} \leqslant \sigma_P$$

上式取等式可得到对应于屈服极限 σ_p 的柔度为

$$\lambda_p = \sqrt{\frac{\pi^2 E}{\sigma_p}} \tag{7.5}$$

所以，仅当 $\lambda \geqslant \lambda_p$ 时，欧拉公式才成立。柔度 $\lambda \geqslant \lambda_p$ 的压杆，称为**大柔度杆**或细长压杆。

我们可以根据压杆的实际情况(截面,约束,杆长)采用公式 $\lambda = \dfrac{\mu l}{i}$ 计算压杆的实际柔度,然后与 λ_p 比较,采用合适的公式计算临界压力。由式(7.5)可知,λ_p 值仅随材料不同而异,与外力无关,也与截面和约束无关。

3. 经验公式及折减弹性模量理论

工程中常用的压杆,有一部分是柔度小于 λ_p 的。这种压杆的临界压力已不能采用欧拉公式来计算。此时横截面的应力超过了比例极限,属于弹塑性问题,对于此类压杆,通常采用建立在实验基础上的经验公式来计算其临界应力。

(1)直线型经验公式

$$\sigma_{cr} = a - b\lambda \tag{7.6}$$

式中,λ 为压杆的实际柔度,a、b 为与材料有关的常数,单位为 MPa。表 7.2 中列出了几种常用材料的 a、b 的值。

表 7.2 几种常用材料的 a、b 的值

材料(强度极限 σ_b/MPa,屈服极限 σ_s/MPa)	a/MPa	b/MPa
Q235A $\sigma_b \geqslant 372$,$\sigma_s = 235$	304	1.12
优质碳钢 $\sigma_b \geqslant 471$,$\sigma_s = 306$	461	2.568
硅钢 $\sigma_b \geqslant 510$,$\sigma_s = 353$	578	3.744
铬钼钢	980	5.296
铸铁	332.2	1.454
硬铝	373	2.15
松木	28.7	0.19

上述经验公式也有其适用范围,使用式(7.6)计算的临界应力不能超过压杆材料的极限应力(对于塑性材料为 σ_s;对于脆性材料为 σ_c)。因为当应力到达材料的极限应力时,压杆因强度不够而发生破坏,应按强度问题来考虑,所以对于塑性材料制成的压杆,临界应力公式为

$$\sigma_{cr} = a - b\lambda \leqslant \sigma_s$$

由上式取等式可得到对应于屈服极限 σ_s 的柔度为

$$\lambda_s = \frac{a - \sigma_s}{b} \tag{7.7}$$

由此可知,只有当压杆的柔度满足 $\lambda_s \leqslant \lambda < \lambda_p$ 时,才能用直线型经验公式(7.6)求解,柔度在 $\lambda_s \leqslant \lambda < \lambda_p$ 范围的杆称为中柔度杆或中长压杆。

综上所述,对于由合金钢、铝合金、铸铁等制作的压杆,根据其柔度可将压杆分为三类。

①$\lambda \geqslant \lambda_p$ 的压杆属于细长压杆或大柔度杆,采用欧拉公式 $\sigma_{cr} = \dfrac{\pi^2 E}{\lambda^2}$ 计算其临界应力,或者用欧拉公式 $F_{cr} = \dfrac{\pi^2 EI}{(\mu l)^2}$ 计算其临界压力。

②$\lambda_s \leqslant \lambda < \lambda_p$ 的压杆,称为中柔度杆或中长压杆,采用经验公式 $\sigma_{cr} = a - b\lambda$ 计算其临界

应力。

③ $\lambda < \lambda_s$ 的压杆,称为小柔度杆或短粗压杆,应按强度问题处理,则 $\sigma_{cr} = \sigma_s$。

在上述三种情况下,临界应力 σ_{cr} 随压杆的实际柔度 λ 变化的曲线如图 7.8 所示,称为临界应力总图。

(2)抛物线型经验公式

在工程中,对中柔度、小柔度杆,还可以采用抛物线型经验公式

$$\sigma_{cr} = a_1 - b_1 \lambda^2 \tag{7.8}$$

式中,a_1、b_1 是与材料有关的常数,它们的单位是 MPa。

根据欧拉公式与上述抛物线经验公式,得到低合金结构钢等压杆的临界应力总图,如图 7.9 所示。

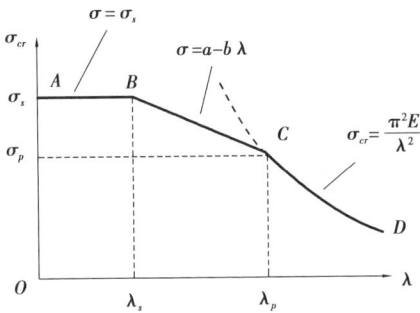

图 7.8　临界应力总图(直线公式)

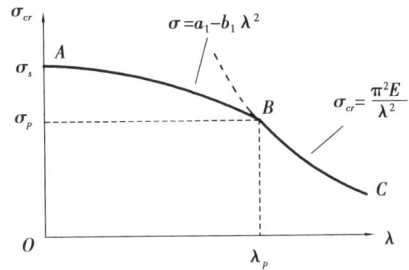

图 7.9　临界应力总图(抛物线公式)

(3)折减弹性模量理论

材料压缩的应力-应变曲线如图 7.10 所示,当应力超过比例极限时,弹性模量 E_σ 为曲线的切线斜率,它明显小于卸载时的弹性模量 E,当杆从直线状态过渡到微弯平衡时,横截面上中性轴一侧加载,一侧卸载,所以在分析横截面上的内力时,比较线弹性变形时的表达式,可得折减弹性模量 E_r,再仿照欧拉公式可得 $\sigma_{cr} = \dfrac{\pi^2 E_r}{\lambda}$,折减弹性模量理论 E_r 与压杆的截面形状有关。根据折减弹性模量理论可得临界应力总图(折减弹性模量),如图 7.11 所示。

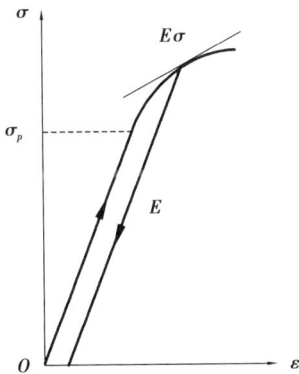

图 7.10　应力-应变曲线图

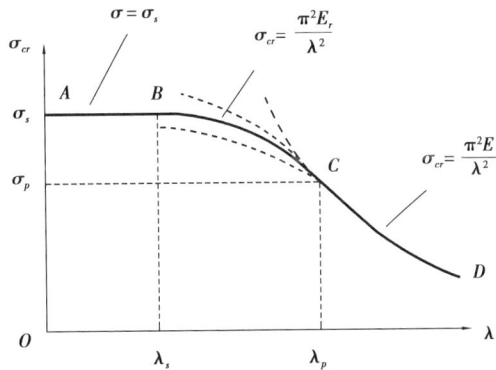

图 7.11　临界应力总图(折减弹性模量)

例 7.2　结构如图 7.12 所示,杆两端铰支,圆杆直径 $d = 150$ mm,材料为 Q235 钢,$E = 200$ GPa,$\sigma_p = 200$ MPa,$\sigma_s = 235$ MPa,$a = 304$ MPa,$b = 1.12$ MPa,试求:①当杆长 $l_1 = 5$ m 时,压杆

的临界压力。②当杆长 $l_2 = 2.5$ m,压杆的临界压力。③当杆长 $l_3 = 1.25$ m,压杆的临界压力。

图 7.12　例 7.2 图

解:压杆两端铰支,所以 $\mu = 1$

$$\lambda_p = \sqrt{\frac{\pi^2 E}{\sigma_p}} = \sqrt{\frac{\pi^2 \times 200 \times 10^9}{200 \times 10^6}} = 99.35$$

$$\lambda_s = \frac{a - \sigma_s}{b} = \frac{304 - 235}{1.12} = 61.61$$

惯性半径:$i = \sqrt{\frac{I}{A}} = \sqrt{\frac{\dfrac{\pi d^4}{64}}{\dfrac{\pi d^2}{4}}} = \frac{d}{4} = \frac{150}{4} = 37.5$ mm

$$A = \frac{\pi d^2}{4} = \frac{\pi \times 150^2}{4} = 17\,671 \text{ mm}^2$$

①求当杆长 $l_1 = 5$ m 时,压杆的临界压力。

$$\lambda = \frac{\mu l}{i} = \frac{1 \times 5\,000}{37.5} = 133.33 > \lambda_p = 99.35$$

该杆为大柔度杆,采用欧拉公式计算。

$$F_{cr} = \frac{\pi^2 EI}{(\mu l)^2} = \frac{\pi^2 \times 200 \times 10^9 \times \dfrac{\pi \times 15^4 \times 10^{-8}}{64}}{(1 \times 5)^2} = 1\,962.12 \text{ kN}$$

②求当杆长 $l_2 = 2.5$ m,压杆的临界压力。

$$\lambda = \frac{\mu l}{i} = \frac{1 \times 2\,500}{37.5} = 66.67 < \lambda_p = 99.35$$

$$\lambda > \lambda_s = 61.61$$

满足柔度 $\lambda_s \leqslant \lambda < \lambda_p$,该杆为中柔度杆,采用直线公式求临界应力

$$\sigma_{cr} = a - b\lambda = 304 - 1.12 \times 66.67 = 229.33 \text{ MPa}$$
$$F_{cr} = A\sigma_{cr} = 17\,671 \times 229.33 = 4\,052.49 \text{ kN}$$

③求当杆长 $l_3 = 1.25$ m,压杆的临界压力。

$$\lambda = \frac{\mu l}{i} = \frac{1 \times 1\,250}{37.5} = 33.33 < \lambda_s = 61.61$$

该杆为小柔度压杆,临界应力应选取材料的屈服极限

$$F_{cr} = A\sigma_{cr} = A\sigma_s = 17\ 671 \times 235 = 4\ 152.69\ \text{kN}$$

7.4　压杆稳定性计算

1.压杆稳定条件

在掌握了各种柔度的压杆临界压力和临界应力的计算方法以后,就可以在此基础上建立压杆的稳定条件,并进行压杆的稳定性计算。

临界压力 F_{cr} 相当于稳定性方面的破坏荷载,因此,为了保证压杆正常工作,不发生失稳,必须使压杆所承受的工作压力 F 小于该杆的临界压力。为了构件的安全性,还应该使压杆具有足够的稳定安全储备,所以用临界压力 F_{cr} 除以稳定安全因数 n_{st} ,就可以得到一个工作荷载的许用值。因此,压杆的稳定条件可表示为

$$F \leqslant \frac{F_{cr}}{n_{st}} \tag{7.9}$$

式中,F 为压杆的工作压力。

稳定安全因数 n_{st} 是一个大于1的值,我们是利用理想压杆推导临界压力公式的,理想压杆是:①杆的材料均匀;②杆的轴线为直线;③压力和轴线重合。而实际压杆是:①杆的材料有缺陷;②杆的轴线初弯;③压力是偏心的;除此之外还要考虑约束的缺陷,构件的工作环境等因素的影响,所以实际使压杆丧失稳定所施加的压力值一定小于公式推出的临界压力值 F_{cr} 值。几种常用材料的稳定安全因数 n_{st} 见表7.3。但需要指出的是有时候施加的荷载比较复杂则应该进一步增大 n_{st} 的值。

表 7.3　几种常用材料在静载下的稳定安全因数 n_{st}

材料	钢	木材	铸铁
$[n_{st}]$	1.8~3.0	2.5~3.5	4.5~5.5

另一种常见的压杆稳定条件为

$$\frac{F}{A} \leqslant \varphi[\sigma] \tag{7.10}$$

式中,F 为压杆的工作压力;A 是压杆的横截面面积;φ 为稳定因数。具体介绍如下,定义

$$[\sigma]_{st} = \frac{\sigma_{cr}}{n_{st}} = \frac{\sigma_{cr}}{n_{st}[\sigma]}[\sigma] = \varphi[\sigma]$$

所以

$$\varphi = \frac{\sigma_{cr}}{n_{st}[\sigma]} = \varphi(\lambda)$$

$\varphi = \varphi(\lambda)$,是一个受稳定安全因数 n_{st} 和杆的实际柔度 λ 以及材料三者共同影响的值。

我国钢结构设计规范依据常用构件的截面、加工工艺和相应的残余应力分布等因素,将截面分为 a、b、c、d 四类,根据不同材料的屈服强度分别给出 a、b、c、d 四类截面在不同柔度下的 φ 值。例如,Q235 钢的稳定因数 φ 见表7.4、表7.5。

表 7.4　Q235 钢 a 类截面中心受压直杆的稳定因数 φ

λ	0	1.0	2.0	3.0	4.0	5.0	6.0	7.0	8.0	9.0
0	1.000	1.000	1.000	1.000	0.999	0.999	0.998	0.998	0.997	0.996
10	0.995	0.994	0.993	0.992	0.991	0.989	0.988	0.986	0.985	0.983
20	0.981	0.979	0.977	0.976	0.974	0.972	0.970	0.968	0.966	0.964
30	0.963	0.961	0.959	0.957	0.954	0.952	0.950	0.948	0.946	0.944
40	0.941	0.939	0.937	0.934	0.932	0.929	0.927	0.924	0.921	0.919
50	0.916	0.913	0.910	0.907	0.903	0.900	0.897	0.893	0.890	0.886
60	0.883	0.879	0.875	0.871	0.867	0.862	0.858	0.854	0.849	0.844
70	0.839	0.834	0.829	0.824	0.818	0.813	0.807	0.801	0.795	0.789
80	0.783	0.776	0.770	0.763	0.756	0.749	0.742	0.735	0.728	0.721
90	0.713	0.706	0.698	0.691	0.683	0.676	0.668	0.660	0.653	0.645
100	0.637	0.630	0.622	0.614	0.607	0.599	0.592	0.584	0.577	0.569
110	0.562	0.555	0.548	0.541	0.534	0.527	0.520	0.513	0.507	0.500
120	0.494	0.487	0.481	0.475	0.469	0.463	0.457	0.451	0.445	0.439
130	0.434	0.428	0.423	0.417	0.412	0.407	0.402	0.397	0.392	0.387
140	0.382	0.378	0.373	0.368	0.364	0.360	0.355	0.351	0.347	0.343
150	0.339	0.335	0.331	0.327	0.323	0.319	0.316	0.312	0.308	0.305
160	0.302	0.298	0.295	0.292	0.288	0.285	0.282	0.279	0.276	0.273
170	0.270	0.267	0.264	0.262	0.259	0.256	0.253	0.250	0.248	0.245
180	0.243	0.240	0.238	0.235	0.233	0.231	0.228	0.226	0.224	0.222
190	0.219	0.217	0.215	0.213	0.211	0.209	0.207	0.205	0.203	0.201
200	0.199	0.197	0.196	0.194	0.192	0.190	0.188	0.187	0.185	0.183
210	0.182	0.180	0.178	0.177	0.175	0.174	0.172	0.171	0.169	0.168
220	0.166	0.165	0.163	1.162	0.161	0.159	0.158	0.157	0.155	0.154
230	0.153	0.151	0.150	0.149	0.148	0.147	0.145	0.144	0.143	0.142
240	0.141	0.140	0.139	0.137	0.136	0.135	0.134	0.133	0.132	0.131

表 7.5　Q235 钢 b 类截面中心受压直杆的稳定因数 φ

λ	0	1.0	2.0	3.0	4.0	5.0	6.0	7.0	8.0	9.0
0	1.000	1.000	1.000	0.999	0.999	0.998	0.997	0.996	0.995	0.994
10	0.992	0.991	0.989	0.987	0.985	0.983	0.981	0.978	0.976	0.973
20	0.970	0.967	0.963	0.960	0.957	0.953	0.950	0.946	0.943	0.939
30	0.936	0.932	0.929	0.925	0.921	0.918	0.914	0.910	0.906	0.903
40	0.899	0.895	0.891	0.886	0.882	0.878	0.874	0.870	0.865	0.861
50	0.856	0.852	0.847	0.842	0.837	0.833	0.828	0.823	0.818	0.812
60	0.807	0.802	0.796	0.791	0.785	0.780	0.774	0.768	0.762	0.757
70	0.751	0.745	0.738	0.732	0.726	0.720	0.713	0.707	0.701	0.694
80	0.687	0.681	0.674	0.668	0.661	0.654	0.648	0.641	0.634	0.628

λ	0	1.0	2.0	3.0	4.0	5.0	6.0	7.0	8.0	9.0
90	0.621	0.614	0.607	0.601	0.594	0.587	0.581	0.574	0.568	0.561
100	0.555	0.548	0.542	0.535	0.529	0.523	0.517	0.511	0.504	0.498
110	0.492	0.487	0.481	0.475	0.469	0.464	0.458	0.453	0.447	0.442
120	0.436	0.431	0.426	0.421	0.416	0.411	0.406	0.401	0.396	0.392
130	0.387	0.383	0.378	0.374	0.369	0.365	0.361	0.357	0.352	0.348
140	0.344	0.340	0.337	0.333	0.329	0.325	0.322	0.318	0.314	0.311
150	0.308	0.304	0.301	0.297	0.294	0.291	0.288	0.285	0.282	0.279
160	0.276	0.273	0.270	0.267	0.264	0.262	0.259	0.256	0.253	0.251
170	0.248	0.246	0.243	0.241	0.238	0.236	0.234	0.231	0.229	0.227
180	0.225	0.222	0.220	0.218	0.216	0.214	0.212	0.210	0.208	0.206
190	0.204	0.202	0.200	0.198	0.196	0.195	0.193	0.191	0.189	0.188
200	0.186	0.184	0.183	0.181	0.180	0.179	0.176	0.175	0.173	0.172
210	0.170	0.169	0.167	0.166	0.164	0.163	0.162	0.160	0.159	0.158
220	0.156	0.155	0.154	0.152	0.151	0.150	0.149	0.147	0.146	0.145
230	0.144	0.143	0.142	0.141	0.139	0.138	0.137	0.136	0.135	0.134
240	0.133	0.132	0.131	0.130	0.129	0.128	0.127	0.126	0.125	0.124
250	0.123									

例 7.3　如图 7.13 所示,已知千斤顶丝杆长度 $l = 375$ mm,内径 $d = 40$ mm,材料为 Q235 钢,$E = 200$ GPa,$\sigma_p = 200$ MPa,$\sigma_s = 235$ MPa,$a = 304$ MPa,$b = 1.12$ MPa,最大顶起重量为 60 kN,稳定安全系数 $n_{st} = 3$,试校核丝杆的稳定性。

解:①计算压杆的柔度。

千斤顶的丝杆可简化为下端固定、上端自由的压杆,其长度因数 $\mu = 2$,丝杆的柔度为

$$\lambda_p = \sqrt{\frac{\pi^2 E}{\sigma_p}} = \sqrt{\frac{\pi^2 \times 200 \times 10^9}{200 \times 10^6}} = 99.35$$

$$\lambda_s = \frac{a - \sigma_s}{b} = \frac{304 - 235}{1.12} = 61.61$$

图 7.13　例 7.3 图

$$i = \sqrt{\frac{I}{A}} = \sqrt{\frac{\dfrac{\pi d^4}{64}}{\dfrac{\pi d^2}{4}}} = \frac{d}{4} = \frac{40}{4} = 10(\text{mm})$$

$$\lambda = \frac{\mu l}{i} = \frac{2 \times 375}{10} = 75 < \lambda_p = 99.35$$

$$\lambda > \lambda_s = 61.61$$

所以

$$满足 \lambda_s \leqslant \lambda < \lambda_p$$

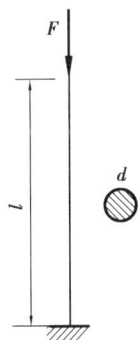

丝杆为中柔度杆,采用直线型经验公式计算其临界应力。

②计算临界应力。

对 Q235 钢 $a = 304$ MPa, $b = 1.12$ MPa,故丝杆的临界应力为

$$F_{cr} = A\sigma_{cr} = \frac{\pi d^2}{4}(a - b\lambda) = \frac{\pi \times 0.04^2}{4} \times (304 - 1.12 \times 75) = 276.46(\text{kN})$$

③校核稳定性。

$$[F] = \frac{F_{cr}}{n_{st}} = \frac{276.46}{3} = 92.15 \text{ kN} > 60 \text{ kN}$$

故丝杆的稳定性是足够的。

例 7.4 如图 7.14 所示,长为 $l = 3.5$ m 的压杆由 10 号槽钢焊接而成,材料为 Q235 钢, $[\sigma] = 170$ MPa,符合钢结构设计规范中实腹式 b 类截面中心受压杆的要求,试确定该杆的许用荷载。

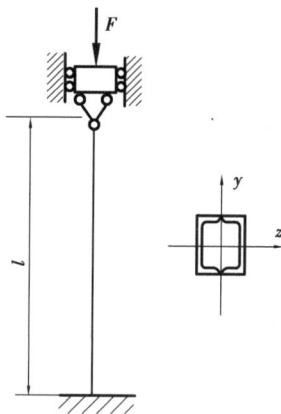

图 7.14 例 7.4 图

解:查表可得 10 号槽钢

$A_1 = 12.748$ cm^2, $I_{yc1} = 25.6$ cm^4, $I_{zc1} = 198$ cm^4, $b = 48$ mm, $z_0 = 1.52$ cm

$I_y = 2 \times [25.6 + 12.748 \times (4.8 - 1.52)^2] = 325.50(\text{cm}^4)$

$I_z = 2 \times 198 = 396$ cm^4

因为 $I_y < I_z$,所以在图示平面左右失稳

$$\lambda_y = \frac{0.7 \times 3.5}{\sqrt{\dfrac{325.50 \times 10^{-8}}{2 \times 12.748 \times 10^{-4}}}} = \frac{2.45}{3.573 \times 10^{-2}} = 68.57$$

$$\varphi = 0.762 + (0.757 - 0.762) \times \frac{6}{10} = 0.759$$

φ 值可在表 7.5 中查找

$[F] = \varphi[\sigma]A = 0.759 \times 170 \times 10^6 \times 2 \times 12.748 \times 10^{-4} = 328.97$ kN

例 7.5 结构如图 7.15(a)所示,AB 杆是刚杆,CD 杆是可变形杆,A 处为固定铰支,C 处为中间铰,D 处为固定端约束,且 $l_1 = 1.2$ m, $l_2 = 0.4$ m, $l_3 = 1.1$ m。 CD 杆的材料为 Q235 钢,$E = 200$ GPa,$\lambda_p = 100$, $\lambda_s = 60$, $n_{st} = 4$, $a = 304$ MPa, $b' = 1.12$ MPa,CD 杆横截面尺寸为 $b = 40$ mm, $h = 60$ mm,其模型如图 7.15(b)所示,假设 CD 杆只能在图示平面内左右失稳,试由 CD 杆的稳定性来确定该结构的许用荷载。

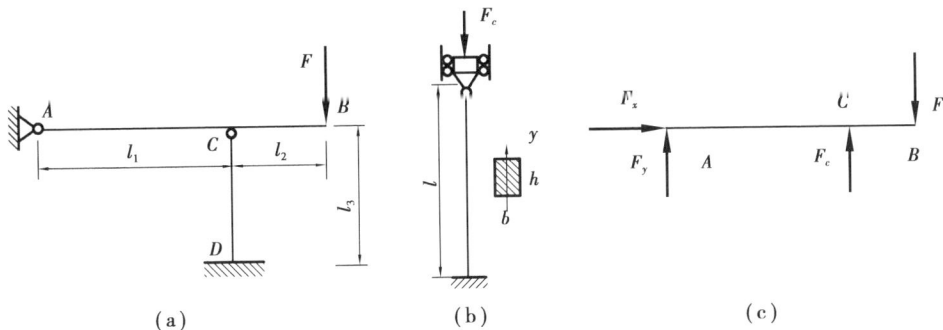

图 7.15　例 7.5 图

解: 由于 CD 杆只能在图示平面内左右失稳,所以只需求 i_y 和 λ_y:

$$i_y = \sqrt{\frac{I_y}{A}} = \sqrt{\frac{\dfrac{6 \times 4^3}{12}}{6 \times 4}} = 1.155 \text{ cm}$$

$$\lambda_y = \frac{0.7 \times 1.1}{1.155 \times 10^{-2}} = 66.67$$

满足 $\lambda_s \leqslant \lambda < \lambda_p$,$CD$ 杆为中柔度杆,所以用直线经验公式计算临界压力。

$$F_{cr} = A\sigma_{cr} = bh(a - b'\lambda) = 40 \times 60 \times 10^{-6} \times (304 - 1.12 \times 66.67) \times 10^{6}$$
$$= 550.39 \text{ kN}$$

根据稳定性条件,得到

$$F_c \leqslant \frac{F_{cr}}{n_{st}} = \frac{550.39}{4} = 137.60 \text{ kN}$$

再考虑 AB 杆的平衡,AB 杆的受力如图 7.15(c)所示。

$$\sum M_A = 0, F_c \times 1.2 - F \times 1.6 = 0$$
$$F \leqslant 103.20 \text{ kN}$$

所以结构的许用荷载为 $F \leqslant 103.20$ kN。

小结:

①稳定计算存在三个方面的问题:进行稳定校核;求稳定时的许可荷载;压杆的截面设计。

②由于临界应力 σ_{cr} 的大小和柔度 λ 有关,即和横截面尺寸和形状都有关,因此设计截面时一般先选择截面形状,再计算尺寸,有时需要经过反复多次的计算才能得到合适的横截面。

③由于杆件丧失稳定是一种整体性行为,在进行稳定性计算时,横截面的局部削弱(如在杆上打小孔等),对临界应力影响较小。因此在稳定性计算中,通常采用横截面的毛面积(忽略孔的影响的面积)计算。

特别说明一下:对一个结构而言,构件安全需要同时满足强度、刚度和稳定性要求,所以分析结构时是需要综合考虑的。如图 7.16 所示,杆 AB 发生拉弯组合变形,需要考虑强度问题,杆 CD 发生轴向压缩问题,需要考虑强度问题和稳定性问题。如图 7.17 所示,杆 AB 发生弯曲变形,而且是 1 次超静定梁,需要分析 B 处的挠度 ω,杆 CD 也需要分析 B 处的位移,并且杆 CD 发生轴向压缩变形,需要考虑强度问题和稳定性问题。

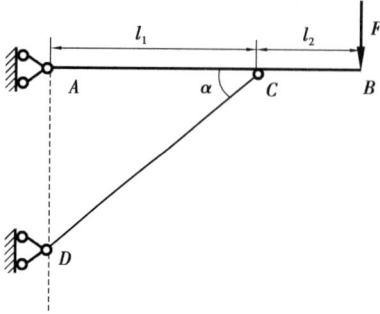

图 7.16　拉弯组合变形及轴向压缩
变形结构示意图

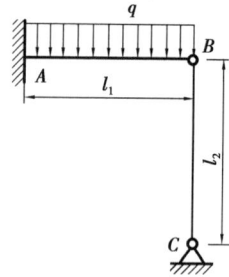

图 7.17　含弯曲变形及轴向压缩
变形结构示意图

2. 提高压杆稳定性的措施

大柔度杆采用欧拉公式 $\sigma_{cr}=\dfrac{\pi^2 E}{\lambda^2}$ 计算其临界应力,或者用欧拉公式 $F_{cr}=\dfrac{\pi^2 EI}{(\mu l)^2}$ 计算其临界压力。中柔度杆可以采用经验公式 $\sigma_{cr}=a-b\lambda$ 计算其临界应力。因此,降低压杆的柔度可以提高压杆的稳定性,而柔度 $\lambda=\dfrac{\mu l}{i}$,所以我们可以通过下面几种方法来提高压杆的稳定性。

①降低压杆的杆长。直接降低杆的长度 l 如图 7.18 所示;在杆的中部加约束如图 7.19 所示。

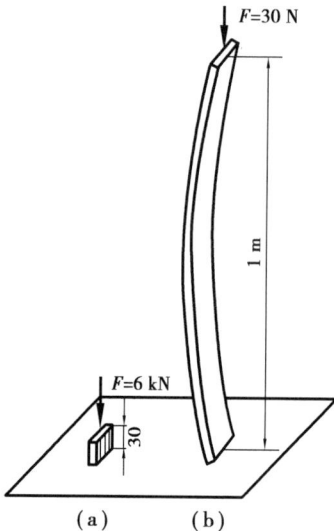

图 7.18　降低杆的长度提高稳定性

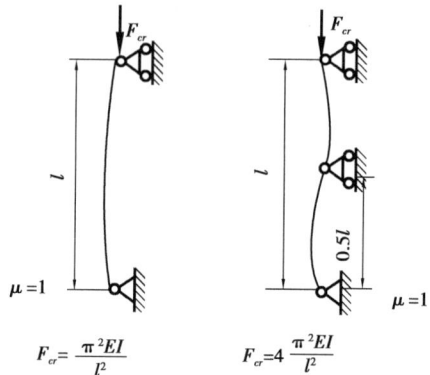

图 7.19　在杆的中部加约束提高稳定性

②改变约束条件(参考表 7.1)。比如,两端固定的细长压杆的临界压力是两端铰支的压杆临界压力的 1/4。

③选择合理的截面形状。

(a)各方向杆端约束相同的压杆,如球铰约束,其受力简图如图 7.20(a)所示,应尽量让截面对两形心主惯性轴的惯性半径相等,即 $i_y=i_z$,如图 7.20(b)所示的各种截面。

(b)为了减小柔度,应尽可能增大截面的惯性半径,即在不增加截面面积的情况下,尽量把材料放在离截面中性轴较远处。所以,如图 7.21(a)、(b)、(c)所示三组图形均是前者优于后者。

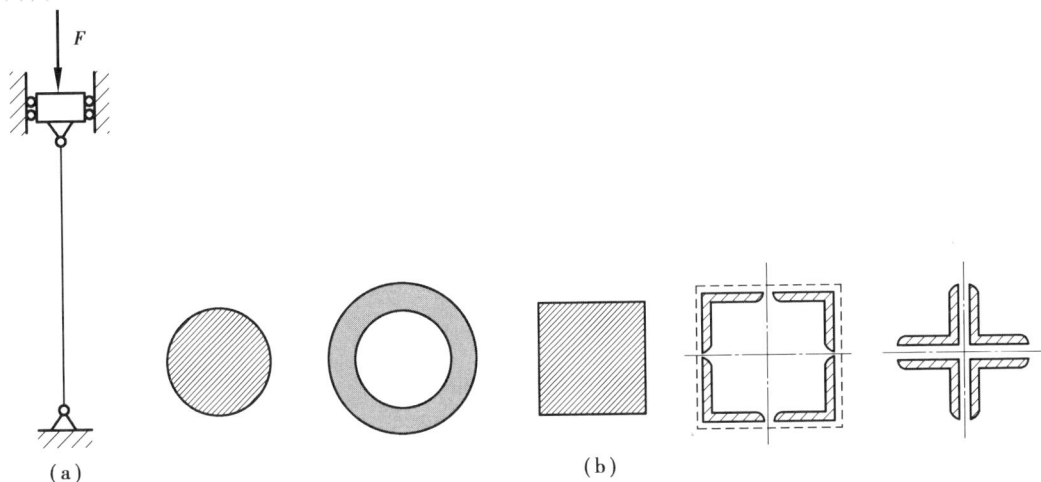

图 7.20　常见截面示意图

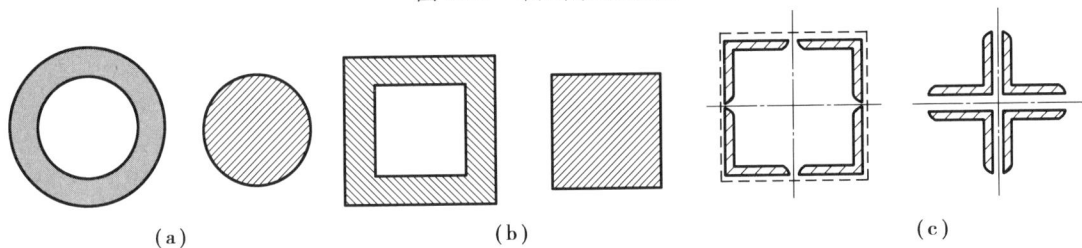

图 7.21　增加截面惯性半径示意图

(c)如果是各方向杆端约束不同的压杆,则应充分考虑 $i_y \neq i_z$ 的截面,从而使两个方向的柔度大致相同,即 $\lambda_y \approx \lambda_z$。比如,螺栓连接的压杆就常常采用矩形截面,如图 7.4 所示,且 $b < h$。这时合理地放置截面就很重要了,如图 7.4 所示放置合理。

④合理选择材料。

(a)大柔度压杆,弹性模量 E 大的材料可提高临界压力。

(b)中、小柔度杆,临界应力与材料 σ_s 或 σ_p 有关,所以强度高的材料可提高临界压力。

7.5　压杆稳定问题的进一步分析

1. 杆端弹性支撑下细长压杆的临界压力

当杆端为焊接时,为了简单和安全,往往简化为铰支,实际上它是一种杆端弯矩与转角成正比的弹性约束。可以令两端的比例系数为 c_A 和 c_B,代入挠曲线近似微分方程求解临界压力,如当 $c_A = c_B = \dfrac{F_{cr}l}{10}$ 时,$F_{cr} = \dfrac{\pi^2 EI}{(0.8l)^2}$。

2. 阶梯状细小压杆的临界压力

如图 7.22 所示,因为截面不同,所以惯性矩不同,则挠曲线方程分段,需要用边界条件和连续条件联立求解。比如,两端刚度为 EI,中间 $\dfrac{l}{2}$ 部分的弯曲刚度为 $2EI$ 的结构对称压杆,在

两端铰支的情况下 $F_{cr}=\dfrac{1.676\pi^2EI}{l^2}$，与 $2EI$ 的等截面压杆相比，节省了材料，且临界压力只是略有下降。即变截面压杆在材料分布合理时可以节约材料。

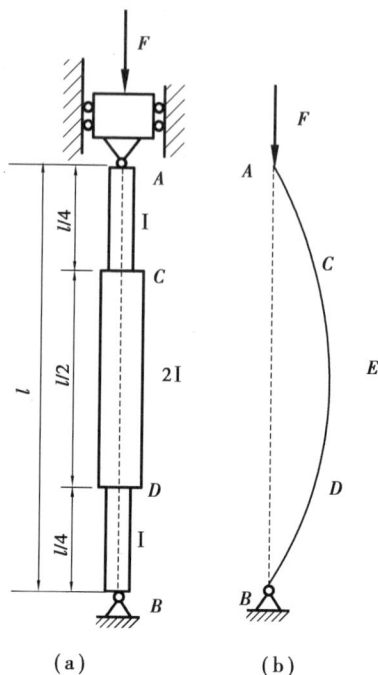

图 7.22 阶梯状细小压杆示意图

3. 大柔度杆在小偏心矩下的偏心压缩

当偏心压缩变形时，采用叠加法计算组合变形的前提是内力、应力、变形与外力等物理量是力的一次方函数关系，但通过挠曲线近似微分法分析发现大柔度杆在小偏心矩下的偏心压缩并不满足。而且发现只有偏心距 $e\to0$ 时，欧拉公式才满足，所以实际工程中的临界压力小于理论值。而当偏心距较大时，偏心压缩以弯曲变形为主，所以压杆的承载力计算与弯曲变形相仿。

4. 其他几种稳定性问题

当弯曲变形的梁的横截面较薄时，对称弯曲的梁的轴线不会在纵向对称面内，截面发生翘曲如图 7.23 所示。一块受压的薄板可能会保持微弯平衡状态，看起来就是凸起一个鼓包。而薄壁圆柱筒壳因承受轴向压力可能会使圆柱变为波纹状，如图 7.24 所示。

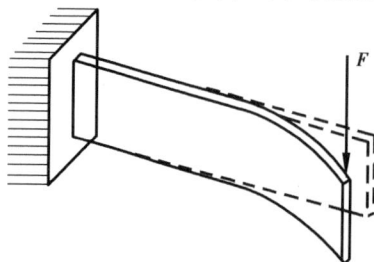

图 7.23 翘曲示意图

图 7.24 薄壁圆柱筒壳因承受轴向压力
导致的波纹状变形示意图

习题 A

7.1　(填空题)习题 7.1 图中两端铰支细长压杆的截面为矩形,失稳时临界压力 $F_{cr} =$ _____,挠曲线位于_____平面内。

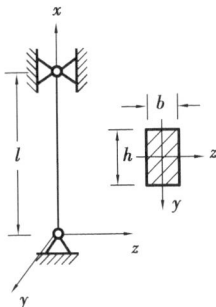

习题 7.1 图

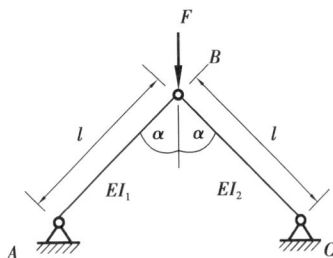

习题 7.2 图

7.2　(填空题)习题 7.2 图中桁架,AB 和 BC 为两根细长杆,若 $EI_1 > EI_2$,则结构的临界荷载 $F_{cr} =$ _____。

7.3　在横截面积等其他条件均相同的条件下,压杆采用习题 7.3 图(　　)所示的截面形状,其稳定性最好。

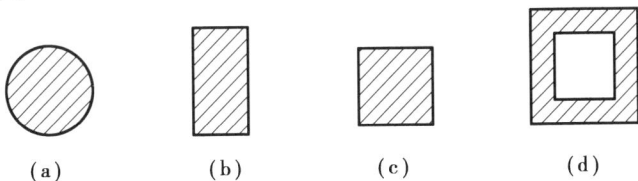

（a）　　　　（b）　　　　（c）　　　　（d）

习题 7.3 图

习题 B

7.4　如习题 7.4 图所示简单托架,其撑杆 AB 为圆截面木杆,木杆 AB 的直径 $d = 15$ cm,若架上受集度为 $q = 24$ kN/m 的均布荷载作用,AB 两端为铰支,木材的 $E = 10$ GPa,$\sigma_p = 20$ MPa,稳定安全系数 $n_{st} = 3$,校核 AB 杆的稳定性。

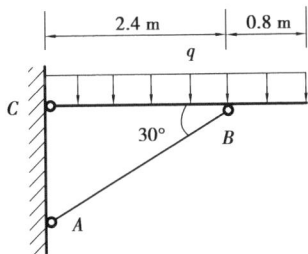

习题 7.4 图

7.5　结构如习题 7.5 图所示,$P = 15$ kN,已知梁和杆为一种材料,$E = 210$ GPa。梁 ABC 的惯性矩 $I = 245$ cm^4,等直圆杆 BD 的直径 $D = 40$ mm。规定杆 BD 的稳定安全系数 $n_{st} = 2$。求:(1)BD 杆承受的压力;(2)用欧拉公式判断 BD 杆是否失稳。

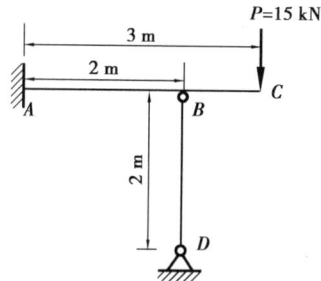

习题 7.5 图

7.6 一端固定一端铰支压杆的长度 $L=1.5$ m,材料为 A3 钢,其弹性模量 $E=205$ GPa,$\sigma_p=200$ MPa,$\sigma_s=240$ MPa。已知截面面积 $A=800$ mm^2,若截面的形状分别为实心圆形和 $d/D=0.8$ 的空心圆管,试分别计算各杆的临界压力。若用经验公式,A3 钢计算临界应力的直线公式为 $\sigma_{cr}=304-1.12\lambda$(单位为 MPa)。

习题 C

7.7 如习题 7.7 图所示结构,杆 AB 横截面面积 $A=21.5$ cm^2,抗弯截面模量 $W_z=102$ cm^3,材料的许用应力 $[\sigma]=180$ MPa。圆截面杆 CD,其直径 $d=20$ mm,材料的弹性模量 $E=200$ GPa,$\sigma_s=250$ MPa,$\sigma_p=200$ MPa,$\lambda_1=100$,$\lambda_2=50$。A、C、D 三处均为球铰约束,若已知:$l_1=1$ mm,$l_2=0.5$ mm,$F=25$ kN,稳定安全系数 $n_{st}=2.0$,校核此结构是否安全。

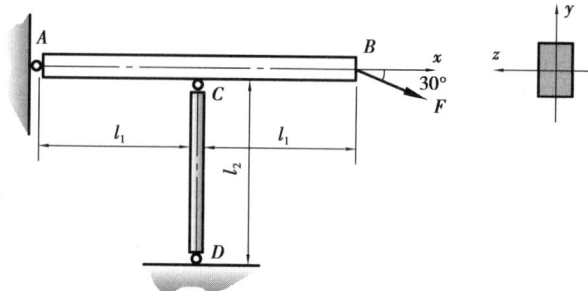

习题 7.7 图

7.8 外径 $D=50$ mm,内径 $d=40$ mm 的钢管,两端铰支,材料为 Q235 钢,承受轴向压力 P。求:(1)能应用欧拉公式时,压杆的最小长度;(2)当压杆长度为上述最小长度的 0.75 时压杆的临界压力。

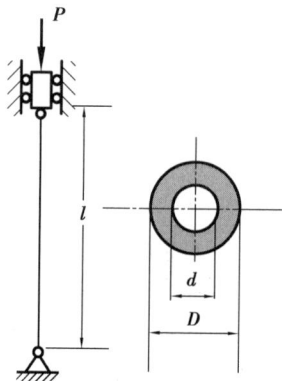

习题 7.8 图

7.9　结构如习题 7.9 图所示，$l_1 = 3$ m，$l_2 = 2$ m，$\alpha = 30°$，CD 为圆杆，$d = 40$ mm，$E = 200$ GPa，$\sigma_p = 200$ MPa；横梁 AB 采用矩形截面，$b = 60$ mm，$h = 120$ mm。试求：(1) CD 杆的临界力；(2) 当 CD 杆受到一半的临界力时，AB 杆的最大应力。

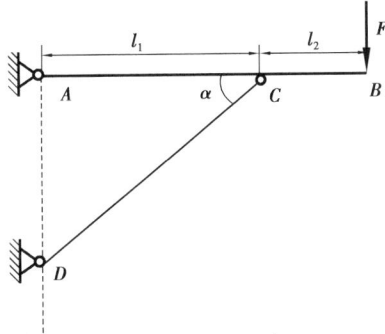

习题 7.9 图

7.10　结构如习题 7.10 图所示，$l_1 = 3$ m，$l_2 = 2$ m，AC、CB 均为正方形截面，边长均为 $a = 60$ mm，$E = 200$ GPa，$\sigma_p = 200$ MPa，稳定安全因数 $n_{st} = 2.5$，试确定该杆的许用荷载。

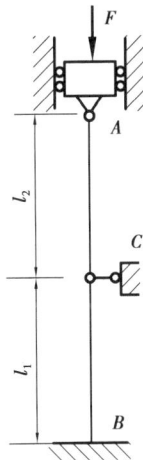

习题 7.10 图

7.11　结构如习题 7.11 图所示，A、B、C、D 四处均为球铰，AG 为矩形截面梁，横截面的宽度为 30 mm，高度为 60 mm，BD 和 BC 杆均为圆截面，直径为 40 mm，杆长为 $2a$，$a = 1$ m。各杆材料均相同，$E = 216$ GPa，$\sigma_p = 240$ MPa，许用应力 $[\sigma] = 120$ MPa，稳定安全系数 $n_{st} = \pi^3/8$。求整个结构的许用荷载 F。

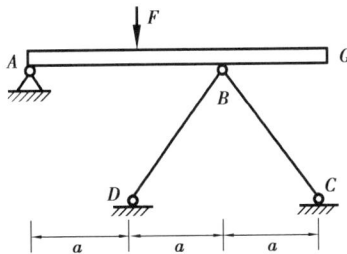

习题 7.11 图

第 **8** 章
能量法

当忽略动能变化以及其他能量损耗时,外力对弹性体所做的功在数值上等于构件储存的弹性变形能。这一关系可表示为:外力所做的功 W 与弹性变形能 V_ε 相等,即

$$V_\varepsilon = W \tag{8.1}$$

利用功和能的概念求解构件的变形或内力的方法称为能量法。

本章将介绍卡氏定理以及用能量法求解超静定系统。

8.1 外力功和弹性变形能

1. 外力功的计算

以如图 8.1(a)所示的悬臂梁为例,探讨线弹性体的外力功计算。在该构件上,作用的外力并非固定值,而是随作用点的位移呈线性增加(符合胡克定律),如图 8.1(b)所示。此时外力功的大小等于斜直线下方三角形的面积,即

$$W = \frac{1}{2}P\Delta \tag{8.2}$$

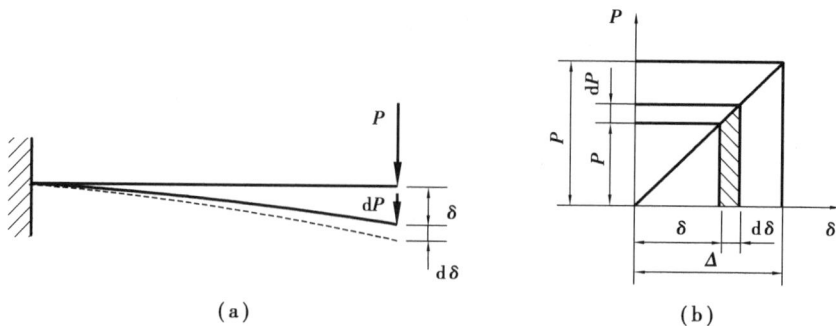

图 8.1 悬臂梁外力功计算示意图

对于线弹性体,当多个广义力(包括集中力、集中力偶)作用于其上时,若各广义力对应的广义位移(包含线位移、角位移)如图 8.2 所示,那么总功的计算表达式为

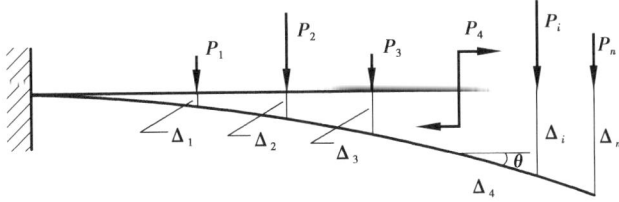

图 8.2　线弹性体在多个广义力作用下的广义位移示意图

$$W = \sum_{i=1}^{n} \frac{1}{2} P_i \Delta_i \tag{8.3}$$

2. 弹性变形能的计算

由于 $W = V_\varepsilon$，即弹性变形能可由外力功计算求得，基于此，首先针对杆件在各种基本变形下的变形能计算展开讨论。

（1）如图 8.3 所示，轴向拉伸（或压缩）杆件在线弹性范围内工作的应变能 V_ε 为

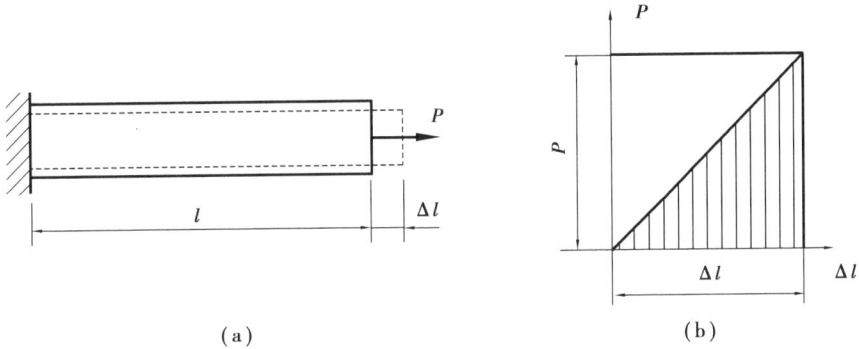

（a）　　　　　　　　　　　　　　（b）

图 8.3　轴向拉伸（或压缩）杆件在线弹性范围内工作的应变能示意图

$$V_\varepsilon = W = \frac{1}{2} P \Delta l \tag{8.4}$$

在轴向拉（压）时，轴力与轴向变形关系为

$$\Delta l = \frac{F_N l}{EA} \tag{8.5}$$

应变能 V_ε 可以用轴力表示

$$V_\varepsilon = \frac{F_N^2 l}{2EA} \tag{8.6}$$

如果结构有多个构件，则应变能 V_ε 为各构件应变能之和。若各个截面的轴力 F_N 不是一个定值，则应变能 V_ε 可以表述为

$$V_\varepsilon = \int_l \frac{F_N^2(x) \, \mathrm{d}x}{2EA} \tag{8.7}$$

同理，轴向拉或压时，单位体积的变形能（即应变能密度）可以表示为

$$v_\varepsilon = \frac{\sigma^2}{2E} = \frac{1}{2} \sigma \varepsilon \tag{8.8}$$

(2)如图 8.4 所示,受扭构件圆轴的应变能 V_ε 为

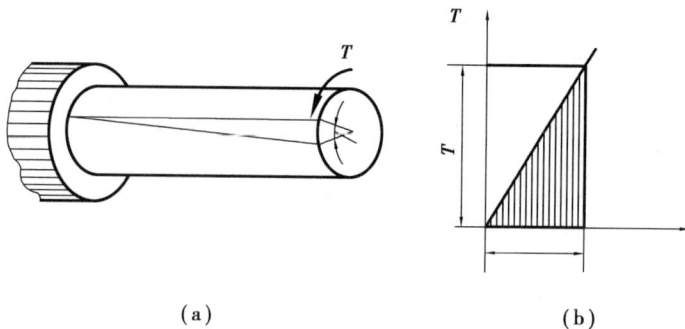

(a)　　　　　　　　　　(b)

图 8.4　受扭构件圆轴的应变能示意图

$$V_\varepsilon = \frac{T^2 l}{2GI_p} \tag{8.9}$$

如果结构有多个构件,则应变能 V_ε 为各构件应变能之和。当扭矩 T 不是定值,则圆轴的应变能 V_ε 为

$$V_\varepsilon = \int_l \frac{T^2(x)\,\mathrm{d}x}{2GI_\rho} \tag{8.10}$$

(3)如图 8.5 所示,纯弯曲构件简支梁的应变能 V_ε 为

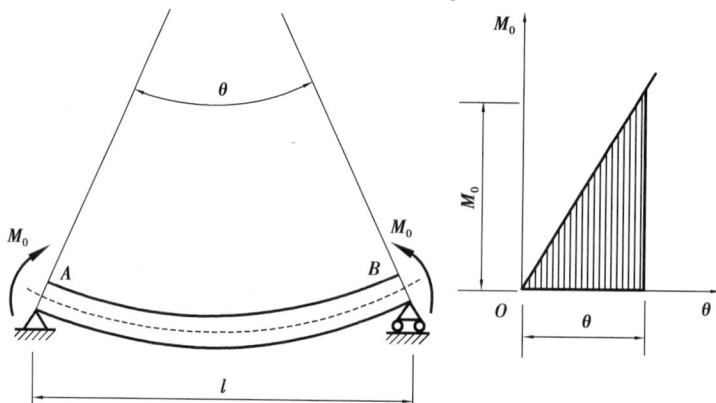

图 8.5　纯弯曲构件简支梁应变能示意图

$$V_\varepsilon = W = \frac{1}{2}M_0\theta = \frac{M_0^2 l}{2EI} \tag{8.11}$$

在横力弯曲的情况下,梁截面上既有弯矩又有剪力。在细长梁情况下,一般忽略剪力对应的应变能,因此总的应变能 V_ε 为

$$V_\varepsilon = \int_l \frac{M^2(x)\,\mathrm{d}x}{2EI} \tag{8.12}$$

如果等直圆杆组合变形包括拉/压、弯曲、扭转,其大小都是坐标的函数,忽略剪力的影响,则组合变形的应变能为

$$V_\varepsilon = \int_l \frac{F_N^2(x)\,\mathrm{d}x}{2EA} + \int_l \frac{T^2(x)\,\mathrm{d}x}{2GI_\rho} + \int_l \frac{M^2(x)\,\mathrm{d}x}{2EI} \tag{8.13}$$

8.2　卡氏定理

1. 卡氏第一定理

如图 8.6(a)所示为一非线性弹性拉杆。当外力从 0 逐渐增加到 P 时,其荷载-位移图如图 8.6(b)、(c)所示。则应变能 V_ε 为

$$V_\varepsilon = W = \int_0^{\delta_1} P \mathrm{d}\Delta \tag{8.14}$$

而梁内的余能 V_c 定义为

$$V_c = W_c = \int_0^{P_1} \Delta \mathrm{d}P \tag{8.15}$$

其中,W_c 定义为余功。其面积为曲线与纵轴所围成的面积如图 8.6(b)所示。很明显

$$W + W_c = P_1 \Delta_1 \tag{8.16}$$

即 W 与 W_c 相加刚好等于围成矩形的面积。

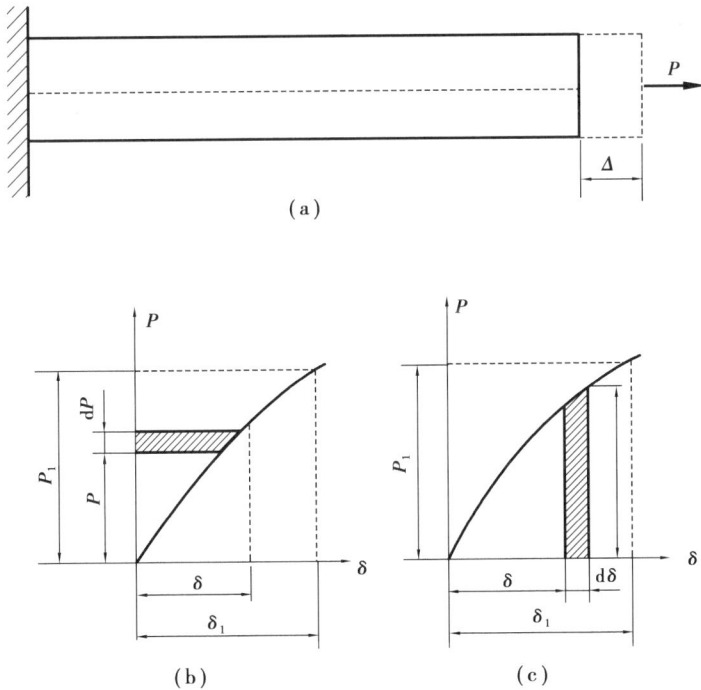

(a)

(b)　　　　　　　　(c)

图 8.6　应变能与余能示意图

需要注意:

①基于受拉应力状态所得结论,可推广至其他受力形式(如弯曲、扭转等);

②余功和余能虽本身无具体物理意义,但在运用能量法进行计算时具有重要作用;

③当材料为线弹性时,应变能 V_ε 与余能 V_c 在数值上相等。

设在某弹性体作用了 n 个广义力 P_1、P_2、$\cdots$、P_n,这些荷载作用点处最终的广义位移为 Δ_1、Δ_2、$\cdots$、Δ_n。应变能可写为

$$V_\varepsilon = W = \sum_{i=1}^{n} \int_0^{\delta_i} P_i \mathrm{d}\Delta_i \qquad (8.17)$$

可以看出 V_ε 是 Δ_i 的函数。假设第 i 个外荷载作用点处的位移有一微小改变量 $\mathrm{d}\Delta_i$,则弹性体的应变能也相应有一改变量 $\mathrm{d}V_\varepsilon$,其值为

$$\mathrm{d}V_\varepsilon = \frac{\partial V_\varepsilon}{\partial \Delta_i} \mathrm{d}\Delta_i \qquad (8.18)$$

已知只有 i 点位移有了改变量 $\mathrm{d}\Delta_i$,所以只有外荷载 P_i 做功,而其他外力不做功。从而得到外力功的变化为

$$\mathrm{d}W = P_i \mathrm{d}\Delta_i \qquad (8.19)$$

外力功在数值上等于应变能,故有

$$\mathrm{d}V_\varepsilon = \mathrm{d}W = P_i \mathrm{d}\Delta_i \qquad (8.20)$$

将式(8.18)代入,可得

$$\frac{\partial V_\varepsilon}{\partial \Delta_i} \mathrm{d}\Delta_i = P_i \mathrm{d}\Delta_i \qquad (8.21)$$

左右两边消除 $\mathrm{d}\Delta_i$ 可得

$$P_i = \frac{\partial V_\varepsilon}{\partial \Delta_i} \qquad (8.22)$$

式(8.9)称为卡氏第一定理,该定理指出应变能对某一位移的变化率等于该位移所对应的荷载。当导数为正号时,表明力的方向与相应位移方向一致;导数为负号时,则表明力的方向与相应位移方向相反。此定理适用于弹性体,无论其为线性弹性体或非线性弹性体均能适用。

例 8.1 如图 8.7(a)所示,两等长水平杆 AB 和 BC 铰接,铰 B 上在铅直力 P 作用下产生铅直位移 δ。若 $AB = BC = l$,横截面积都为 A,且材料为线弹性体。试由卡氏第一定理求 P 大小。

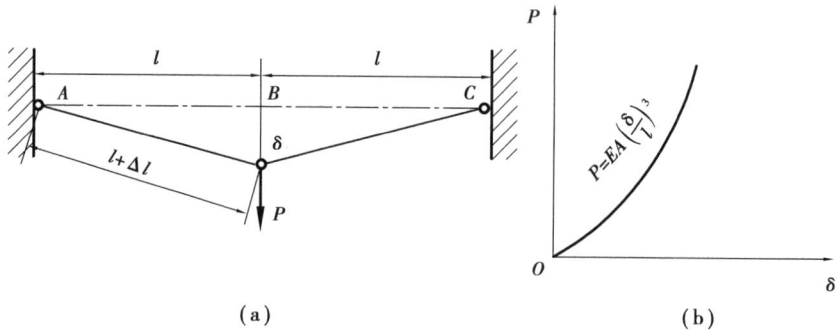

图 8.7 例 8.1 图

解: 设受力后两杆皆伸长 Δl。由几何关系可得出

$$\delta = \sqrt{(l + \Delta l)^2 - l^2} = \sqrt{2l\Delta l + (\Delta l)^2} \approx \sqrt{2l \cdot \Delta l} = l\sqrt{\frac{2\Delta l}{l}}$$

此处略去了二阶微量 $(\Delta l)^2$。而杆的伸长应变为 $\varepsilon = \Delta l / l$。由上式可得出

$$\varepsilon = \frac{\delta^2}{2l^2} \qquad (8.23)$$

AB 和 BC 杆为线弹性体,其单位体积的应变能(即比能)为

$$v_{AB} = v_{BC} = \frac{E\varepsilon^2}{2} \tag{8.24}$$

则两杆的总变形能为

$$V_\varepsilon = \int_{V_{AB}} v_{AB}\mathrm{d}V + \int_{V_{BC}} v_{BC}\mathrm{d}V = E\varepsilon^2 AL \tag{8.25}$$

把式(8.23)代入上式,得出用位移 δ 表达的应变能

$$V_\varepsilon = EAL(\delta^2/2l^2)^2 = EA\delta^4/4l^3 \tag{8.26}$$

由卡氏第一定理求出铰 B 上的外力为

$$P = \frac{\partial V_\varepsilon}{\partial \delta} = \frac{\partial}{\partial \delta}\left(\frac{EA\delta^4}{4l^3}\right) = EA\left(\frac{\delta}{l}\right)^3 (\downarrow) \tag{8.27}$$

如图 8.7(b)所示画出了 P-δ 的非线性关系曲线,可以看出虽然两杆材料为线弹性的,但位移和荷载 P 的关系却并非线性的,这类问题可以归结为几何非线性弹性问题。

2. 卡氏第二定理

设在某弹性体作用了 n 个广义力 P_1、P_2、$\cdots$、P_n,这些荷载作用点处最终的广义位移为 Δ_1、Δ_2、$\cdots$、Δ_n。根据余能在数值上等于余功,则弹性体的余能可写为

$$V_c = W_c = \sum_{i=1}^{n} \int_0^{P_i} \Delta_i \mathrm{d}P_i \tag{8.28}$$

可以看出 V_c 是外荷载 P_i 的函数。现假设第 i 个外荷载 P_i 改变量 $\mathrm{d}P_i$,其他外力保持不变,则弹性体的余能也相应有一改变量 $\mathrm{d}V_c$,其值为

$$\mathrm{d}V_c = \frac{\partial V_c}{\partial P_i}\mathrm{d}P_i \tag{8.29}$$

已知只有第 i 个外荷载 P_i 改变量 $\mathrm{d}P_i$。从而得到余功的变化为

$$\mathrm{d}W_c = \Delta_i \mathrm{d}P \tag{8.30}$$

余功在数值上等于余能,故有

$$\mathrm{d}V_c = \mathrm{d}W_c = \Delta_i \mathrm{d}P \tag{8.31}$$

将式(8.29)代入上式,有

$$\Delta_i \mathrm{d}P_i = \frac{\partial V_c}{\partial P_i}\mathrm{d}P_i \tag{8.32}$$

即有

$$\Delta_i = \frac{\partial V_c}{\partial P_i} \tag{8.33}$$

式(8.33)称为余能定理。即余能对任一外力 P_i 的变化率,即等于沿 P_i 作用线方向的位移 Δ_i。上述结果适用于线性或非线性弹性体。

需要注意的是,线性弹性体应变能和余能相等,因此可以用应变能 V_ε 代替式(8.33)中的 V_c,从而得出

$$\Delta_i = \frac{\partial V_\varepsilon}{\partial P_i} \tag{8.34}$$

式(8.34)称为卡氏第二定理。即应变能对任意力 P_i 变化率,等于沿 P_i 作用方向的位移 Δ_i。

例8.2 如图8.8所示悬臂梁为线弹性体,弯曲刚度为EI,试用卡氏第二定理求悬臂梁上B点挠度。

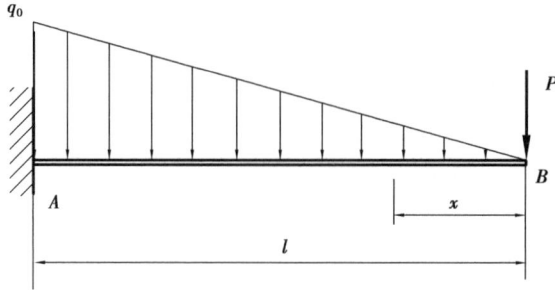

图8.8 悬臂梁受三角形分布荷载作用示意图

解:在B处虚加一向下力P。梁的弯曲变形能为

$$V_\varepsilon = \int \frac{M^2 \mathrm{d}x}{2EI}$$

那么B点挠度是

$$\omega_B = \frac{\partial V_\varepsilon}{\partial P} = \frac{\partial V_\varepsilon}{\partial M} \cdot \frac{\partial M}{\partial P} = \int \frac{M}{EI} \times \frac{\partial M}{\partial P}\mathrm{d}x$$

如图8.8所示,任意截面的弯矩为

$$M = -Px - \frac{q_0 x^3}{6l}, \frac{\partial M}{\partial P} = -x$$

代入上式

$$\omega_B = \frac{1}{EI}\int_0^l \left(-Px - \frac{q_0 x^3}{6l} \right)(-x)\mathrm{d}x$$

$$= \frac{1}{EI}\left(\frac{Pl^3}{3} + \frac{q_0 l^4}{30} \right)$$

这时再将虚加的P以零代入即得只有q_0作用时B点的挠度为

$$\omega_B = \frac{ql^4}{30EI}$$

得正号,说明ω_B方向同P方向,即朝下。

8.3 用能量法解超静定系统

本节将讨论采用能量法的思路处理超静定问题。采用能量法处理超静定问题可以归结为两种方法,以力作为基本未知量来求解超静定问题的方法称为力法,以节点位移作为基本未知量来求解超静定问题的方法称为位移法。下列将逐一举例来说明如何运用两种方法求解超静定问题。

超静定问题的求解通常采用综合运用静力学平衡方程、几何相容条件以及物理方程的方法。具体而言,先解除多余约束,列出静力学平衡方程;接着依据结构变形特征列出补充的几何相容方程;再将物理方程代入补充的几何相容方程中;最后通过联立方程求解,从而得出所有未知反力。然而,这种方法存在一定局限性,在遇到荷载复杂(如产生组合变形)、物理方程非线性(如应力——应变关系呈现非线性)以及几何结构复杂(如杆件体系中出现曲杆、刚架等情况)时,难以进行求解。

本节探讨运用能量法处理超静定问题,其中以力作为基本未知量求解超静定问题的方法称为力法,以节点位移作为基本未知量求解超静定问题的方法称为位移法。以下将通过具体实例分别阐述这两种方法的运用。

例 8.3　如图 8.9 所示,1、2、3 三根杆铰接于 A 点,作用有集中力 $F = 100$ kN,三根杆的材料性质一致,材料的应力-应变关系均为 $\sigma = K\sqrt{\varepsilon} = 10^8 \sqrt{\varepsilon}$ (Pa),三根杆的截面积均为 $A = 100$ mm^2,1、2 号杆的杆长为 $l = 1$ m,夹角 $\alpha = 30°$。试采用余能定理计算各杆的轴力。

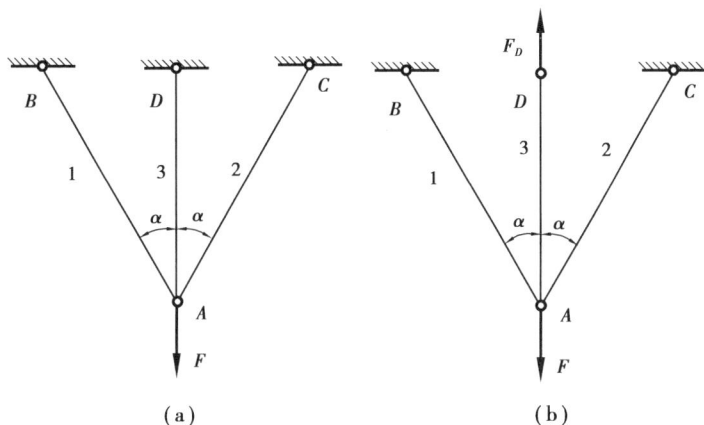

图 8.9　例 8.3 图

解:已知 $\sigma = K\sqrt{\varepsilon}$,则有 $\varepsilon = \left(\dfrac{\sigma}{K}\right)^2$ 杆件 1、2 的余能密度为

$$v_{c1} = v_{c2} = \int_0^{\sigma_1} \varepsilon \mathrm{d}\sigma = \int_0^{\sigma_1} \left(\frac{\sigma}{K}\right)^2 \mathrm{d}\sigma \tag{8.35}$$

杆件 3 的余能密度为

$$v_{c3} = \int_0^{\sigma_3} \varepsilon \mathrm{d}\sigma = \int_0^{\sigma_3} \left(\frac{\sigma}{K}\right)^2 \mathrm{d}\sigma \tag{8.36}$$

为了确定积分的上限 σ_1、σ_3,需要解除铰链 D 的约束,得到约束力 F_D 为多余的约束力,基本的静定系如图 8.9 所示,则各杆的轴力为

$$\left. \begin{array}{l} F_{N1} = F_{N2} = \dfrac{F - F_D}{2 \cos \alpha} \\[2mm] F_{N3} = F_D \end{array} \right\} \tag{8.37}$$

因此积分的上限 σ_1、σ_3 为

$$\begin{array}{l} \sigma_1 = \sigma_2 = \dfrac{F - F_D}{2 \cos \alpha \cdot A} \\[3mm] \sigma_3 = \dfrac{F_D}{A} \end{array} \tag{8.38}$$

系统的总余能为

$$V_c = v_{c1} V_1 + v_{c2} V_2 + v_{c3} V_3 \tag{8.39}$$

将式(8.38)代入式(8.35)和式(8.36),并将式(8.35)式(8.36)代入式(8.39),可得

$$V_c = \frac{lA}{3K^2}\left[2\left(\frac{F - F_D}{2\cos\alpha \cdot A}\right)^3 + \cos\alpha\left(\frac{F_D}{A}\right)^3\right] \tag{8.40}$$

从图中可以看出铰链 D 处的变形为0,因此根据余能定理列出补充方程可得

$$\Delta_D = \frac{\partial V_c}{\partial F_D} = 0 \tag{8.41}$$

将式(8.40)代入式(8.41),解得

$$F_{N3} = F_D = 40 \text{ kN} \tag{8.42}$$

将式(8.42)代入式(8.37),可得

$$F_{N1} = F_{N2} = 34.64 \text{ kN}$$

例8.4   由四根材料相同、长度均为 l、横截面积均为 A 的等直杆组成的平面桁架,在结点 G 处受水平力 F_1 和铅垂力 F_2 作用,如图8.10所示。已知各杆材料均为线弹性,其弹性模量为 E。试按卡氏第一定理求结点 G 的水平位移 Δ_{Gx} 和铅垂位移 Δ_{Gy}。

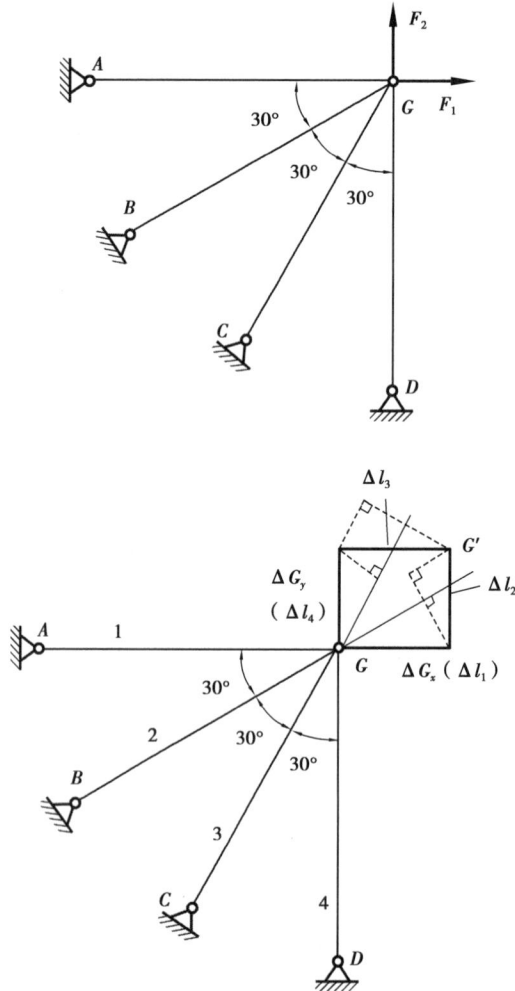

图8.10 例8.4图

解:设各杆对应的伸长量分别为 Δl_1、Δl_2、Δl_3、Δl_4，则根据如图 8.10 所示的几何关系可得到各杆伸长量与结点 G 位移的关系

$$\Delta l_1 = \Delta_{Gx}$$

$$\Delta l_2 = \Delta_{Gx} \cdot \cos 30° + \Delta_{Gy} \cdot \sin 30°$$

$$= \frac{\sqrt{3}}{2}\Delta_{Gx} + \frac{1}{2}\Delta_{Gy}$$

$$\Delta l_3 = \Delta_{Gx} \cdot \sin 30° + \Delta_{Gy} \cdot \cos 30°$$

$$= \frac{1}{2}\Delta_{Gx} + \frac{\sqrt{3}}{2}\Delta_{Gy}$$

$$\Delta l_4 = \Delta_{Gy}$$

杆系的应变能为

$$V_\varepsilon = \sum_{i=1}^{4} \frac{\Delta l_i^2 E_i A_i}{2l_i}$$

$$= \frac{EA}{2l}\left[\Delta_{Gx}^2 + \left(\frac{\sqrt{3}}{2}\Delta_{Gx} + \frac{1}{2}\Delta_{Gy}\right)^2 + \left(\frac{1}{2}\Delta_{Gx} + \frac{\sqrt{3}}{2}\Delta_{Gy}\right)^2 + \Delta_{Gy}^2\right]$$

由卡氏第一定理

$$\frac{\partial V_\varepsilon}{\partial \Delta_{Gx}} = \frac{EA}{2l}(4\Delta_{Gx} + \sqrt{3}\Delta_{Gy}) = F_1 \tag{8.43}$$

$$\frac{\partial V_\varepsilon}{\partial \Delta_{Gy}} = \frac{EA}{2l}(\sqrt{3}\Delta_{Gx} + 4\Delta_{Gy}) = F_2 \tag{8.44}$$

联立式(8.43)和式(8.44)解得结点 G 的水平位移和铅垂位移分别为

$$\Delta_{Gx} = \frac{8F_1 - 2\sqrt{3}F_2}{13EA}l(\rightarrow)$$

$$\Delta_{Gx} = \frac{8F_1 - 2\sqrt{3}F_2}{13EA}l(\rightarrow)$$

习题 A

8.1　(填空题)同一材料制成截面不同的 3 根拉杆如习题 8.1 图所示。试分别在下列情况下，比较它们的应变能。

(1)当 $P_1 = P_2 = P_3$ 时，_____杆的应变能为最大；_____杆的应变能为最小。(2)当 3 根杆内的最大应力都达到比例极限时，_____杆的应变能为最大；_____杆的应变能为最小。

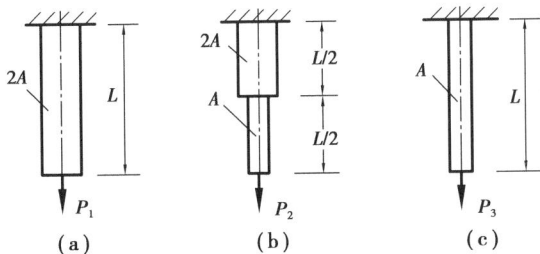

习题 8.1 图

8.2 如习题8.2图所示,直角拐两段材料相同,且均为同一直径的圆杆,已知抗弯刚度EI_z与抗扭刚度GI_p,则直角拐的应变能为_____。

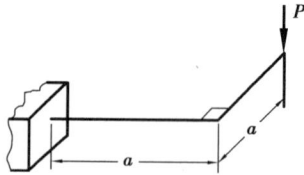

习题8.2图

8.3 如习题8.3图所示,抗弯刚度为EI的悬臂梁AB,作用有两个力P,则自由端B的挠度为_____。

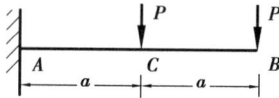

习题8.3图

习题 B

8.4 如习题8.4图所示结构中,已知水平杆AB弹性模量E、惯性矩I、横截面积S及斜杆CD的弹性模量E_1、横截面积S_1,用能量法求A点的铅垂位移。

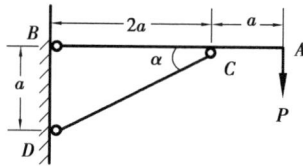

习题8.4图

8.5 求如习题8.5图所示EI为常数的四分之一圆周平面曲杆B端的铅垂位移和水平位移。

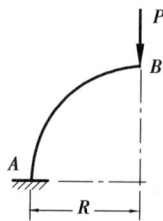

习题8.5图

习题 C

8.6 求如习题8.6图所示桁架节点D的铅垂位移。已知各杆EA相同。

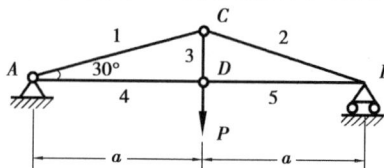

习题8.6图

8.7 如习题8.7图所示刚架各杆的 *EI* 皆相等,试求截面 *B* 的水平位移和截面 *C* 的铅垂位移。

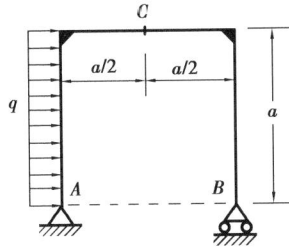

习题 8.7 图

8.8 求如习题8.8图所示平面刚架中间铰 *A* 处两侧截面的相对角位移。设各杆 *EI* 相等。

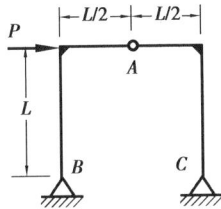

习题 8.8 图

第**9**章

动应力分析

荷载可分为静荷载与动荷载两大类。其中,静荷载是指荷载以缓慢的速率逐渐施加,直至达到某一特定数值后保持恒定不变的荷载类型,此加载过程亦被称为准静态加载。而动荷载则是指荷载随时间呈现出明显的变化特征,或致使构件内各质点的速度与加速度产生显著改变的荷载。

在实际工程中,动荷载涵盖高速旋转、外部重物冲击以及高加速度运动等构件。动荷载作用下构件内部产生的应力为动应力。动荷载的力学分析依据达朗贝尔原理或机械能守恒定律进行。与静荷载分析相似,动应力达到一定极值时结构会发生破坏。在动应力分析中,只要应力处于线弹性范围,胡克定律仍然适用,各弹性常数保持不变。

9.1 构件匀加速直线运动及匀角速定轴转动引起的动应力

1. 构件作匀加速直线运动时的动应力分析

在构件作匀加速运动的动应力分析中,通常采用达朗贝尔原理。如图 9.1(a)所示,起重机以匀加速 a 起吊一根长度为 l、横截面积为 A、比重为 γ 的杆件,求其 $m\text{-}m$ 截面的正应力。

如图 9.1(b)所示,对 $m\text{-}m$ 截面以下部分进行受力分析。其中,惯性力沿轴线均匀分布,集度为 $q_d = \dfrac{A\gamma}{g}a$,方向与加速度方向相反;重力沿轴线均匀分布,集度为 $q_{st} = A\gamma$。

由平衡条件 $\sum F_x = 0$ 得

$$F_{Nd} - (q_{st} + q_d)x = 0$$
$$F_{Nd} = (q_{st} + q_d)x$$
$$= A\gamma x\left(1 + \frac{a}{g}\right) \tag{9.1}$$

动应力 σ_d 的计算遵循轴向拉伸理论,则依据该理论,动应力的计算表达式为

$$\sigma_d = \frac{F_{Nd}}{A} = \gamma x\left(1 + \frac{a}{g}\right) \tag{9.2}$$

由上述计算结果可知,动应力等于静应力乘以某一相关系数 $\left(1 + \dfrac{a}{g}\right)$,即动应力 σ_d 与静应

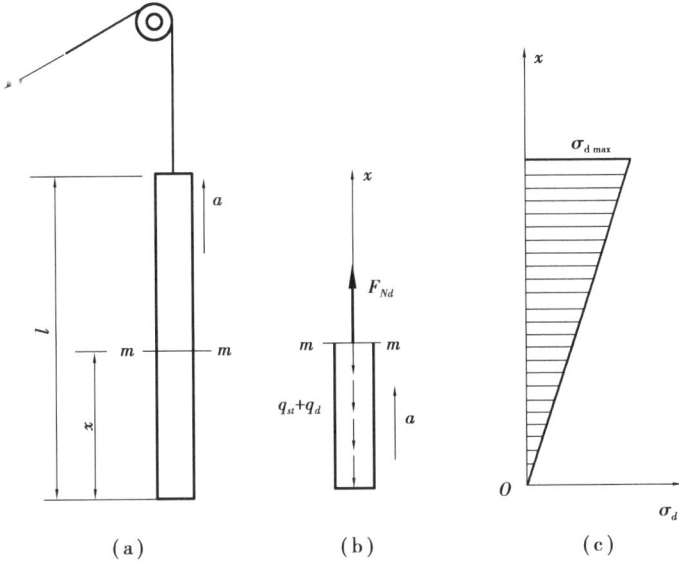

图 9.1　匀加速起吊杆件的动应力分析示意图

力 σ_{st} 满足关系

$$\sigma_d = \sigma_{st}\left(1 + \frac{a}{g}\right) \tag{9.3}$$

其中,$\sigma_{st} = \gamma x$,对应于无加速度时,只有重力计算得到的静应力,而系数 $1+\dfrac{a}{g}$ 用系数 K_d 定义,即

$$K_d = 1 + \frac{a}{g} \tag{9.4}$$

K_d 称为动荷因数,于是式(9.3)可以化简为

$$\sigma_d = K_d\sigma_{st} \tag{9.5}$$

表明了动应力实质是静应力乘以动荷因数。

K_d 也是一个定值,σ_d 与 σ_{st} 很明显是比例关系,因此 σ_d 与 σ_{st} 应力分布都是线性规律。图 9.1(c)给出了 σ_d 应力分布的规律。很显然,当 $x=l$ 时,动应力最大,其值为

$$\sigma_{dmax} = \gamma l\left(1 + \frac{a}{g}\right) = K_d\sigma_{stmax}$$

式中,σ_{stmax} 为最大静应力,应力强度条件为

$$\sigma_{dmax} = K_d\sigma_{stmax} \leqslant [\sigma] \tag{9.6}$$

式中,$[\sigma]$ 为材料在静荷载作用下的许用应力。当然实际情况下由于应变率效应,材料在动态荷载下的许用应力与静止状态下的许用应力存在差异。

例 9.1　用钢索起吊 $P=60$ kN 的重物,加速度为 5 m/s^2,如图 9.2 所示。钢索直径为 100 mm,试求钢索横截面上的动应力(不计钢索的质量)。

解:横截面的轴力为

$$F_{Nd} = P[1 + (a/g)] = 60 \times [1 + (5/9.8)] = 90.6(\text{kN})$$

横截面上的动应力为

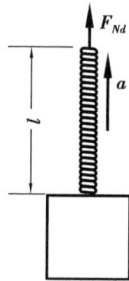

图9.2 钢索加速起吊重物动应力分析示意图

$$\sigma_d = \frac{F_{Nd}}{A} = 11.54 \text{ MPa}$$

2. 构件作匀角速定轴转动时的动应力

在定轴转动动应力的计算中,处理方法与匀加速直线运动相类似。具体而言,通过虚加一个惯性力,运用达朗贝尔原理列出方程,从而计算动应力。

如图9.3(a)所示,圆环绕通过圆心垂直于圆环平面的轴以匀角速度 ω 做定轴转动,其中圆环的直径为 d,圆环的厚度 t 远小于 d,圆环的横截面积为 A,比重为 γ,求圆环截面的动应力。

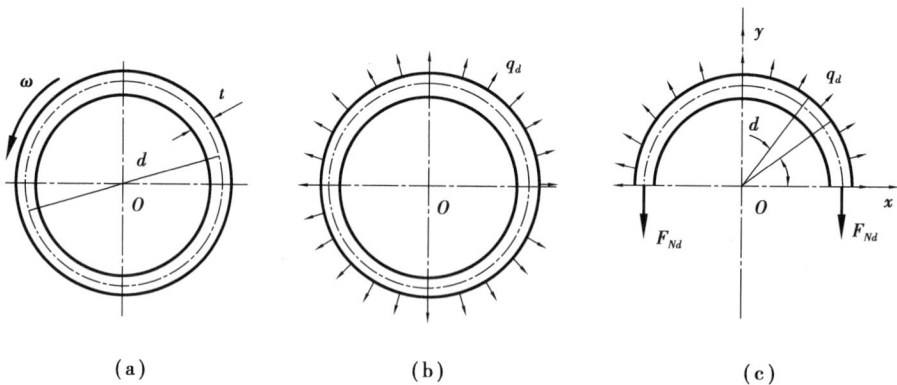

图9.3 圆环定轴转动的动应力分析示意图

如图9.3(b)所示,惯性力沿径向分布,大小为

$$q_d = \frac{A\gamma}{g}a_n = \frac{A\gamma d}{2g}\omega^2$$

方向与 a_n 方向相反。如图9.3(c)所示,取圆环上半部分进行研究,由平衡方程 $\sum F_y = 0$ 可得

$$2F_{Nd} = \int_0^{\pi} q_d \sin\varphi \frac{d}{2}d\varphi = q_d d$$

$$F_{Nd} = \frac{q_d d}{2} = \frac{A\gamma d^2}{4g}\omega^2$$

则截面上的动应力为

$$\sigma_d = \frac{F_{Nd}}{A} = \frac{rd^2\omega^2}{4g} = \frac{rv^2}{g}$$

其中，$v = \dfrac{\mathrm{d}\omega}{2}$ 时圆环上任意一质点运动的线速度大小。其强度条件为

$$\sigma_d = \frac{\gamma v^2}{g} \leqslant [\sigma] \tag{9.7}$$

可以看出，转速越快，则动应力越大，面积 A 对动应力 σ_d 的大小没有影响。

例 9.2　在 AB 轴的 B 端有一个质量很大的飞轮如图 9.4 所示，与飞轮相比，轴的质量可以不计。轴的另一端 A 装有刹车离合器。飞轮的转速为 $n = 100$ r/min，转动惯量为 $J = 0.5$ kN · m · s²，轴的直径 $d = 100$ mm。刹车时使轴在 10 s 内按均匀减速停止转动。求轴内最大动应力。

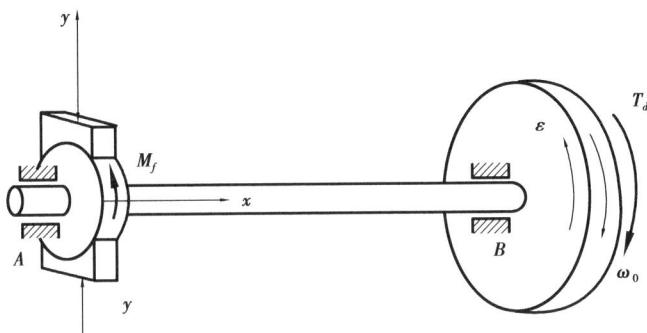

图 9.4　飞轮受力图

解：飞轮与轴的转动角速度为

$$\omega_0 = \frac{n\pi}{30} = \frac{\pi \times 100}{30} = \frac{10\pi}{3}\ \mathrm{s}^{-1}$$

当飞轮与轴同时作均匀减速转动时，其角加速度为

$$\alpha = \frac{\omega_1 - \omega_0}{t} = \frac{0 - 10\pi/3}{10} = -\frac{\pi}{3}\ \mathrm{s}^{-2}$$

等边右边的负号表示 α 与 ω_0 转向相反（减速）如图 9.4 所示。按动静法，在飞轮上加上转向与 α 相反的惯性扭矩 T_d，且

$$T_d = -J\alpha = -0.5\left(-\frac{\pi}{3}\right) = \frac{0.5\pi}{3}(\mathrm{kN \cdot m})$$

AB 轴在摩擦力矩 M_f 和惯性扭矩 T_d 作用下引起扭转变形，横截面上的扭矩为

$$M_n = T_d = \frac{0.5\pi}{3}(\mathrm{kN \cdot m})$$

横截面上的最大扭转切应力为

$$\tau_{\max} = \frac{M_n}{W_P} = \frac{\dfrac{0.5\pi}{3} \times 10^3}{\dfrac{\pi}{16}(100 \times 10^{-3})^3} = 2.67 \times 10^4 = 2.67(\mathrm{MPa})$$

9.2　冲击荷载

在实际工程中,诸如落锤打桩、汽锤锻造、桥墩撞击等问题皆属于冲击问题。其共同特征为构件在短时间内受到较大冲击力。这是因为冲击物在短时间内速度改变量较大,进而获得较大的加速度,而该加速度由冲击物与构件间的接触力提供。根据牛顿第三定律,构件所受作用力与冲击物所受作用力大小相等。

冲击过程呈现短时强载特性,构件质点加速度急剧变化且非定值,这使得构件惯性力难以求解,采用达朗贝尔原理进行分析较为困难。因此,针对冲击问题一般借助机械能守恒定律进行简化计算。在材料力学的冲击问题研究中,基于以下假设对冲击过程进行简化分析:其一,冲击物的变形忽略不计,将其视为刚体;其二,冲击过程无能量损失,包括热能等,机械能守恒定律在该过程中成立;其三,冲击过程构件的变形仍处于线弹性范围。

1. 自由落体引起的冲击动应力　动荷系数

如图9.5所示,一简支梁受到自高度 h 自由落体的重物冲击,重物的重量为 P,冲击点在1点。

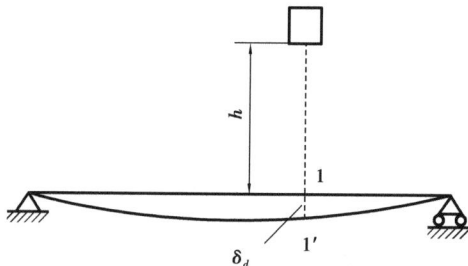

图9.5　简支梁受到自高度 h 自由落体的重物冲击示意图

依据能量守恒定律,在冲击过程(从1到1′),重物所损失的总能量等于梁所获得的弹性变形能 $V_{\varepsilon d}$,即:

$$E = V_{\varepsilon d} \tag{9.8}$$

很显然,E 包括动能和势能两部分,则有

$$E = \frac{1}{2}mv_0^2 + P\delta_d = P(h + \delta_d) \tag{9.9}$$

其中,重物的动能满足 $\frac{1}{2}mv_0^2 = Ph$。δ_d 为最大动变形。冲击过程胡克定律依然满足,因此有

$$k = \frac{P}{\delta_s} = \frac{P_d}{\delta_d} \tag{9.10}$$

其中,δ_s 是 P 作为静荷载作用下在1点所产生的变形,k 为弹性系数,P_d 为最大动变形 δ_d 所对应的荷载。则梁的弯曲形变能为

$$V_{\varepsilon d} = \frac{1}{2}k\delta_d^2 = \frac{1}{2}\frac{P}{\delta_s}\delta_d^2 \tag{9.11}$$

将式(9.9)和式(9.11)代入式(9.8)得

$$\delta_d^2 - 2\delta_s\delta_d - 2\delta_s h = 0 \tag{9.12}$$

由上式解出 δ_d

$$\delta_d = \delta_s \pm \sqrt{\delta_s^2 + 2\delta_s h}$$

由于 $\delta_d > 0$, 故

$$\delta_d = \delta_s \left(1 + \sqrt{1 + \frac{2h}{\delta_s}}\right) = \delta_s K_d \tag{9.13}$$

其中, K_d 为铅垂冲击动荷因数

$$K_d = 1 + \sqrt{1 + \frac{2h}{\delta_s}} \tag{9.14}$$

因冲击产生的动应力 σ_d 也存在下列关系

$$\sigma_d = K_d\sigma_s \tag{9.15}$$

从式(9.14)可以看出,当 $h=0$ 时, $K_d=2$, 也就是说突加荷载的效果是静荷载的两倍。

例9.3 图9.6与图9.7分别表示不同支承方式的钢梁,承受相同重物冲击,已知弹簧刚度 $K=100$ N/mm, $l=3$ m, $h=50$ mm, $P=1$ kN, 钢梁 $I=3.40\times10^7$ mm^4, $W=3.09\times10^5$ mm^3, $E=200$ GPa。试比较两者的冲击应力。

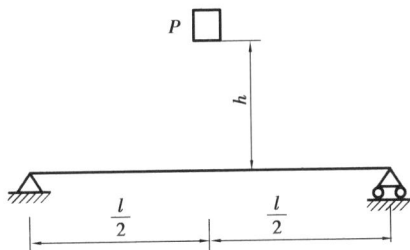

图9.6 简支梁受重物冲击示意图

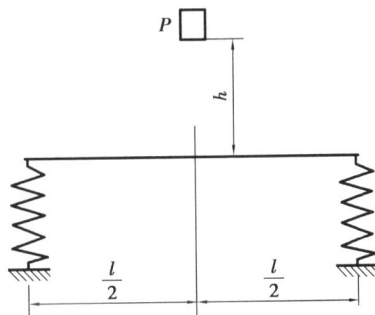

图9.7 梁的两端支承在刚度系数
为 K 的梁上示意图

解: 如图9.6所示。

①首先计算 P 作为静荷载作用在梁上对应的变形。

$$\delta_s = \frac{Pl^3}{48EI} = \frac{1\,000 \times (3 \times 10^3)^3}{48 \times 200 \times 10^3 \times 3.40 \times 10^7} = 8.27 \times 10^{-2}(\text{mm})$$

②计算动荷因数和静应力。

$$K_d = 1 + \sqrt{1 + \frac{2 \times 50}{8.27 \times 10^{-2}}} = 1 + \sqrt{1 + 1\,209} \approx 35.8$$

$$\sigma_s = \frac{Pl}{4W} = \frac{1\,000 \times 3 \times 10^3}{4 \times 3.09 \times 10^5} = 2.43(\text{MPa})$$

③计算动应力。

$$\sigma_d = K_d \cdot \sigma_s = 35.8 \times 2.43 = 87(\text{MPa})$$

如图9.7所示。

①首先计算 P 作为静荷载作用在梁上对应的变形。

$$\delta_s = \frac{PL^3}{48EI} + \frac{P}{2K} = 8.27 \times 10^{-2} + \frac{500}{100} = 5.08(\text{mm})$$

②计算动荷因数。

$$K_d = 1 + \sqrt{1 + \frac{2 \times 50}{5.08}} = 5.55$$

③计算动应力。

$$\sigma_d = 5.55 \times 2.43 = 13.5 \, (\text{MPa})$$

可见加了弹簧之后,动应力减少了许多,动荷因数也减小,因此加弹簧可以大大减小冲击的影响。

2. 水平冲击荷载引起的动应力

如图 9.8 所示的冲击工况中,重物的重量为 P,冲击速度为 v。在水平冲击过程中,由于不存在重力势能的损失,重物的动能全部转化为弹性势能。根据能量守恒定律,可得出

$$\frac{1}{2} \frac{P}{g} v^2 = \frac{1}{2} P_d \delta_d \tag{9.16}$$

材料的变形处于线弹性范围内,因此有

$$\frac{P_d}{\delta_d} = \frac{P}{\delta_s} = k \tag{9.17}$$

k 和 δ_s 的定义与之前一致。将式(9.17)代入式(9.16),可得

$$\delta_d^2 = \frac{\delta_s v^2}{g} \tag{9.18}$$

求解得

$$\delta_d = \sqrt{\frac{\delta_s v^2}{g}} = \delta_s \sqrt{\frac{v^2}{g \delta_s}} = \delta_s K_d \tag{9.19}$$

K_d 称为水平冲击时的动荷因数

$$K_d = \sqrt{\frac{v^2}{g \delta_s}} \tag{9.20}$$

同理可得

$$P_d = K_d P$$

$$\sigma_d = K_d \sigma_s \tag{9.21}$$

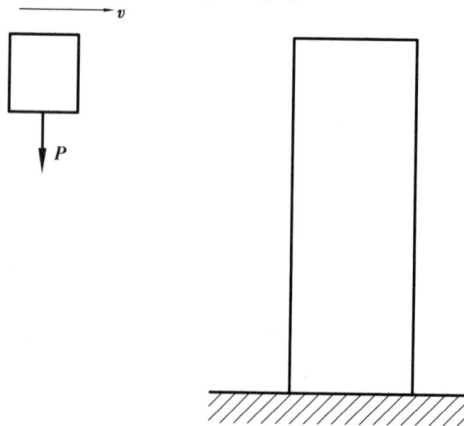

图 9.8 水平冲击示意图

例9.4 如图9.9所示,重物 $P=10$ kN,以初速度 $v=0.4$ m/s 沿水平方向冲击杆件 AB。已知 AB 杆的横截面为正方形,边长为 30 mm,材料的弹性模量 $E=200$ GPa。试求杆内的最大动正应力。

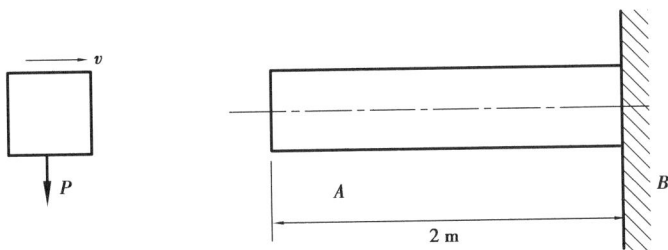

图9.9 重物水平冲击杆件示意图

解:①确定水平冲击时的动荷系数。

$$K_d = \sqrt{\frac{v^2}{g\delta_s}} = \sqrt{\frac{v^2 EA}{gPL}}$$

$$= \sqrt{\frac{(0.4 \times 1\,000)^2 \times 200 \times 10^3 \times 30 \times 30}{9\,800 \times 10 \times 1\,000 \times 2 \times 1\,000}}$$

$$= 12.12$$

②计算 P 为静荷载时构件的静应力。

$$\sigma_s = \frac{P}{A} = \frac{10 \times 10^3}{30 \times 30 \times 10^{-6}} = 11.1(\text{MPa})$$

③计算动应力。

$$\sigma_d = K_d\sigma_s = 12.12 \times 11.1 = 134.5(\text{MPa})$$

3. 扭转冲击时的动应力计算

如图9.10所示 B 端装有飞轮,转动惯量为 J,轴和飞轮以等角速 ω 旋转,轴 AB 的质量不计。A 端装有刹车离合器。若 A 端突然刹车,求此时轴内的最大动应力。

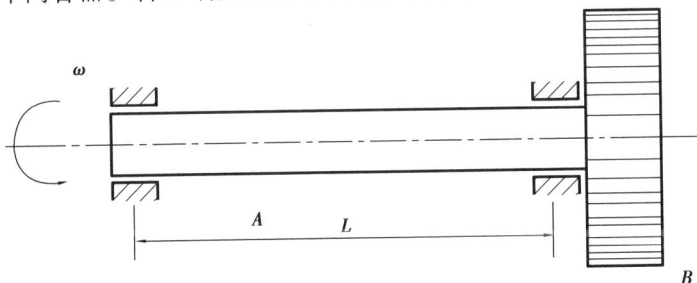

图9.10 扭转冲击问题中轴系示意图

根据功能转换关系,B 转动的动能将会转换为扭转的形变势能。根据能量守恒定律可得

$$\frac{1}{2}J\omega^2 = \frac{T_d^2 L}{2GI_P}$$

则可求解得到最大的动扭矩为

$$T_d = \omega\sqrt{\frac{GI_p J}{L}}$$

215

轴内的最大动切应力为

$$\tau_{d\max} = \frac{T_d}{W_P} = \frac{\omega}{W_P}\sqrt{\frac{GI_pI}{L}} \tag{9.22}$$

各种工况下动荷系数的汇总表见表 9.1。

表 9.1　各种工况下的动荷系数

工况	动荷系数
匀加速直线运动	$K_d = 1 + \dfrac{a}{g}$
铅垂冲击	$K_d = 1 + \sqrt{1 + \dfrac{2h}{\delta_s}}$
水平冲击	$K_d = \sqrt{\dfrac{v^2}{g\delta_s}}$

9.3　交变应力与疲劳破坏

1. 疲劳破坏和疲劳极限

(1)金属的疲劳破坏

在工程领域,若一点的应力随时间呈周期性变化,则这种应力被称为交变应力。交变应力属于动应力的范畴,材料在交变应力作用下易出现疲劳破坏现象。

下面以车轴上某一截面 A 点作应力分析,如图 9.11(a)所示,车轴的角速度为 ω,则经过时间 t 截面 A 点的转角为 $\varphi = \omega t$,其应力为

$$\sigma = \frac{My}{I} = \frac{M}{I} \cdot \frac{d}{2}\sin\omega t$$

由表达式可知,应力随时间 t 呈周期性变化。在图中选取 1、2、3、4 等特征点,应力的在一个周期内的变化规律为:$0 \to \sigma_{\max} \to 0 \to \sigma_{\min} \to 0$,随着车轴的持续转动,应力按相同规律循环变化,如图 9.11(b)所示。

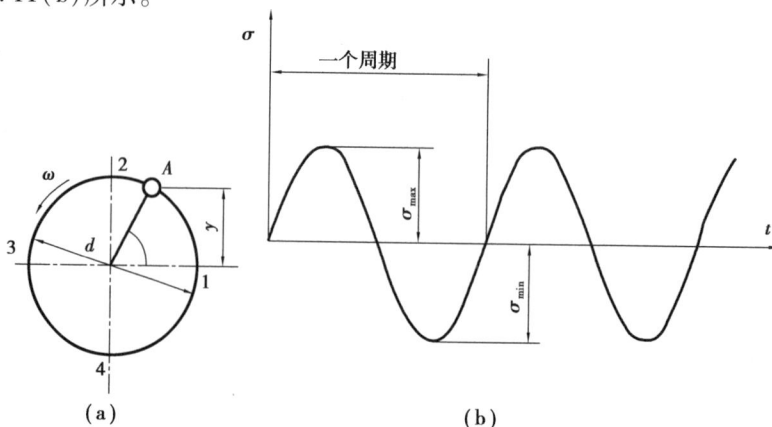

图 9.11　应变应力示意图

金属疲劳破坏具有以下几个特征,见表9.2。

表9.2　金属疲劳破坏的特征

①强度极限小于静力破坏极限	最大工作应力远小于静荷载下材料的强度和屈服极限,如45钢在静荷载下的强度极限为600 MPa,但是在 $\sigma_{max} = -\sigma_{min} \approx 260$ MPa 循环 10^7 次即可发生断裂。
②破坏呈突发性	即便材料具有良好的塑性,疲劳破坏也往往呈现出无预兆的特征,其表现与脆性破坏相似。
③断口存在不同特征的区域	疲劳破坏时,其断口上呈现两个区域:光滑区和粗糙区如图9.12所示。由于材料内部存在缺陷,裂纹从疲劳源处向纵深扩展。在循环荷载作用下,裂纹面在挤压与分离的交替过程中形成光滑区。随着裂纹的不断扩展,截面会发生突然性断裂,断口呈现为颗粒状的粗糙区。
④裂纹扩展呈阶段性	裂纹的扩展分为成核阶段、微观裂纹($10^{-9} \sim 10^{-4}$ m)扩展阶段、宏观裂纹(10^{-4} m 以上)扩展三个阶段。
⑤裂纹扩展呈非连续性	裂纹的扩展并不是连续的,在某些应力循环下裂纹有扩展,而在某些循环下可能裂纹扩展停滞。

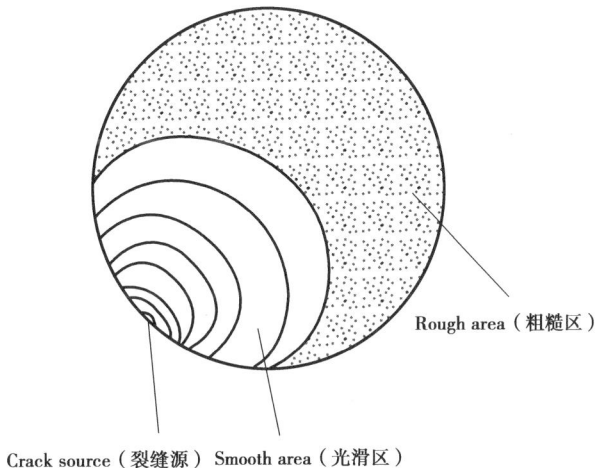

Rough area（粗糙区）

Crack source（裂缝源）　Smooth area（光滑区）

图9.12　疲劳破坏断口区域

由疲劳破坏的特征可知,与静力破坏相比,疲劳破坏具有显著的突发性,且其破坏强度极限低于静力破坏强度极限。因此,为确保结构安全设计,对构件进行疲劳计算具有重要意义。本节所讨论疲劳问题主要是稳定交变应力工况,即 σ_{max} 与 σ_{min} 的大小不随时间的变化而变化。

如图9.13所示,给出一般的交变应力,定义如下概念

应力比: σ_{min} 与 σ_{max} 的比值,即

$$R = \frac{\sigma_{min}}{\sigma_{max}} \tag{9.23}$$

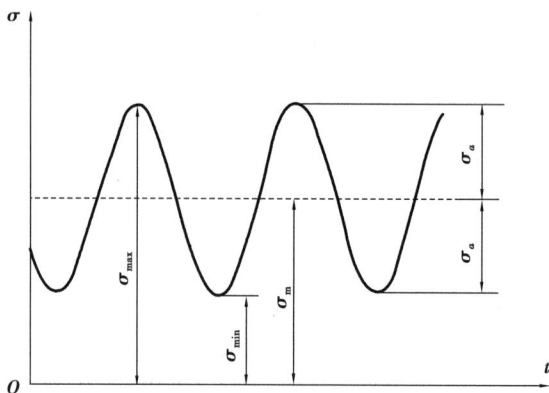

图 9.13　一般的交变应力示意图

平均应力:最大应力与最小应力的代数平均值,即

$$\sigma_m = \frac{1}{2}(\sigma_{max} + \sigma_{min}) = \frac{1}{2}\sigma_{max}(1 + R) \tag{9.24}$$

应力幅度:最大应力与最小应力的代数差的一半,即

$$\sigma_\alpha = \frac{1}{2}(\sigma_{max} - \sigma_{min}) = \frac{1}{2}\sigma_{max}(1 - R) \tag{9.25}$$

最大应力:应力循环中的最大值,即

$$\sigma_{max} = \sigma_m + \sigma_a \tag{9.26}$$

最小应力:应力循环中的最小值,即

$$\sigma_{min} = \sigma_m - \sigma_a \tag{9.27}$$

对称循环:$\sigma_{min} = -\sigma_{max}$,应力比 $R = -1$,$\sigma_m = 0$

非对称循环:应力比 $R \neq -1$

脉动循环:$R = 0$,$\sigma_m = \sigma_\alpha = \sigma_{max}/2$,$\sigma_{min} = 0$,如图 9.14 所示。

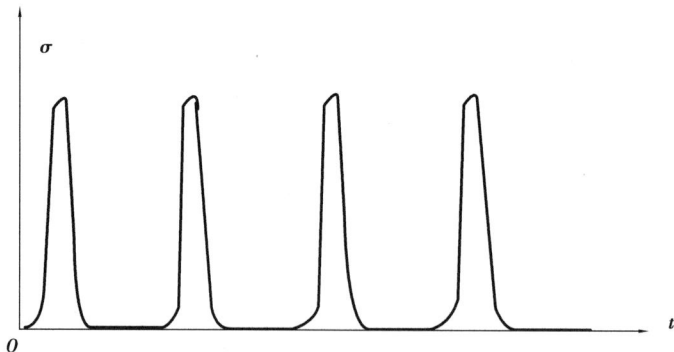

图 9.14　脉动循环示意图

静应力:是交变应力的一种特例,满足

$$\sigma_{max} = \sigma_{min},\sigma_\alpha = 0,R = +1$$

如果需要研究承受扭转的交变应力,只需把上述正应力 σ 换成切应力 τ 即可。

(2)疲劳极限

习惯上使用应力-寿命曲线(σ_{max}-N 或 σ-N 曲线)来衡量金属的疲劳极限,如图 9.15 所示。其中,N(又称寿命)指构件破坏时经历的循环次数,σ_{max} 是应力循环中的最大值,构件在交变应力下的应力比 R 是一个定值。

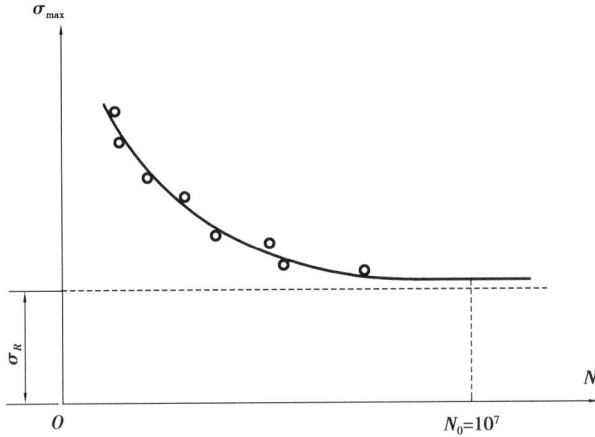

图9.15 应力-寿命曲线示意图

该曲线具有以下几个特征:

①在一定的应力比 R 下,疲劳强度曲线的表征需要 σ_{max} 和 N 两个变量才能完全确定。

②在一定的应力比 R 下,N 不同,破坏时的 σ_{max} 亦不同。

③同种材料,不同的 R 值对应的 σ-N 曲线也不同。

④对于某些材料(如钢材),σ-N 曲线有一条水平渐近线 $\sigma_{max}=\sigma_R$,σ_R 为材料在指定的应力比 R 下的疲劳极限(或持久极限),即材料经过无穷多次应力循环而不发生破坏的最大应力值。对于钢材,$N=10^7$,对应的点的纵坐标与 σ_R 极为接近。这一次数用 N_0 表示,称为循环基数。

2.对称循环材料的疲劳极限及强度条件

(1)对称循环下材料疲劳极限的测定

下面以对称循环交变应力工况为例,如图9.16所示,介绍如何对中间纯弯段钢制试件的疲劳极限 $(\sigma_{-1})_{弯}$ 进行测定。

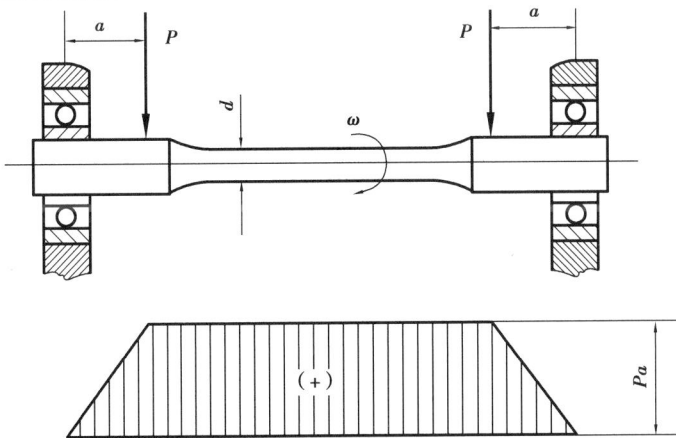

图9.16 对称循环交变应力工况下钢制试件受力简图

①选取构件:采用等圆截面小尺寸(直径 7～10 mm)6～10 根,表面磨光。依次置于弯曲疲劳试验机上。

②取第一根试件,使其所受应力循环的最大正应力 σ_{max} 约为试件材料强度极限 σ_b 的60%,试件断裂后,从试验机的计数器上读出应力循环次数 N。

③将所受应力循环的最大正应力 σ_{max} 逐次降低,同理记录试件断裂时循环次数 N。

④把所测得的循环次数 N 与对应的 σ_{max} 绘成一条关系曲线,就可以得到对称循环($R=-1$)的应力-寿命(σ-N)图,如图9.17所示。

从图9.17可以看出,$N=10^7$,对应的点的纵坐标与 σ_R 极为接近。因此,可以认为钢试件经过 $N=10^7$ 的应力循环基数时的最大正应力 σ_{max} 就是该钢材的疲劳极限。

在弯曲、拉/压、扭转等工况下,钢材在对称循环交变应力下的疲劳极限,与其静强度极限 σ_b 之间存在着下述近似关系

$$\left.\begin{array}{l}(\sigma_{-1})_{弯} \approx 0.4\sigma_b \\ (\sigma_{-1})_{拉-压} \approx 0.28\sigma_b \\ (\tau_{-1})_{扭} \approx 0.22\sigma_b\end{array}\right\} \tag{9.28}$$

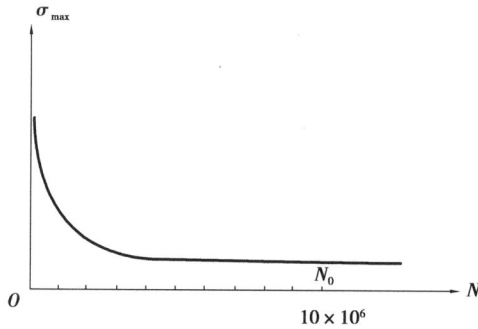

图9.17 试件循环次数 N 与对应的 σ_{max} 关系曲线

对于疲劳曲线中没有明显渐近线的材料(如有色金属及其合金),通常采用名义疲劳极限来定义,即按设计所要求的循环次数(如 $200\times10^6 \sim 500\times10^6$),来测定相应的最大应力 σ_{max}(或 τ_{max})。

(2)影响疲劳极限的主要因素

材料的疲劳极限数据由标准试件测量得出。对于非标准试件,需进行特定修正,其表达式为

$$\left.\begin{array}{l}(\sigma_{-1})_{构} = \dfrac{\varepsilon_\sigma \beta}{K_\sigma}\sigma_{-1} \\[2mm] (\tau_{-1})_{构} = \dfrac{\varepsilon_\tau \beta}{K_\tau}\tau_{-1}\end{array}\right\} \tag{9.29}$$

其中,K_σ 或 K_τ 为有效应力集中系数,考虑了开孔、开槽等情况下应力集中的影响,其数值大于1。表达式如下:

$$\left.\begin{array}{l}K_\sigma = \dfrac{\sigma_{-1}}{(\sigma_{-1})_k} \\[2mm] K_\tau = \dfrac{\tau_{-1}}{(\tau_{-1})_k}\end{array}\right\} \tag{9.30}$$

其中,σ_{-1} 表示在对称循环的拉-压或弯曲交变应力下标准试件的疲劳极限,$(\sigma_{-1})_k$ 表示在考虑应力集中(其他条件与标准试件相同)的情况下,各类试件的疲劳极限,在对称循环扭

转交变应力下,只需要将 σ 换为 τ 即可。

ε_σ 或 ε_τ 是绝对尺寸影响系数,ε_σ、ε_τ 均小于 1。其表达式为

$$\varepsilon_\sigma = \frac{(\sigma_{-1})_d}{\sigma_{-1}} \tag{9.31a}$$

$$\varepsilon_\tau = \frac{(\tau_{-1})_d}{\tau_{-1}} \tag{9.31b}$$

其中,σ_{-1} 表示在对称循环的拉-压或弯曲交变应力下标准试件的疲劳极限,$(\sigma_{-1})_d$ 表示各种不同尺寸(其他条件同标准试件)试件的疲劳极限,在对称循环扭转交变应力下,只需要将 σ 换为 τ 即可。

β 为表面质量系数,考虑了构件表面质量对构件的疲劳极限的影响。其表达式如下

$$\beta = \frac{(\sigma_{-1})_\beta}{\sigma_{-1}} \tag{9.32}$$

σ_{-1} 表示在对称循环的拉-压或弯曲交变应力下标准试件的疲劳极限,$(\sigma_{-1})_\beta$ 表示各种不同表面质量(其他条件同标准试件)的试件的疲劳极限,在对称循环扭转交变应力下,只需要将 σ 换为 τ 即可。实验证明,在对称循环的拉-压、弯曲或扭转等交变应力下,表面质量系数 β 值基本相同。

(3)在对称循环下构件的强度条件

通过综合考虑式(9.29)疲劳极限以及安全系数 n,可以得到对称循环的拉-压或弯曲的许用应力 $[\sigma_{-1}]$

$$[\sigma_{-1}] = \frac{(\sigma_{-1})_构}{n} = \frac{\varepsilon_\sigma \beta}{K_\sigma} \frac{\sigma_{-1}}{n} \tag{9.33}$$

构件的强度条件为

$$\sigma_{\max} \leqslant [\sigma_{-1}] \tag{9.34}$$

在工程中,常常采用由安全系数构成的强度条件。即

$$n_\sigma = \frac{(\sigma_{-1})_构}{\sigma_{\max}} = \frac{\varepsilon_\sigma \beta}{K_\sigma} \frac{\sigma_{-1}}{\sigma_{\max}} \geqslant [n] \tag{9.35}$$

式中,$[n]$ 为规定的安全系数,n_σ 为强度储备。

例 9.5　如图 9.18 所示为一段转轴,受对称循环交变应力。轴的材料为 A5 钢,强度极限 $\sigma_b = 520$ MPa,$\sigma_{-1} = 220$ MPa。轴的大直径 $D = 55$ mm,小直径 $d = 52$ mm;轴肩半径 $r = 1.5$ mm。其中,$K_\sigma = 1.65$,$\varepsilon_\sigma = 0.81$,$\beta = 0.94$。

①试求轴肩处的疲劳极限;

②若轴上弯矩 $M = 900$ N·m,$[n] = 1.5$。试校核轴肩处的疲劳强度。

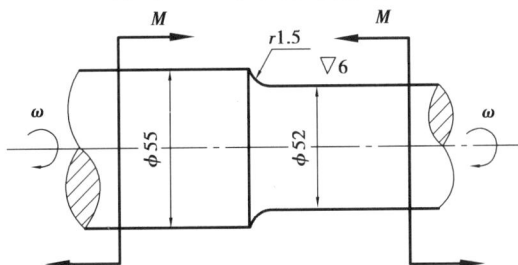

图 9.18　转轴示意图

解:①按式(9.29)计算得出该段转轴在轴肩处的疲劳极限$(\sigma_{-1})_{构}$为

$$(\sigma_{-1})_{构} = \frac{\varepsilon_{\sigma}\beta}{K_{\sigma}}\sigma_{-1} = \frac{0.81 \times 0.94}{1.65} \times 220 = 102(\text{MPa})$$

②轴肩处的抗弯截面模量为

$$W = \frac{\pi}{32}d^3 = \frac{\pi}{32}(5.2)^3 = 13.8(\text{cm}^3) = 13.8 \times 10^{-6}(\text{m}^3)$$

最大应力为

$$\sigma_{max} = \frac{M}{W} = \frac{900}{13.8 \times 10^{-6}} = 65.2(\text{MPa})$$

n_{σ} 为

$$n_{\sigma} = \frac{(\sigma_{-1})_{构}}{\sigma_{max}} = \frac{102}{65.2} = 1.56 > [n] = 1.5$$

故轴肩处疲劳强度是足够的。

3. 非对称循环材料的疲劳极限及强度条件

(1)交变应力下的疲劳极限图

疲劳极限图的做法如下:

①设定不同的应力比R,得到不同R值下的$\sigma\text{-}N$曲线,如图9.19所示;

②在$\sigma\text{-}N$曲线$N = 10^7$处作一条竖直线,从而得到一系列的交点;

③计算这些交点的平均应力σ_m和应力幅度σ_a;

④以平均应力σ_m为横坐标,以应力幅值σ_a为纵坐标,将第③步的坐标点画在图中,连接这些点形成曲线。此曲线即为该种材料的疲劳极限图,如图9.20所示。

从疲劳极限图可以看出,位于曲线内的点在其所对应的交变应力下不会产生疲劳破坏,而位于曲线外的点在其所对应的交变应力下小于10^7即会产生疲劳破坏。

对于如何确定图9.20所对应的R值,可以根据下式确定

$$\frac{\sigma_a}{\sigma_m} = \frac{1-R}{1+R}$$

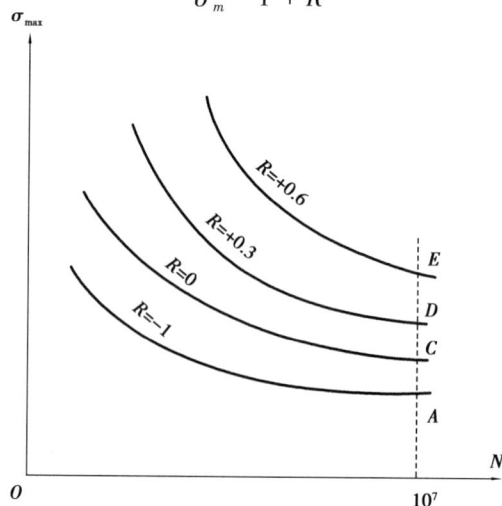

图9.19　不同R值下的$\sigma\text{-}N$曲线

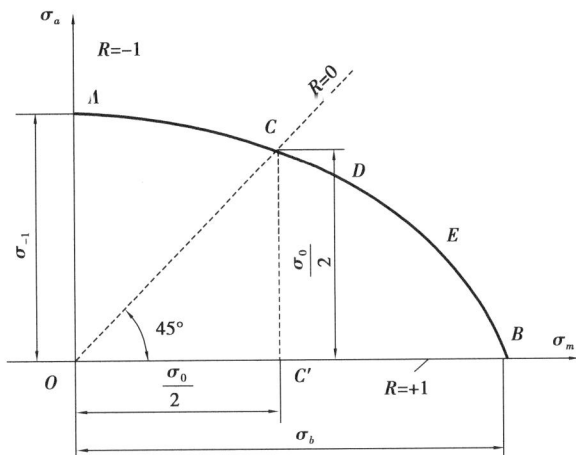

图 9.20　交变应力下的疲劳极限图

即曲线每一个点对应割线斜率可以用 $\dfrac{1-R}{1+R}$ 表示,从图中可以看出,OB 的斜率为 0,则 $R=1$,B 点可以认为是静应力作用,B 点的横坐标 OB 是材料在静应力的强度极限 σ_b。OA 的斜率是无穷大,则 $R=-1$,A 点的纵坐标可以认为是对称循环材料的疲劳极限 σ_{-1}。OC 的斜率为 1,则 $R=0$,C 点可以认为是脉动循环材料的疲劳极限。

（2）非对称循环的疲劳强度校核

实际工程中疲劳极限曲线不方便使用,一般简化为折线即如图 9.21（a）所示 ACB 折线。在此基础上考虑不同折减系数对应力幅度 σ_a 有影响,K_s 为综合影响系数,得到折线 A_1C_1B,这里需要注意的是,系数对 σ_m 无影响,故横坐标无变化。

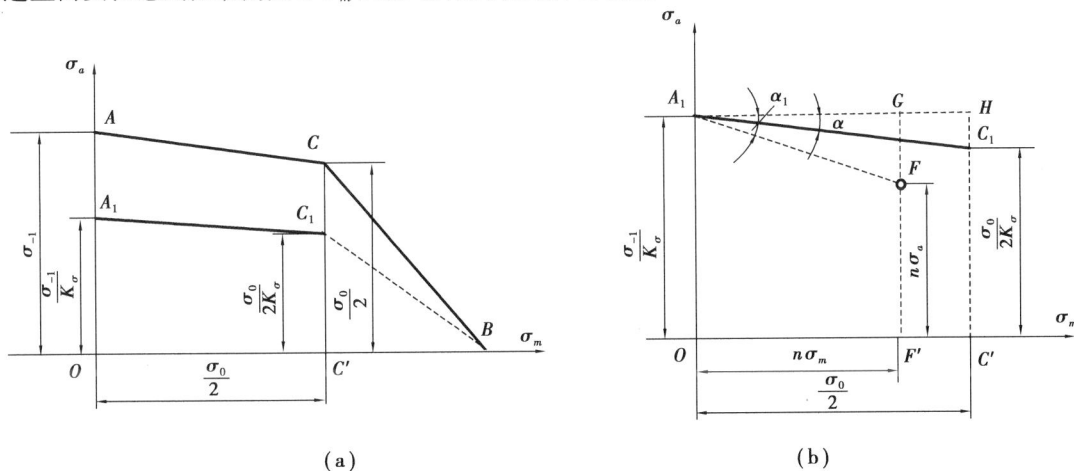

（a）

（b）

图 9.21　非对称循环疲劳强度校核的折线简化示意图

从图 9.21（b）可以看出,F 点不超越 A_1C_1 线的条件是 $\tan \alpha_1 \geqslant \tan \alpha$。其中

$$\tan \alpha_1 = \frac{\dfrac{\sigma_{-1}}{K_\sigma} - n\sigma_a}{n\sigma_m}$$

$$\tan \alpha = \frac{\dfrac{\sigma_{-1}}{K_\sigma} - \dfrac{\sigma_0}{2K_\sigma}}{\dfrac{\sigma_0}{2}} = \frac{1}{K_\sigma} \frac{\sigma_{-1} - 0.5\sigma_0}{0.5\sigma_0} = \frac{1}{K_\sigma} \psi_a$$

式中,$\psi_a = (\sigma_{-1}-0.5\sigma_0)/0.5\sigma_0$ 是一个常数,与材料的性质有关。代入正切函数化简得到

$$n_\sigma = \frac{\sigma_{-1}}{\sigma_a K_\sigma + \sigma_m \psi_\sigma} \geqslant n \tag{9.36}$$

式(9.36)表明只要不发生疲劳破坏的前提是工作安全系数 n_σ 要大于等于许用的安全系数 n。针对承受非对称循环交变应力的扭转圆轴,只需要将式(9.36)中的 σ 改为 τ 即可。

针对 $R=1$ 即准静态工况,由于无法判断疲劳与区域发生的先后顺序,因此只能同时从疲劳和屈服两个方面进行校核。

4. 扭弯联合下的疲劳强度

对于承受扭弯联合交变应力的圆轴,这时可按下列经验公式(常称为高夫公式)进行疲劳校核

$$\frac{n_\sigma n_\tau}{\sqrt{n_\sigma^2 + n_\tau^2}} \geqslant n \tag{9.37}$$

n 是扭弯联合时指定的安全系数。n_σ、n_τ 可按式(9.36)计算。

习题 A

9.1 (填空题)在悬臂梁的中间截面处加上重量为 $2P$ 的重物,此时自由端向下有一位移 Δ,然后在自由端有一重量为 P 的物体自高度 h 处自由落下,冲击到梁的 B 点处。已知梁自由端的静变形 Δ_{st},则梁的动荷因数 $K_d =$ _____。

9.2 如习题9.2图所示两梁抗弯刚度相同,弹簧的刚度系数也相同,则两梁中最大动应力的关系为( )?

(A) $(\sigma_d)_a = (\sigma_d)_b$ 　　　　　　(B) $(\sigma_d)_a > (\sigma_d)_b$

(C) $(\sigma_d)_a < (\sigma_d)_b$ 　　　　　　(D) 与 H 大小有关

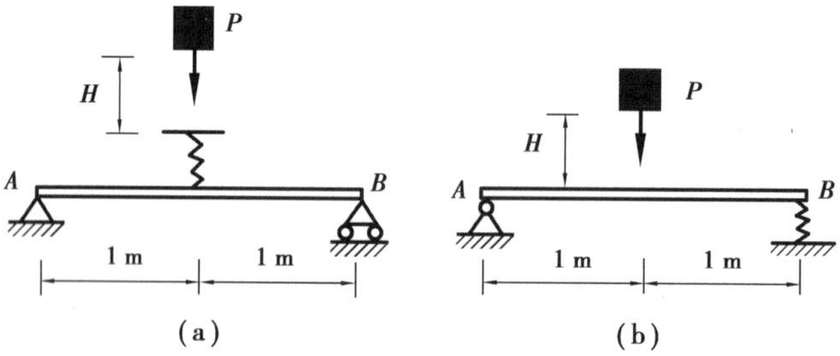

习题9.2图

9.3 如习题图9.3所示重量为 Q 的重物自由下落冲击梁,冲击时动荷系数为( )?

(A) $k_d = 1 + \sqrt{1 + \dfrac{2h}{\delta_C}}$ 　　　　　　(B) $k_d = 1 + \sqrt{1 + \dfrac{h}{\delta_B}}$

(C) $k_d = 1 + \sqrt{1 + \dfrac{2h}{\delta_B}}$ 　　　　　　(D) $k_d = 1 + \sqrt{1 + \dfrac{2h}{\delta_C + \delta_B}}$

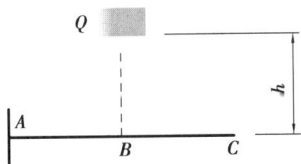

习题9.3 图

9.4　如习题 9.3 图所示,在悬臂梁 AB 的中心点 C 处有一静荷载 P,同时有一重量为 Q 的物体从高度 h 处自由落下,冲击时的动荷因数为 K_d,则梁的最大弯矩为(　　)?

$(A) M_{\max} = \left(\dfrac{1}{2}PL + QL\right)K_d$　　　　　$(B) M_{\max} = \dfrac{1}{2}PLK_d + QL$

$(C) M_{\max} = \dfrac{1}{2}PL + QLK_d$　　　　　$(D) M_{\max} = \dfrac{1}{2}(P+Q)LK_d$

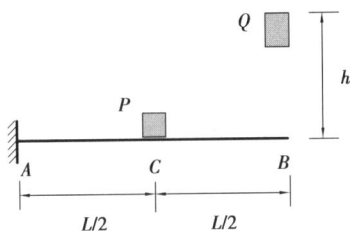

习题9.4 图

习题 B

9.5　重为 Q 的物体从高度 h 处自由落下,若已知梁的抗弯刚度为 EI,支座的弹簧刚度为 k(产生单位长度变形所需的力),且 $k = EI/l^3$,求 C 点的挠度。

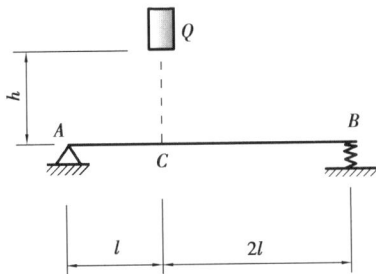

习题9.5 图

9.6　如习题 9.6 图所示直角刚架,A 端作用一集中力 F,已知刚架的抗弯刚度为 EI。求:刚架 A 截面的铅垂位移与转角?(不考虑轴力、剪力的影响)

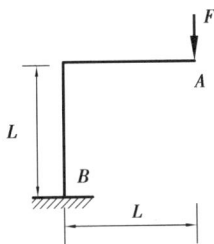

习题9.6 图

9.7 如习题9.7图所示重量为8 kN的重物,由高度 $H=1.2$ m处自由下落冲击于梁上的 C 点,已知梁 AB 为圆截面直梁,直径 $=120$ mm, $E=200$ GPa,求梁内的最大挠度与最大应力?

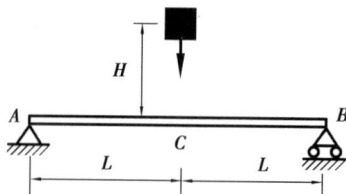

习题9.7图

习题 C

9.8 如习题9.8图所示的梁、柱混合结构, A 、 B 、 C 处均为铰接,当重物 $W=2.88$ kN从高度 $H=60$ mm处自由下落到 AB 梁上时,试校核立柱 BC 的稳定性。已知梁的弹性模量 $E=100$ GPa,截面惯性矩 $I=1\times10^{-6}$ m^4,柱的弹性模量 $E=72$ GPa,横截面积 $A_1=1\times10^{-4}$ m^2,截面惯性矩 $I=6.25\times10^{-8}$ m^4,稳定安全因数为 $n_{st}=3$(简支梁中点挠度 $f=Fl^3/48EI$)。

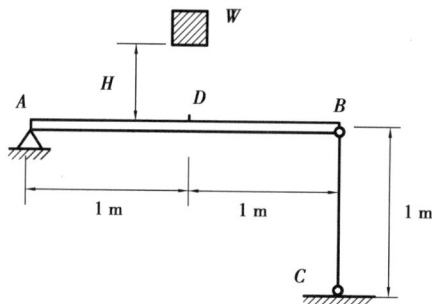

习题9.8图

9.9 如习题9.9图所示折杆 $ABCD$,各段皆为直径80 mm的圆截面, AB 与 CD 垂直, $AC=CB=2$ m, $CD=1$ m,有重物 $Q=10$ kN,由高度0.8 m以初速度0.1 m/s下落至 D 点,已知弹性模量 $E=200$ GPa,切变模量 $G=80$ GPa,按第四强度理论,求梁受冲击时最大相当动应力 σ_{rd} 。

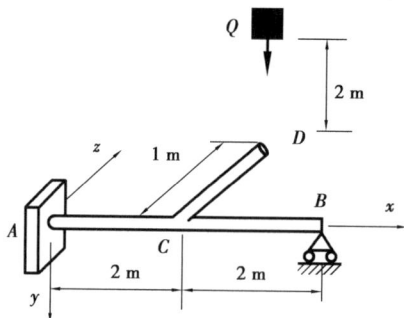

习题9.9图

第 10 章
截面几何性质

材料力学的研究对象为杆件,杆件的横截面是具有一定几何形状的平面图形。杆件的承载能力与其横截面图形的一些几何特性有密切的关系。

研究平面图形几何性质的方法为化特殊为一般,即将实际特殊杆件的横截面抽象为一般杆件的横截面进行计算处理,如图 10.1 所示。

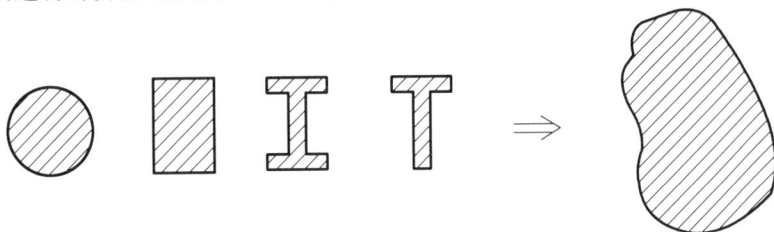

图 10.1 一般杆件截面几何特性抽象示意图

10.1 静矩、形心位置

如图 10.2 所示,微面积 dA 与 z 轴、y 轴间距离的乘积 ydA, zdA 分别称为微面积 dA 对 z 轴、y 轴的静矩。整个截面对 z 轴、y 轴的静矩可用下式来定义

$$\left.\begin{array}{l} \int_A ydA = S_z \\ \int_A zdA = S_y \end{array}\right\} \tag{10.1}$$

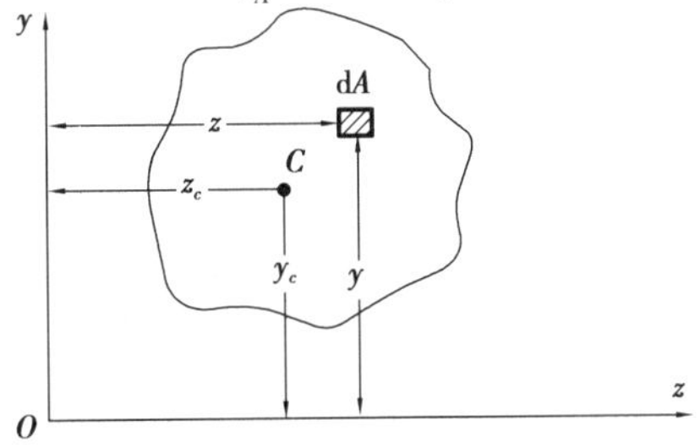

图 10.2 截面静矩计算示意图

通过对上式直接积分,即可直接计算对相应轴的静矩。若已知截面的形心位置为 C,则 S_z,S_y 可以写成

$$\left.\begin{array}{c} S_y = Az_c \\ S_z = Ay_c \end{array}\right\}$$ (10.2)

因此也可以通过静矩来计算截面形心的位置

$$\left.\begin{array}{c} y_c = \dfrac{S_z}{A} \\ z_c = \dfrac{S_y}{A} \end{array}\right\}$$ (10.3)

可以看出,截面对某一轴的静矩等于零,则该轴必通过形心,截面对通过形心的轴的静矩恒等于零,即

$$S_{zc} = 0; \quad S_{yc} = 0$$ (10.4)

静矩与截面尺寸、形状、轴的位置有关,可以为正、或负、或等于零。单位为长度的三次方,即 mm^3,cm^3,m^3。

组合截面的整个图形对于某一轴的静矩,等于各组部分对于同一轴静矩代数和

$$\left.\begin{array}{c} S_z = \displaystyle\sum_{i=1}^{n} A_i y_i \\ S_y = \displaystyle\sum_{i=1}^{n} A_i z_i \end{array}\right\}$$ (10.5)

组合截面的形心位置也可以用静矩来计算

$$\left.\begin{array}{c} y_c = \dfrac{S_z}{A} = \dfrac{\displaystyle\sum_{i=1}^{n} A_i y_i}{\displaystyle\sum_{i=1}^{n} A_i} \\ z_c = \dfrac{S_y}{A} = \dfrac{\displaystyle\sum_{i=1}^{n} A_i z_i}{\displaystyle\sum_{i=1}^{n} A_i} \end{array}\right\}$$ (10.6)

例 10.1 求如图 10.3 所示截面图形的形心。

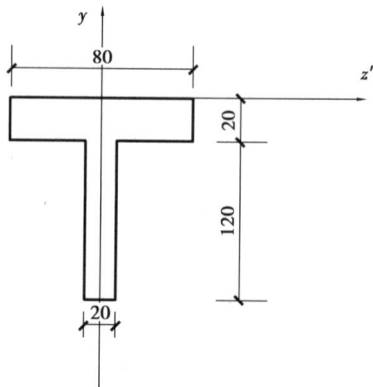

图 10.3 例 10.1T 形截面梁

解:把 T 形看成由矩形 Ⅰ 和 Ⅱ 组成。

因为 y 轴是对称轴,所以形心必在 y 轴上。

$A_{\text{Ⅰ}} = 80 \times 20 = 1\ 600\ \text{mm}^2$ $\qquad\qquad$ $A_{\text{Ⅱ}} = 120 \times 20 = 2\ 400\ \text{mm}^2$

$y_{c\text{Ⅰ}} = 10\ \text{mm}$(到 z' 轴) $\qquad\qquad$ $y_{c\text{Ⅱ}} = 60 + 20 = 80\ \text{mm}$(到 z' 轴)

则 $\qquad\qquad S'_z = \sum_{i=1}^{n} A_i y_{ci} = 1\ 600 \times 10 + 2\ 400 \times 80 = 20\ 800\ \text{mm}^3$

$$y_c = \frac{S'_z}{A} = \frac{\sum_{i=1}^{n} A_i y_{ci}}{\sum_{i=1}^{n} A_i} = \frac{208\ 000}{80 \times 20 + 120 \times 20} = 52\ \text{mm}$$

10.2　惯性矩(形心主惯性矩)、惯性半径、极惯性矩

面积元素 $\text{d}A$ 与其至 y 轴或 z 轴距离平方的乘积 $z^2\text{d}A$ 或 $y^2\text{d}A$,分别称为该面积元素对 y 轴或 z 轴的惯性矩或截面二次轴距,如图 10.4 所示,数学表达式如下

$$\left.\begin{aligned} I_z &= \int_A y^2 \text{d}A \\ I_y &= \int_A z^2 \text{d}A \end{aligned}\right\} \tag{10.7}$$

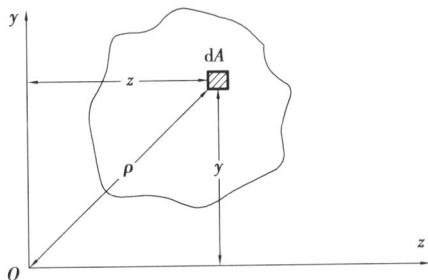

图 10.4　截面惯性矩计算示意图

I_z、I_y 分别定义为截面对 z 轴、y 轴的惯性矩。

若 z 轴经过截面的形心,并取得最大或最小惯性矩,则该轴称为形心主惯性轴。截面对该轴的惯性矩称为形心主惯性矩,用 I_{zc},I_{yc} 表示。

在某些应用中,将惯性矩表示为截面积 A 与某一长度平方的乘积,该长度即为惯性半径,可以用如下公式表示

$$\left.\begin{aligned} i_y &= \sqrt{\frac{I_y}{A}} \\ i_z &= \sqrt{\frac{I_z}{A}} \end{aligned}\right\} \tag{10.8}$$

式(10.8)中,i_y 和 i_z 分别称为截面对 y 轴和 z 轴的惯性半径,其单位为 m 或者 mm。对于圆形截面 $i = \sqrt{\frac{I}{A}} = \frac{d}{4}$。

微元面积 dA 与其至坐标原点距离平方的乘积 $\rho^2 dA$，称为面积元素对原点的极惯性矩或截面二次极矩。而以下积分

$$I_p = \int_A \rho^2 dA \tag{10.9}$$

被定义为整个截面对坐标原点的极惯性矩。

由于 $\rho^2 = y^2 + z^2$，所以 $I_p = I_y + I_z$。

例 10.2   求如图 10.5 所示矩形截面对其对称轴(即形心轴) y、z 的惯性矩？

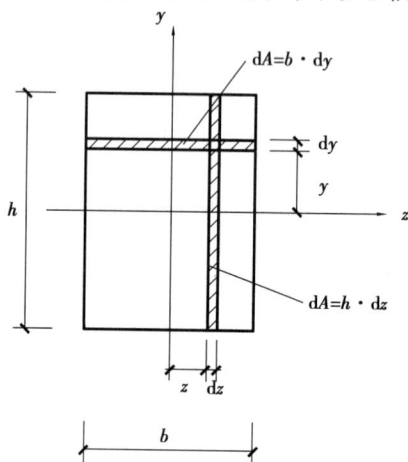

图 10.5   矩形截面惯性矩求解示意图

解：

$$I_z = \int_A y^2 dA = \int_{\frac{h}{2}}^{\frac{h}{2}} y^2 (b dy)$$

$$= \frac{b y^3}{3} \Big|_{-\frac{h}{2}}^{\frac{h}{2}} = \frac{b h^3}{12}$$

$$I_y = \int_A z^2 dA = \int_{-\frac{b}{2}}^{\frac{b}{2}} z^2 (h dz)$$

$$= \frac{h z^3}{3} \Big|_{-\frac{b}{2}}^{\frac{b}{2}} = \frac{h b^3}{12}$$

例 10.3   求如图 10.6 所示三角形截面对 z 的惯性矩 I_z，三角形截面的高为 h。

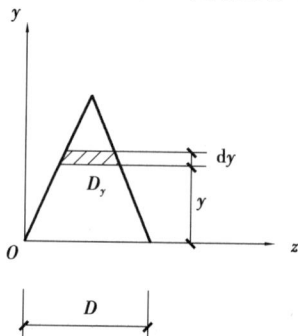

图 10.6   三角形截面惯性矩求解示意图

解：

$$\frac{D_y}{D} = \frac{h-y}{h} \quad D_y = \frac{h-y}{h} \cdot D$$

$$\mathrm{d}A = D_y \cdot \mathrm{d}y$$

$$I_z = \int_A y^2 \mathrm{d}A = \int_0^h y^2 \frac{h-y}{h} \cdot D \cdot \mathrm{d}y$$

$$= \frac{Dh^3}{12}$$

例 10.4　求如图 10.7 所示扇形截面对 z 的惯性矩。

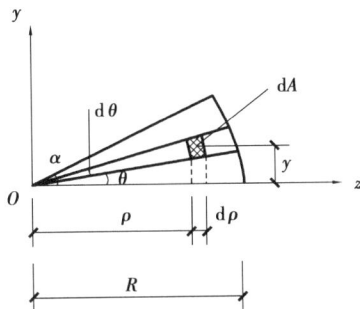

图 10.7　扇形截面惯性矩求解示意图

解：

$$I_Z = \int_A y^2 \mathrm{d}A$$

$$\mathrm{d}A = \rho \mathrm{d}\theta \cdot \mathrm{d}\rho$$

$$y = \rho \cdot \sin\theta$$

$$I_z = \int_A (\rho \sin\theta)^2 \cdot \rho \cdot \mathrm{d}\theta \cdot \mathrm{d}\rho$$

$$= \frac{R^4}{8}(a - \sin\alpha \cos\alpha) \tag{10.10}$$

例 10.5　求如图 10.8 所示的 1/4 圆截面对 z 的惯性矩。

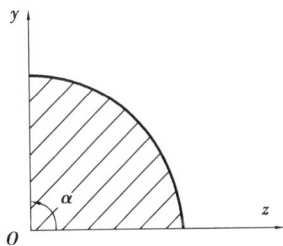

图 10.8　$\dfrac{1}{4}$ 圆截面惯性矩求解示意图

解：因为 $\alpha = \dfrac{\pi}{2}$

代入式（10.10）即得

$$I_z = \frac{\pi R^4}{16}$$

例 10.6　求如图 10.9 所示全圆截面对 z 的惯性矩。

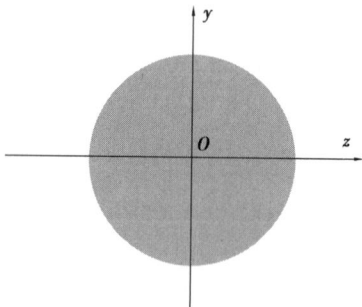

图 10.9　全圆截面惯性矩求解示意图

解:因为 $\alpha = 2\pi$

代入式(10.10)即得

$$I_z = \frac{\pi R^4}{4} = \frac{\pi D^4}{64}$$

而极惯性矩

$$I_p = I_z + I_y = 2I_z = \frac{\pi D^4}{32}$$

同一截面对不同的坐标轴的惯性矩是不相同的。截面对任意一对互相垂直轴的惯性矩之和,恒等于它对该两轴交点的极惯性矩(因为 $\rho^2 = y^2 + z^2$)。

决定惯性矩的大小因素包括截面形状、尺寸、轴的位置等。惯性矩、惯性半径和极惯性矩的数值恒为正。惯性矩、极惯性矩的单位相同,均为:mm^4,cm^4,m^4。

例 10.7　如图 10.10 所示,已知:I_z、I_y、I_{zc}、I_{yc},$y_c // y$,$z_c // z$(两坐标轴互相平行)$y = y_c + b$;$z = z_c + a$。

求:I_z,I_y,I_{zc},I_{yc} 的关系。

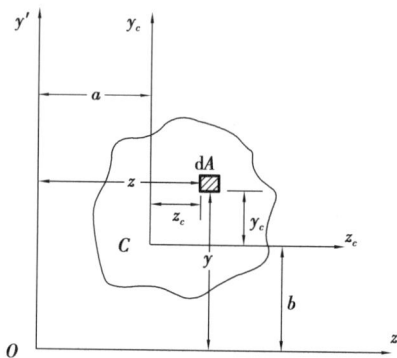

图 10.10　例 10.7 图

解:

$$I_z = \int_A y^2 \mathrm{d}A$$

$$= \int_A (y_c + b)^2 \mathrm{d}A = \int_A (y_c^2 + 2y_c b + b^2) \mathrm{d}A$$

$$= \int_A y_c^2 \mathrm{d}A + 2b \int_A y_c \mathrm{d}A + b^2 \int_A \mathrm{d}A$$

$$= I_{zc} + 0 + b^2 A = I_{zc} + b^2 A$$

由此可见,图形对任意轴的惯性矩 I_z 等于图形对于与该轴平行的形心轴的惯性矩 I_{zc} 与图形面积与两轴间距离平方的乘积之和。

同理可得

$$I_y = I_{yc} + a^2 A$$

例 10.8　求如图 10.11 所示图形的 I_{zc}, I_{z2} 的大小。

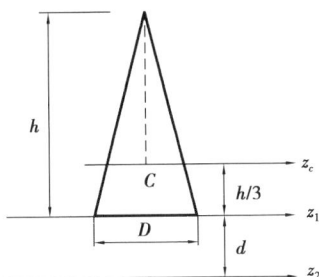

图 10.11　例 10.8 图

解:①求 I_{zc}。

因 $I_{z1} = I_{zc} + b^2 A$, 即

$$\frac{Dh^3}{12} = I_{zc} + \left(\frac{h}{3}\right)^2 \cdot \frac{Dh}{2}$$

$$I_{zc} = \frac{Dh^3}{12} - \frac{h^2}{9} \cdot \frac{Dh}{2} = \frac{Dh^3}{36}$$

②求 I_{z2}。

如果采用 $I_{z2} = I_{z1} + d^2 A = \frac{Dh^3}{12} + d^2 \cdot \frac{Dh}{2}$, 则计算是错误的,注意移轴一定要对截面形心进行移轴。

实际上应该为

$$I_{z2} = I_{zc} + \left(d + \frac{h}{3}\right)^2 A$$

习题 A

10.1　(填空题)设矩形对其一对称轴 z 的惯性矩为 I_z,当其长宽比保持不变,而面积增加一倍时,该图形对其对称轴 z 的惯性矩为＿＿＿＿＿＿＿＿。

10.2　截面对于其对称轴的(　　)。
(A)静矩为零,惯性矩不为零　　　(B)静矩和惯性矩均为零
(C)静矩不为零,惯性矩为零　　　(D)静矩和惯性矩均不为零

10.3　在下列关于平面图形的结论中,错误的是(　　)。
(A)图形的对称轴必定通过形心　　(B)图形对称轴的静矩为零
(C)图形两个对称轴的交点必为形心　(D)使静矩为零的轴必为对称轴

10.4　如习题 10.4 图所示矩形截面,m-m 线以上部分和以下部分对形心轴的两个静矩的(　　)。
(A)绝对值相等,正负号相同　　　(B)绝对值相等,但正负号不同
(C)绝对值不等,正负号相同　　　(D)绝对值不等,正负号不同

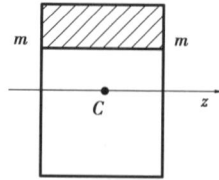

习题 10.4 图

10.5 如习题 10.5 图所示,直径为 d 的圆形截面切去一个长方形,则阴影部分截面 z 轴的截面抗弯系数 $W_z = ($ $)$。

(A) $\dfrac{\pi d^3}{32} - \dfrac{bh^2}{6}$ (B) $\dfrac{\pi d^4}{64} - \dfrac{bh^3}{12}$

(C) $\dfrac{1}{d} \cdot \left(\dfrac{\pi d^4}{32} - \dfrac{bh^3}{6} \right)$ (D) $\dfrac{1}{d} \cdot \left(\dfrac{\pi d^4}{64} - \dfrac{bh^3}{12} \right)$

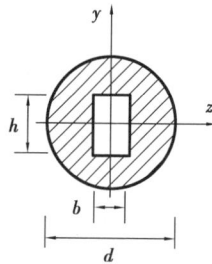

习题 10.5 图

习题 B

10.6 求如习题 10.6 图所示各截面对形心轴 z 的惯性矩 I_z。

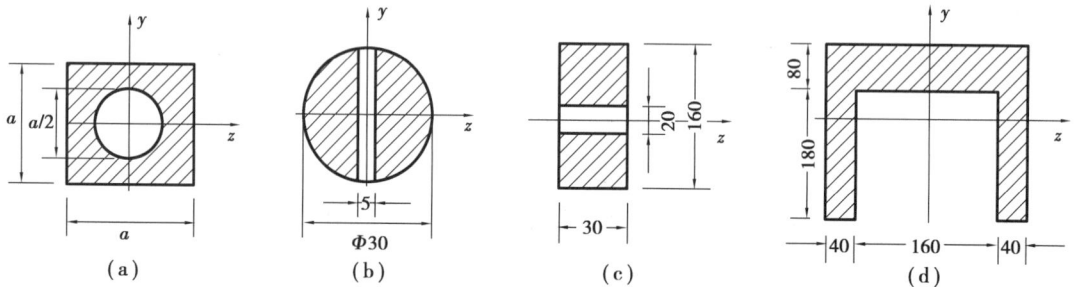

习题 10.6 图

10.7 计算如习题 10.7 图所示截面的形心坐标 z_c,并求该图形对形心轴的惯性矩。

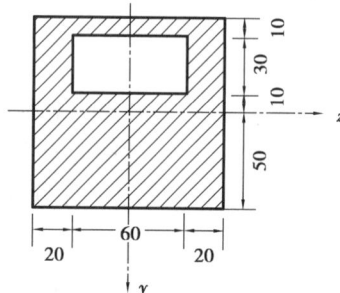

习题 10.7 图

习题 C

10.8　已知三角形尺寸如习题 10.8 图所示,图形对 z 轴惯性矩 $I_z = \dfrac{bh^3}{12}$,用平行移轴公式,求图形对形心轴惯性矩 I_{zc}(z_c 轴与 z 轴平行)。

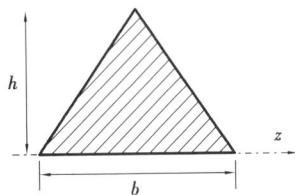

习题 10.8 图

10.9　求如习题 10.9 图所示各截面对形心轴的惯性矩(各圆直径为 d)。

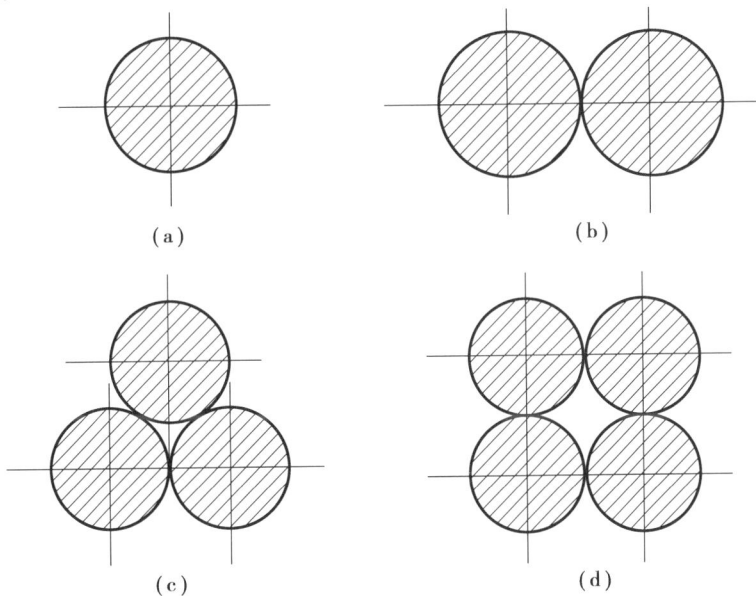

习题 10.9 图

10.10　两个 No.10 号槽钢的组合截面;求习题 10.10 图中(a)、(b)两种方案的惯性矩 I_z 和 I_y,并求 I_z 和 I_y 的比值。

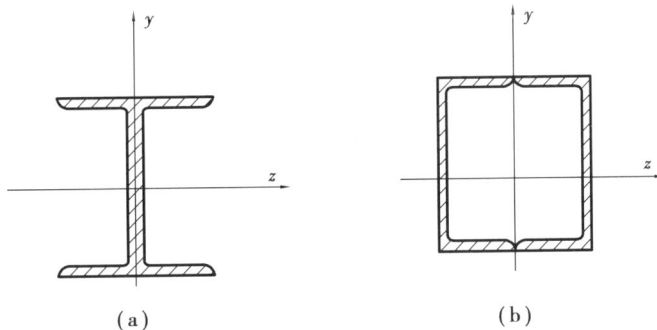

习题 10.10 图

参考文献

［1］刘鸿文. 简明材料力学［M］. 3 版. 北京：高等教育出版社，2011.

［2］北京科技大学东北大学. 工程力学［M］. 5 版. 北京：高等教育出版社，2020.

［3］孙训方，方孝淑，关来泰. 材料力学［M］. 6 版. 北京：高等教育出版社，2019.

［4］王永廉，汪云祥，方建士. 材料力学学习指导与题解［M］. 北京：机械工业出版社，2010.

［5］赵诒枢，尹长城，吴胜军. 材料力学习题同步解答［M］. 武汉：华中科技大学出版社，2005.

［6］圣才考研网，刘鸿文《材料力学》笔记和课后习题（含考研真题）译解［M］. 6 版. 北京：中国石化出版社.

［7］圣才考研网. 孙训方《材料力学》笔记和课后习题（含考研真题）译解［M］. 6 版. 北京：中国石化出版社.

［8］杨敏，钟蜀晖，白长杰. 材料力学［M］. 贵阳：贵州人民出版社，1996.

［9］朱滨. 弹性力学［M］. 合肥：中国科学技术大学出版社，2008.

［10］姚尧，等. 固体本构理论基础及应用［M］. 北京：科学出版社，2024.

［11］廖力，刘晓宁. 固体本构基础［M］. 北京：北京理工大学出版社，2017.

［12］范钦珊. 材料力学［M］. 北京：高等教育出版社，2000.

附 录

型钢规格表

表 1 热轧等边角钢 (GB/T 706—2008)

符号意义：

b——边宽度；
d——边厚度；
r——内圆弧半径；
r_1——边端内圆弧半径；

I——惯性矩；
i——惯性半径；
W——截面系数；
z_0——重心距离。

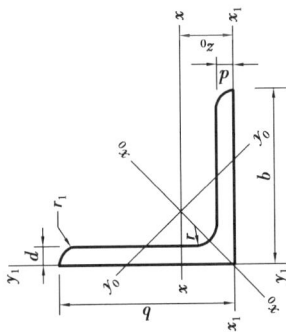

型号	尺寸/mm			截面面积 /cm²	理论质量 /(kg·m⁻¹)	外表面积 /(m²·m⁻¹)	参考数值											
							x-x			x₀-x₀			y₀-y₀			x₁-x₁	z₀
	b	d	r				I_x/cm⁴	i_x/cm	W_x/cm³	I_{x_0}/cm⁴	i_{x_0}/cm	W_{x_0}/cm³	I_{y_0}/cm⁴	i_{y_0}/cm	W_{y_0}/cm³	I_{x_1}/cm⁴	/cm
2	20	3	3.5	1.132	0.889	0.078	0.40	0.59	0.29	0.63	0.75	0.45	0.17	0.39	0.20	0.81	0.60
		4		1.459	1.145	0.077	0.50	0.58	0.36	0.78	0.73	0.55	0.22	0.38	0.24	1.09	0.64
2.5	25	3		1.432	1.124	0.098	0.82	0.76	0.46	1.29	0.95	0.73	0.34	0.49	0.33	1.57	0.73
		4		1.859	1.459	0.097	1.03	0.74	0.59	1.62	0.93	0.92	0.43	0.48	0.40	2.11	0.76

材料力学(简明版)

型号	b	d	r	截面面积/cm²	理论质量/(kg·m⁻¹)	外表面积/(m²·m⁻¹)	I_x/cm⁴	i_x/cm	W_x/cm³	I_{x_0}/cm⁴	i_{x_0}/cm	W_{x_0}/cm³	I_{y_0}/cm⁴	i_{y_0}/cm	W_{y_0}/cm³	I_{x1}/cm⁴	z_0/cm
3.0	30	3	4.5	1.749	1.373	0.117	1.46	0.91	0.68	2.31	1.15	1.09	0.61	0.59	0.51	2.71	0.85
3.0	30	4		2.276	1.786	0.117	1.84	0.90	0.87	2.92	1.13	1.37	0.77	0.58	0.62	3.63	0.89
3.6	36	3	4.5	2.109	1.656	0.141	2.58	1.11	0.99	4.09	1.39	1.61	1.07	0.71	0.76	4.68	1.00
	36	4		2.756	2.163	0.141	3.29	1.09	1.28	5.22	1.38	2.05	1.37	0.70	0.93	6.25	1.04
	36	5		3.382	2.654	0.141	3.95	1.08	1.56	6.24	1.36	2.45	1.65	0.70	1.09	7.84	1.07
4.0	40	3	5	2.359	1.852	0.157	3.59	1.23	1.23	5.69	1.55	2.01	1.49	0.79	0.96	6.41	1.09
	40	4		3.086	2.422	0.157	4.60	1.22	1.60	7.29	1.54	2.58	1.91	0.79	1.19	8.56	1.13
	40	5		3.791	2.976	0.156	5.53	1.21	1.96	8.76	1.52	3.10	2.30	0.78	1.39	10.74	1.17
4.5	45	3	5	2.659	2.088	0.177	5.17	1.40	1.58	8.20	1.76	2.58	2.14	0.89	1.24	9.12	1.22
	45	4		3.486	2.736	0.177	6.65	1.38	2.05	10.56	1.74	3.32	2.75	0.89	1.54	12.18	1.26
	45	5		4.292	3.369	0.176	8.04	1.37	2.51	12.74	1.72	4.00	3.33	0.88	1.81	15.25	1.30
	45	6		5.076	3.985	0.176	9.33	1.36	2.95	14.76	1.70	4.64	3.89	0.88	2.06	18.36	1.33
5	50	3	5.5	2.971	2.332	0.197	7.18	1.55	1.96	11.37	1.96	3.22	2.98	1.00	1.57	12.50	1.34
	50	4		3.897	3.059	0.197	9.26	1.54	2.56	14.70	1.94	4.16	3.82	0.99	1.96	16.69	1.38
	50	5	5.5	4.803	3.770	0.196	11.21	1.53	3.13	17.79	1.92	5.03	4.64	0.98	2.31	20.90	1.42
	50	6		5.688	4.465	0.196	13.05	1.52	3.68	20.68	1.91	5.85	5.42	0.98	2.63	25.14	1.46

型号	b	d	r														
5.6	56	3	6	3.343	2.624	0.221	10.19	1.75	2.48	16.14	2.20	4.08	4.24	1.13	2.02	17.56	1.48
5.6	56	4	6	4.390	3.446	0.220	13.18	1.73	3.24	20.92	2.18	5.28	5.46	1.11	2.52	23.43	1.53
		5		5.415	4.251	0.220	16.02	1.72	3.97	25.42	2.17	6.42	6.61	1.10	2.98	29.33	1.57
		6		6.420	5.040	0.220	18.69	1.71	4.68	29.66	2.15	7.49	7.73	1.10	3.40	35.26	1.61
		7		7.404	5.812	0.219	21.23	1.69	5.36	33.63	2.13	8.49	8.82	1.09	3.80	41.23	1.64
		8		8.367	6.568	0.219	23.63	1.68	6.03	37.37	2.11	9.44	9.89	1.09	4.16	47.24	1.68
6	60	5	6.5	5.829	4.576	0.236	19.89	1.85	4.59	31.57	2.33	7.44	8.21	1.19	3.48	36.05	1.67
		6		6.914	5.427	0.235	23.25	1.83	5.41	36.89	2.31	8.70	9.60	1.18	3.98	43.33	1.70
		7		7.977	6.262	0.235	26.44	1.82	6.21	41.92	2.29	9.88	10.96	1.17	4.45	50.65	1.74
		8		9.020	7.081	0.235	29.47	1.81	6.98	46.66	2.27	11.00	12.28	1.17	4.88	58.02	1.78
6.3	63	4	7	4.978	3.907	0.248	19.03	1.96	4.13	30.17	2.46	6.78	7.89	1.26	3.29	33.35	1.70
		5		6.143	4.822	0.248	23.17	1.94	5.08	36.77	2.45	8.25	9.57	1.25	3.90	41.73	1.74
		6		7.288	5.721	0.247	27.12	1.93	6.00	43.03	2.43	9.66	11.20	1.24	4.46	50.14	1.78
		7		8.412	6.603	0.247	30.87	1.92	6.88	48.96	2.41	10.99	12.79	1.23	4.98	58.60	1.82
		8		9.515	7.469	0.247	34.46	1.90	7.75	54.56	2.40	12.25	14.33	1.23	5.47	67.11	1.85
		10		11.657	9.151	0.246	41.09	1.88	9.39	64.85	2.36	14.56	17.33	1.22	6.36	84.31	1.93
7	70	4	8	5.570	4.372	0.275	26.39	2.18	5.14	41.80	2.74	8.44	10.99	1.40	4.17	45.74	1.86
		5		6.875	5.397	0.275	32.21	2.16	6.32	51.08	2.73	10.32	13.34	1.39	4.95	57.21	1.91
		6		8.160	6.406	0.275	37.77	2.15	7.48	59.93	2.71	12.11	15.61	1.38	5.67	68.73	1.95
		7		9.424	7.398	0.275	43.09	2.14	8.59	68.35	2.69	13.81	17.82	1.38	6.34	80.25	1.99
		8		10.667	8.373	0.274	48.17	2.12	9.68	76.37	2.68	15.43	19.98	1.37	6.98	91.92	2.03

239

续表

型号	b	d	r	截面面积/cm²	理论质量/(kg·m⁻¹)	外表面积/(m²·m⁻¹)	I_x/cm⁴	i_x/cm	W_x/cm³	I_{x_0}/cm⁴	i_{x_0}/cm	W_{x_0}/cm³	I_{y_0}/cm⁴	i_{y_0}/cm	W_{y_0}/cm³	I_{x_1}/cm⁴	z_0/cm
							x-x			x0-x0			y0-y0			x1-x1	
7.5	75	5	9	7.412	5.818	0.295	39.97	2.33	7.32	63.30	2.92	11.94	16.63	1.50	5.77	70.56	2.04
		6		8.797	6.905	0.294	46.95	2.31	8.64	74.38	2.90	14.02	19.51	1.49	6.67	84.55	2.07
		7		10.160	7.976	0.294	53.57	2.30	9.93	84.96	2.89	16.02	22.18	1.48	7.44	98.71	2.11
		8		11.503	9.030	0.294	59.96	2.28	11.20	95.07	2.88	17.93	24.86	1.47	8.19	112.97	2.15
		9		12.825	10.068	0.294	66.10	2.27	12.43	104.71	2.86	19.75	27.48	1.46	8.89	127.30	2.18
		10		14.126	11.089	0.293	71.98	2.26	13.64	113.92	2.84	21.48	30.05	1.46	9.56	141.71	2.22
8	80	5	9	7.912	6.211	0.315	48.79	2.48	8.34	77.33	3.13	13.67	20.25	1.60	6.66	85.36	2.15
		6		9.397	7.376	0.314	57.35	2.47	9.87	90.98	3.11	16.08	23.72	1.59	7.65	102.50	2.19
		7		10.860	8.525	0.314	65.58	2.46	11.37	104.07	3.10	18.40	27.09	1.58	8.58	119.70	2.23
		8		12.303	9.658	0.314	73.49	2.44	12.83	116.60	3.08	20.61	30.39	1.57	9.46	136.97	2.27
		9		13.725	10.774	0.314	81.11	2.43	14.25	128.60	3.06	22.73	33.61	1.56	10.29	154.31	2.31
		10		15.126	11.874	0.313	88.43	2.42	15.64	140.09	3.04	24.76	36.77	1.56	11.08	171.74	2.35
9	90	6	10	10.637	8.350	0.354	82.77	2.79	12.61	131.26	3.51	20.63	34.28	1.80	9.95	145.87	2.44
		7		12.301	9.656	0.354	94.83	2.78	14.54	150.47	3.50	23.64	39.18	1.78	11.19	170.30	2.48
		8		13.944	10.946	0.353	106.47	2.76	16.42	168.97	3.48	26.55	43.97	1.78	12.35	194.80	2.52
		9		15.566	12.219	0.353	117.72	2.75	18.27	186.77	3.46	29.35	48.66	1.77	13.46	219.39	2.56
		10		17.167	13.476	0.353	128.58	2.74	20.07	203.90	3.45	32.04	53.26	1.76	14.52	244.07	2.59
		12		20.306	15.940	0.352	149.22	2.71	23.57	236.21	3.41	37.12	62.22	1.75	16.49	293.76	2.67

参考数值

2.67	200.07	12.69	2.00	47.92	25.74	3.90	181.98	15.68	3.10	114.95	0.393	9.366	11.932		6		10 / 100
2.71	233.54	14.26	1.99	54.74	29.55	3.89	208.97	18.10	3.09	131.86	0.393	10.830	13.796		7		
2.76	267.09	15.75	1.98	61.41	33.24	3.88	235.07	20.47	3.08	148.24	0.393	12.276	15.638		8		
2.80	300.73	17.18	1.97	67.95	36.81	3.86	260.30	22.79	3.07	164.12	0.392	13.708	17.462		9		
2.84	334.48	18.54	1.96	74.35	40.26	3.84	284.68	25.06	3.05	179.51	0.392	15.120	19.261		10		
2.91	402.34	21.08	1.95	86.84	46.80	3.81	330.95	29.48	3.03	208.90	0.391	17.898	22.800		12		
2.99	470.75	23.44	1.94	99.00	52.90	3.77	374.06	33.73	3.00	236.53	0.391	20.611	26.256		14		
3.06	539.80	25.63	1.94	110.89	58.57	3.74	414.16	37.82	2.98	262.53	0.390	23.257	29.627	12	16		
2.96	310.64	17.51	2.20	73.38	36.12	4.30	280.94	22.05	3.41	177.16	0.433	11.928	15.196		7		11 / 110
3.01	355.20	19.39	2.19	82.42	40.69	4.28	316.49	24.95	3.40	199.46	0.433	13.532	17.238		8		
3.09	444.65	22.91	2.17	99.98	49.42	4.25	384.39	30.60	3.38	242.19	0.432	16.690	21.261		10		
3.16	534.60	26.15	2.15	116.93	57.62	4.22	448.17	36.05	3.35	282.55	0.431	19.782	25.200		12		
3.24	625.16	29.14	2.14	133.40	65.31	4.18	508.01	41.31	3.32	320.71	0.431	22.809	29.056	12	14		
3.37	521.01	25.86	2.50	123.16	53.28	4.88	470.89	32.52	3.88	297.03	0.492	15.504	19.750		8		12.5 / 125
3.45	651.93	30.62	2.48	149.46	64.93	4.85	573.89	39.97	3.85	361.67	0.491	19.133	24.373		10		
3.53	783.42	35.03	2.46	174.88	75.96	4.82	671.44	41.17	3.83	423.16	0.491	22.696	28.912		12		
3.61	915.61	39.13	2.45	199.57	86.41	4.78	763.73	54.16	3.80	481.65	0.490	26.193	33.367		14		
3.68	1 048.62	42.96	2.43	223.65	96.28	4.75	850.98	60.93	3.77	537.31	0.489	29.625	37.739	14	16		
3.82	915.11	39.20	2.78	212.04	82.56	5.46	817.27	50.58	4.34	514.65	0.551	21.488	27.373		10		14 / 140
3.90	1 099.23	45.02	2.76	248.57	96.85	5.43	958.79	59.80	4.31	603.68	0.551	25.522	32.512		12		
3.98	1 284.22	50.45	2.75	284.06	110.47	5.40	1 093.56	68.75	4.28	688.81	0.550	29.490	37.567	14	14		
4.06	1 470.07	55.55	2.74	318.67	123.42	5.36	1 221.81	77.46	4.26	770.24	0.549	33.393	42.539		16		

续表

型号	尺寸/mm			截面面积 /cm²	理论质量 /(kg·m⁻¹)	外表面积 /(m²·m⁻¹)	参考数值											
							x-x			x₀-x₀			y₀-y₀			x₁-x₁	z₀ /cm
	b	d	r				I_x/cm⁴	i_x/cm	W_x/cm³	I_{x_0}/cm⁴	i_{x_0}/cm	W_{x_0}/cm³	I_{y_0}/cm⁴	i_{y_0}/cm	W_{y_0}/cm³	I_{x1}/cm⁴	
15	150	8	14	23.750	18.644	0.592	521.37	4.69	47.36	827.49	5.90	78.02	215.25	3.01	38.14	899.55	3.99
		10		29.373	23.058	0.591	637.50	4.66	58.35	1 012.79	5.87	95.49	262.21	2.99	45.51	1 125.09	4.08
		12		34.912	27.406	0.591	748.85	4.63	69.04	1 189.97	5.84	112.19	307.73	2.97	52.38	1 351.26	4.15
		14		40.367	31.688	0.590	855.64	4.60	79.45	1 359.30	5.80	128.16	351.98	2.95	58.83	1 578.25	4.23
		15		43.063	33.804	0.590	907.39	4.59	84.56	1 441.09	5.78	135.87	373.69	2.95	61.90	1 692.10	4.27
		16		45.739	35.905	0.589	958.08	4.58	89.59	1 521.02	5.77	143.40	395.14	2.94	64.89	1 806.21	4.31
16	160	10	16	31.502	24.729	0.630	779.53	4.98	66.70	1 237.30	6.27	109.36	321.76	3.20	52.76	1 365.33	4.31
		12		37.441	29.391	0.630	916.58	4.95	78.98	1 455.68	6.24	128.67	377.49	3.18	60.74	1 639.57	4.39
		14		43.296	33.987	0.629	1 048.36	4.92	90.05	1 665.02	6.20	147.17	431.70	3.16	68.24	1 914.68	4.47
		16		49.067	38.518	0.629	1 175.08	4.89	102.63	1 865.57	6.17	164.89	484.59	3.14	75.31	2 190.82	4.55
18	180	12		42.241	33.159	0.710	1 321.35	5.59	100.82	2 100.10	7.05	165.00	542.61	3.58	78.41	2 332.80	4.89
		14		48.896	38.383	0.709	1 514.48	5.56	116.25	2 407.42	7.02	189.14	621.53	3.56	88.38	2 723.48	4.97
		16		55.467	43.542	0.709	1 700.99	5.54	131.13	2 703.37	6.98	212.40	698.60	3.55	97.83	3 115.29	5.05
		18		61.955	48.634	0.708	1 875.12	5.50	145.64	2 988.24	6.94	234.78	762.01	3.51	105.14	3 502.43	5.13
20	200	14	18	54.642	42.894	0.788	2 103.55	6.20	144.70	3 343.26	7.82	236.40	863.83	3.98	111.82	3 734.10	5.46
		16		62.013	48.680	0.788	2 366.15	6.18	163.65	3 760.89	7.79	265.93	971.41	3.96	123.96	4 270.39	5.54
		18		69.301	54.401	0.787	2 620.64	6.15	182.22	4 164.54	7.75	294.48	1 076.74	3.94	135.52	4 808.13	5.62
		20		76.505	60.056	0.787	2 867.30	6.12	200.42	4 554.55	7.72	322.06	1 180.04	3.93	146.55	5 347.51	5.69
		24		90.661	71.168	0.785	3338.25	6.07	236.17	5 294.97	7.64	374.41	1 381.53	3.90	166.65	6 457.16	5.87

b	r_1	d	A	重量	外表面积										
22 220	21	16	68.664	53.901	0.866	3 187.36	6.81	199.55	5 063.73	8.59	325.51	1 310.99	4.37	153.81	5 681.62	6.03
		18	76.752	60.250	0.866	3 534.30	6.79	222.37	5 615.32	8.55	360.97	1 453.27	4.35	168.29	6 395.93	6.11
		20	84.756	66.533	0.865	3 871.49	6.76	244.77	6 150.08	8.52	395.34	1 592.90	4.34	182.16	7 112.04	6.18
		22	92.676	72.751	0.865	4 199.23	6.73	266.78	6 668.37	8.48	428.66	1 730.10	4.32	195.45	7 830.19	6.26
		24	100.512	78.902	0.864	4 517.83	6.70	288.39	7 170.55	8.45	460.94	1 865.11	4.31	208.21	8 550.57	6.33
		26	108.264	84.987	0.864	4 827.58	6.68	309.62	7 656.98	8.41	492.21	1 998.17	4.30	220.49	9 273.39	6.41
25 250	24	18	87.842	68.956	0.985	5 268.22	7.74	290.12	8 369.04	9.76	473.42	2 167.41	4.97	224.03	9 379.11	6.84
		20	97.045	76.180	0.984	5 779.34	7.72	319.66	9 181.94	9.73	519.41	2 376.74	4.95	242.85	10 426.97	6.92
		24	115.201	90.433	0.983	6 763.93	7.66	377.34	10 742.67	9.66	607.70	2 785.19	4.92	278.38	12 529.74	7.07
		26	124.154	97.461	0.982	7 238.08	7.63	405.50	11 491.33	9.62	650.05	2 984.84	4.90	295.19	13 585.18	7.15
		28	133.022	104.422	0.982	7 700.60	7.61	433.22	12 219.39	9.58	691.23	3 181.81	4.89	311.42	14 643.62	7.22
		30	141.807	111.318	0.981	8 151.80	7.58	460.51	12 927.26	9.55	731.28	3 376.34	4.88	327.12	15 705.3	7.30
		32	150.508	118.149	0.981	8 592.01	7.56	487.39	13 615.32	9.51	770.20	3 568.71	4.87	342.33	16 770.4	7.37
		35	163.402	128.271	0.980	9 232.44	7.52	526.97	14 611.16	9.46	826.53	3 853.72	4.86	364.30	18 374.95	7.48

注：截面图中的 $r_1 = 1/3d$ 及表中 r 值的数据用于孔型设计，不做交货条件。

表2 热轧不等边角钢(GB/T 706—2008)

符号意义：

B——长边宽度；
b——短边宽度；
d——边厚度；
r——内圆弧半径；
r_1——边端内圆弧半径；
I——惯性矩；
i——惯性半径；
W——截面系数；
x_0——重心距离；
y_0——重心距离。

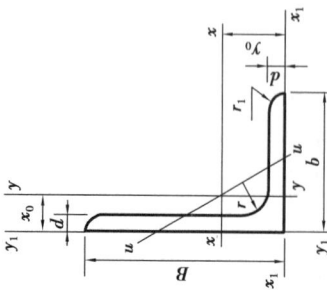

型号	尺寸/mm				截面面积 /cm²	理论质量 /(kg·m⁻¹)	外表面积 /(m²·m⁻¹)	参考数值													
								x-x			y-y			x₁-x₁		y₁-y₁		u-u			
	B	b	d	r				I_x /cm⁴	i_x /cm	W_x /cm³	I_y /cm⁴	i_y /cm	W_y /cm³	I_{x_1} /cm⁴	y_0 /cm	I_{y_1} /cm⁴	x_0 /cm	I_u /cm⁴	i_u /cm	W_u /cm³	$\tan \alpha$
2.5/1.6	25	16	3	3.5	1.162	0.912	0.080	0.70	0.78	0.43	0.22	0.44	0.19	1.56	0.86	0.43	0.42	0.14	0.34	0.16	0.392
			4		1.499	1.176	0.079	0.88	0.77	0.55	0.27	0.43	0.24	2.09	0.90	0.59	0.46	0.17	0.34	0.20	0.381
3.2/2	32	20	3	3.5	1.492	1.171	0.102	1.53	1.01	0.72	0.46	0.55	0.30	3.27	1.08	0.82	0.49	0.28	0.43	0.25	0.382
			4		1.939	1.522	0.101	1.93	1.00	0.93	0.57	0.54	0.39	4.37	1.12	1.12	0.53	0.35	0.42	0.32	0.374
4/2.5	40	25	3	4	1.890	1.484	0.127	3.08	1.28	1.15	0.93	0.70	0.49	5.39	1.32	1.59	0.59	0.56	0.54	0.40	0.385
			4		2.467	1.936	0.127	3.93	1.26	1.49	1.18	0.69	0.63	8.53	1.37	2.14	0.63	0.71	0.54	0.52	0.381

型号	B	b	d	r	截面面积 (cm²)	理论重量 (kg/m)	外表面积 (m²/m)	Ix	ix	Wx	Iy	iy	Wy	Ix1	y0	Iy1	x0	Iu	iu	Wu	tanα
4.5/2.8	45	28	3	5	2.149	1.687	0.143	4.45	1.44	1.47	1.34	0.79	0.62	9.10	1.47	2.23	0.64	0.80	0.61	0.51	0.383
	45	28	4	5	2.806	2.203	0.143	5.69	1.42	1.91	1.70	0.78	0.80	12.13	1.51	3.00	0.68	1.02	0.60	0.66	0.380
5/3.2	50	32	3	5.5	2.431	1.908	0.161	6.24	1.60	1.84	2.02	0.91	0.82	12.49	1.60	3.31	0.73	1.20	0.70	0.68	0.404
	50	32	4	5.5	3.177	2.494	0.160	8.02	1.59	2.39	2.58	0.90	1.06	16.65	1.65	4.45	0.77	1.53	0.69	0.87	0.402
5.6/3.6	56	36	3	6	2.743	2.153	0.181	8.88	1.80	2.32	2.92	1.03	1.05	17.54	1.78	4.70	0.80	1.73	0.79	0.87	0.408
	56	36	4	6	3.590	2.818	0.180	11.45	1.79	3.03	3.76	1.02	1.37	23.39	1.82	6.33	0.85	2.23	0.79	1.13	0.408
	56	36	5	6	4.415	3.466	0.180	13.86	1.77	3.71	4.49	1.01	1.65	29.25	1.87	7.94	0.88	2.67	0.78	1.36	0.404
6.3/4	63	40	4	7	4.058	3.185	0.202	16.49	2.02	3.87	5.23	1.14	1.70	33.30	2.04	8.63	0.92	3.12	0.88	1.40	0.398
	63	40	5	7	4.993	3.920	0.202	20.02	2.00	4.74	6.31	1.12	2.07	41.63	2.08	10.86	0.95	3.76	0.87	1.71	0.396
	63	40	6	7	5.908	4.638	0.201	23.36	1.96	5.59	7.29	1.11	2.43	49.98	2.12	13.12	0.99	4.34	0.86	1.99	0.393
	63	40	7	7	6.802	5.339	0.201	26.53	1.98	6.40	8.24	1.10	2.78	58.07	2.15	15.47	1.03	4.97	0.86	2.29	0.389
7/4.5	70	45	4	7.5	4.547	3.570	0.226	23.17	2.26	4.86	7.55	1.29	2.17	45.92	2.24	12.26	1.02	4.40	0.98	1.77	0.410
	70	45	5	7.5	5.609	4.403	0.225	27.95	2.23	5.92	9.13	1.28	2.65	57.10	2.28	15.39	1.06	5.40	0.98	2.19	0.407
	70	45	6	7.5	6.647	5.218	0.225	32.54	2.21	6.95	10.62	1.26	3.12	68.35	2.32	18.58	1.09	6.35	0.98	2.59	0.404
	70	45	7	7.5	7.657	6.011	0.225	37.22	2.20	8.03	12.01	1.25	3.57	79.99	2.36	21.84	1.13	7.16	0.97	2.94	0.402
7.5/5	75	50	5	8	6.125	4.808	0.245	34.86	2.39	6.83	12.61	1.44	3.30	70.00	2.40	21.04	1.17	7.41	1.10	2.74	0.435
	75	50	6	8	7.260	5.699	0.245	41.12	2.38	8.12	14.70	1.42	3.88	84.30	2.44	25.37	1.21	8.54	1.08	3.19	0.435
	75	50	8	8	9.467	7.431	0.244	52.39	2.35	10.52	18.53	1.40	4.99	112.50	2.52	34.23	1.29	10.87	1.07	4.10	0.429
	75	50	10	8	11.590	9.098	0.244	62.71	2.33	12.79	21.96	1.38	6.04	140.80	2.60	43.43	1.36	13.10	1.06	4.99	0.423
8/5	80	50	5	8	6.375	5.005	0.255	41.96	2.56	7.78	12.82	1.42	3.32	85.21	2.60	21.06	1.14	7.66	1.10	2.74	0.388
	80	50	6	8	7.560	5.935	0.255	49.49	2.56	9.25	14.95	1.41	3.91	102.53	2.65	25.41	1.18	8.85	1.08	3.20	0.387
	80	50	7	8	8.724	6.848	0.255	56.16	2.54	10.58	16.96	1.39	4.48	119.33	2.69	29.82	1.21	10.18	1.08	3.70	0.384
	80	50	8	8	9.867	7.745	0.254	62.83	2.52	11.92	18.85	1.38	5.03	136.41	2.73	34.32	1.25	11.38	1.07	4.16	0.381

参考数值

型号	尺寸/mm B	b	d	r	截面面积/cm²	理论质量/(kg·m⁻¹)	外表面积/(m²·m⁻¹)	I_x/cm⁴ (x-x)	i_x/cm	W_x/cm³	I_y/cm⁴ (y-y)	i_y/cm	W_y/cm³	I_{x_1}/cm⁴ (x₁-x₁)	y_0/cm	I_{y_1}/cm⁴ (y₁-y₁)	x_0/cm	I_u/cm⁴ (u-u)	i_u/cm	W_u/cm³	$\tan\alpha$
9/5.6	90	56	5	9	7.212	5.661	0.287	60.45	2.90	9.92	18.32	1.59	4.21	121.32	2.91	29.53	1.25	10.98	1.23	3.49	0.385
			6		8.557	6.717	0.286	71.03	2.88	11.74	21.42	1.58	4.96	145.59	2.95	35.58	1.29	12.90	1.23	4.13	0.384
			7		9.880	7.756	0.286	81.01	2.86	13.49	24.36	1.57	5.70	169.60	3.00	41.71	1.33	14.67	1.22	4.72	0.382
			8		11.183	8.779	0.286	91.03	2.85	15.27	27.15	1.56	6.41	194.17	3.04	47.93	1.36	16.34	1.21	5.29	0.380
10/6.3	100	63	6	10	9.617	7.550	0.320	99.06	3.21	14.64	30.94	1.79	6.35	199.71	3.24	50.50	1.43	18.42	1.38	5.25	0.394
			7		11.111	8.722	0.320	113.45	3.20	16.88	35.26	1.78	7.29	233.00	3.28	59.14	1.47	21.00	1.38	6.20	0.394
			8		12.584	9.878	0.319	127.37	3.18	19.08	39.39	1.77	8.21	266.32	3.32	67.88	1.50	23.50	1.37	6.78	0.391
			10		15.467	12.142	0.319	153.81	3.15	23.32	47.12	1.74	9.98	333.06	3.40	85.73	1.58	28.33	1.35	8.24	0.387
10/8	100	80	6	10	10.637	8.350	0.354	107.04	3.17	15.19	61.24	2.40	10.16	199.83	2.95	102.68	1.97	31.65	1.72	8.37	0.627
			7		12.301	9.656	0.354	122.73	3.16	17.52	70.08	2.39	11.71	233.20	3.00	119.98	2.01	36.17	1.72	9.60	0.626
			8		13.944	10.946	0.353	137.92	3.14	19.81	78.58	2.37	13.21	266.61	3.04	137.37	2.05	40.58	1.71	10.80	0.625
			10		17.167	13.476	0.353	166.87	3.12	24.24	94.65	2.35	16.12	333.63	3.12	172.48	2.13	49.10	1.69	13.12	0.622
11/7	110	70	6	10	10.637	8.350	0.354	133.37	3.54	17.85	42.92	2.01	7.90	265.78	3.53	69.08	1.57	25.36	1.54	6.53	0.403
			7		12.301	9.656	0.354	153.00	3.53	20.60	49.01	2.00	9.09	310.07	3.57	80.82	1.61	28.95	1.53	7.50	0.402
			8		13.944	10.946	0.353	172.04	3.51	23.30	54.87	1.98	10.25	354.39	3.62	92.70	1.65	32.45	1.53	8.45	0.401
			10		17.167	13.467	0.353	208.39	3.48	28.54	65.88	1.96	12.48	443.13	3.07	116.83	1.72	39.20	1.51	10.29	0.397

型号	B	b	d	r	A (cm²)	理论重量 (kg/m)	外表面积 (m²/m)	I_x	i_x	W_x	I_y	i_y	W_y	I_{x1}	y_0	I_{y1}	x_0	I_u	i_u	W_u	$\tan\alpha$
12.5/8	125	80	7	11	14.096	11.066	0.403	227.98	4.02	26.86	74.42	2.30	12.01	454.99	4.01	120.32	1.80	43.81	1.76	9.92	0.408
			8		15.989	12.551	0.403	256.77	4.01	30.41	83.49	2.28	13.56	519.99	4.06	137.85	1.84	49.15	1.75	11.18	0.407
			10		19.712	15.474	0.402	312.04	3.98	37.33	100.67	2.26	16.56	650.09	4.14	173.40	1.92	59.45	1.74	13.64	0.404
			12		23.351	18.330	0.402	364.41	3.95	44.01	116.67	2.24	19.43	780.39	4.22	209.67	2.00	69.35	1.72	16.01	0.400
14/9	140	90	8	12	18.038	14.160	0.453	365.64	4.50	38.48	120.69	2.59	17.34	730.53	4.50	195.79	2.04	70.83	1.98	14.31	0.411
			10		22.261	17.475	0.452	445.50	4.47	47.31	140.03	2.56	21.22	931.20	4.58	245.92	2.12	85.82	1.96	17.48	0.409
			12		26.400	20.724	0.451	521.59	4.44	55.87	169.79	2.54	24.95	1096.09	4.66	296.89	2.19	100.21	1.95	20.54	0.406
			14		30.456	23.908	0.451	594.10	4.42	64.18	192.10	2.51	28.54	1279.26	4.74	348.82	2.27	114.13	1.94	23.52	0.403
15/9	150	90	8	12	18.839	14.788	0.473	442.05	4.84	43.86	122.80	2.55	17.47	898.35	4.92	195.96	1.97	74.14	1.98	14.48	0.364
			10		23.261	18.260	0.472	539.24	4.81	53.97	148.62	2.53	21.38	1122.85	5.01	246.26	2.05	89.86	1.97	17.69	0.362
			12		27.600	21.666	0.471	632.08	4.79	63.79	172.85	2.50	25.14	1347.50	5.09	297.46	2.12	104.95	1.95	20.80	0.359
			14		31.856	25.007	0.471	720.77	4.76	73.33	195.62	2.48	28.77	1572.38	5.17	349.74	2.20	119.53	1.94	23.84	0.356
			15		33.952	26.652	0.471	763.62	4.74	77.99	206.50	2.47	30.53	1684.93	5.21	376.33	2.24	126.67	1.93	25.33	0.354
			16		36.027	28.281	0.470	805.51	4.73	82.60	217.07	2.45	32.27	1797.55	5.25	403.24	2.27	133.72	1.93	26.82	0.352
16/10	160	100	10	13	25.315	19.872	0.512	668.69	5.14	62.13	205.03	2.85	26.56	1362.89	5.24	336.59	2.28	121.74	2.19	21.92	0.390
			12		30.054	23.592	0.511	784.91	5.11	73.49	239.06	2.82	31.28	1635.56	5.32	405.94	2.36	142.33	2.17	25.79	0.388
			14		34.709	27.247	0.510	896.30	5.08	84.56	271.20	2.80	35.83	1908.50	5.40	476.42	2.43	162.23	2.16	29.56	0.385
			16		39.281	30.835	0.510	1003.04	5.05	95.33	301.60	2.77	40.24	2181.79	5.48	548.22	2.51	182.57	2.16	33.44	0.382

续表

型号	尺寸/mm				截面面积 /cm²	理论质量 /(kg·m⁻¹)	外表面积 /(m²·m⁻¹)	参考数值														
								x-x			y-y			x₁-x₁		y₁-y₁		u-u			
	B	b	d	r				I_x /cm⁴	i_x /cm	W_x /cm³	I_y /cm⁴	i_y /cm	W_y /cm³	I_{x_1} /cm⁴	y_0 /cm	I_{y_1} /cm⁴	x_0 /cm	I_u /cm⁴	i_u /cm	W_u /cm³	tan α
18/11	180	110	10	14	28.373	22.273	0.571	956.25	5.80	78.96	278.11	3.13	32.49	1 940.40	5.89	447.22	2.44	166.50	2.42	26.88	0.376
			12		33.712	26.464	0.571	1 124.72	5.78	93.53	325.03	3.10	38.32	2 328.38	5.98	538.94	2.52	194.87	2.40	31.66	0.374
			14		38.967	30.589	0.570	1 286.91	5.75	107.76	369.55	3.08	43.97	2 716.60	6.06	631.95	2.59	222.30	2.39	36.32	0.372
			16		44.139	34.649	0.569	1 443.06	5.72	121.64	411.85	3.06	49.44	3 105.15	6.14	726.46	2.67	248.94	2.38	40.87	0.369
20/12.5	200	125	12	14	37.912	29.761	0.641	1 570.90	6.44	116.73	483.16	3.57	49.99	3 193.85	6.54	787.74	2.83	285.79	2.74	41.23	0.392
			14		43.867	34.436	0.640	1 800.97	6.41	134.65	550.83	3.54	57.44	3 726.17	6.62	922.47	2.91	326.58	2.72	47.34	0.390
			16		49.739	39.045	0.639	2 023.35	6.38	152.18	615.44	3.52	64.69	4 258.86	6.70	1 058.86	2.99	366.21	2.71	53.32	0.388
			18		55.526	43.588	0.639	2 238.30	6.35	169.33	677.19	3.49	71.74	4 792.00	6.78	1 197.13	3.06	404.83	2.70	59.18	0.385

注:1. 括号内型号不推荐使用。

2. 截面图中的 $r_1 = 1/3d$ 及表中 r 的数据用于孔型设计,不做交货条件。

表3　热轧槽钢表（GB/T 706—2008）

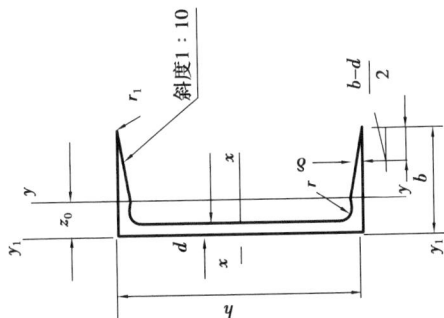

符号意义：

h——高度；
b——腿宽度；
d——腰厚度；
t——平均腿厚度；
r——内圆弧半径；
r_1——腿端圆弧半径；
I——惯性矩；
W——截面系数；
i——惯性半径；
z_0——y-y轴与y_1-y_1轴间距。

斜度1∶10

型号	尺寸/mm						截面面积/cm²	理论质量/(kg·m⁻¹)	参考数值							
									x-x			y-y			y_1-y_1	
	h	b	d	t	r	r_1			W_x /cm³	I_x /cm⁴	i_x /cm	W_y /cm³	I_y /cm⁴	i_y /cm	I_{y1} /cm⁴	z_0/cm
5	50	37	4.5	7	7.0	3.5	6.928	5.438	10.4	26.0	1.94	3.55	8.30	1.10	20.9	1.35
6.3	63	40	4.8	7.5	7.5	3.8	8.451	6.634	16.1	50.8	2.45	4.50	11.9	1.19	28.4	1.36
6.5	65	40	4.3	7.5	7.5	3.8	8.547	6.709	17.0	55.2	2.54	4.59	12.0	1.19	28.3	1.38
8	80	43	5.0	8	8.0	4.0	10.248	8.045	25.3	101	3.15	5.79	16.6	1.27	37.4	1.43
10	100	48	5.3	8.5	8.5	4.2	12.748	10.007	39.7	198	3.95	7.80	25.6	1.41	54.9	1.52
12	120	53	5.5	9.0	9.0	4.5	15.362	12.059	57.7	346	4.75	10.2	37.4	1.56	77.7	1.62

材料力学(简明版)

型号	尺寸/mm						截面面积 /cm²	理论质量 /(kg·m⁻¹)	参考数值							
									x-x			y-y			y_1-y_1	
	h	b	d	t	r	r_1			W_x /cm³	I_x /cm⁴	i_x /cm	W_y /cm³	I_y /cm⁴	i_y /cm	I_{y1} /cm⁴	z_0/cm
12.6	126	53	5.5	9	9.0	4.5	15.692	12.318	62.1	391	4.95	10.2	38.0	1.57	77.1	1.59
14a	140	58	6.0	9.5	9.5	4.8	18.516	14.535	80.5	564	5.52	13.0	53.2	1.70	107	1.71
14b	140	60	8.0	9.5	9.5	4.8	21.316	16.733	87.1	609	5.35	14.1	61.1	1.69	121	1.67
16a	160	63	6.5	10	10.0	5.0	21.962	17.240	108	866	6.28	16.3	73.3	1.83	144	1.80
16b	160	65	8.5	10	10.0	5.0	25.162	19.752	117	935	6.10	17.6	83.4	1.82	161	1.75
18a	180	68	7.0	10.5	10.5	5.2	25.699	20.174	141	1 270	7.04	20.0	98.6	1.96	190	1.88
18b	180	70	9.0	10.5	10.5	5.2	29.299	23.000	152	1 370	6.84	21.5	111	1.95	210	1.84
20a	200	73	7.0	11	11.0	5.5	28.837	22.637	178	1 780	7.86	24.2	128	2.11	244	2.01
20b	200	75	9.0	11	11.0	5.5	32.837	25.777	191	1 910	7.64	25.9	144	2.09	268	1.95
22a	220	77	7.0	11.5	11.5	5.8	31.846	24.999	218	2 390	8.67	28.2	158	2.23	298	2.10
22b	220	79	9.0	11.5	11.5	5.8	36.246	28.453	234	2 570	8.42	30.1	176	2.21	326	2.03
24a	240	78	7.0	12.0	12.0	6.0	34.217	26.860	254	3 050	9.45	30.5	174	2.25	325	2.10
24b	240	80	9.0	12.0	12.0	6.0	39.017	30.628	274	3 280	9.17	32.5	194	2.23	355	2.03
24c	240	82	11.0	12.0	12.0	6.0	43.817	34.396	293	3 510	8.96	34.4	213	2.21	388	2.00
25a	250	78	7.0	12	12.0	6.0	34.917	27.410	270	3 370	9.82	30.6	176	2.24	322	2.07
25b	250	80	9.0	12	12.0	6.0	39.917	31.335	282	3 530	9.41	32.7	196	2.22	353	1.98
25c	250	82	11.0	12	12.0	6.0	44.917	35.260	295	3 690	9.07	35.9	218	2.21	384	1.92

型号																
27a	270	82	7.5	12.5	12.5	6.2	39.284	30.838	323	4 360	10.5	35.5	216	2.34	393	2.13
27b		84	9.5	12.5	12.5	6.2	44.684	35.077	347	4 690	10.3	37.7	239	2.31	428	2.06
27c		86	11.5	12.5	12.5	6.2	50.084	39.316	372	5 020	10.1	39.8	261	2.28	467	2.03
28a	280	82	7.5	12.5	12.5	6.2	40.034	31.427	340	4 760	10.9	35.7	218	2.33	388	2.10
28b		84	9.5	12.5	12.5	6.2	45.634	35.823	366	5 130	10.6	37.9	242	2.30	428	2.02
28c		86	11.5	12.5	12.5	6.2	51.234	40.219	393	5 500	10.4	40.3	268	2.29	463	1.95
30a	300	85	7.5	13.5	13.5	6.8	43.902	34.463	403	6 050	11.7	41.1	260	2.43	467	2.17
30b		87	9.5	13.5	13.5	6.8	49.902	39.173	433	6 500	11.4	44.0	289	2.41	515	2.13
30c		89	11.5	13.5	13.5	6.8	55.902	43.883	463	6 950	11.2	46.4	316	2.38	560	2.09
32a	320	88	8.0	14	14.0	7.0	48.513	38.083	475	7 600	12.5	46.5	305	2.50	552	2.24
32b		90	10.0	14	14.0	7.0	54.913	43.107	509	8 140	12.2	49.2	336	2.47	593	2.16
32c		92	12.0	14	14.0	7.0	61.313	48.131	543	8 690	11.9	52.6	374	2.47	643	2.09
36a	360	96	9.0	16	16.0	8.0	60.910	47.814	660	11 900	14.0	63.5	455	2.73	818	2.44
36b		98	11.0	16	16.0	8.0	68.110	53.466	703	12 700	13.6	66.9	497	2.70	880	2.37
36c		100	13.0	16	16.0	8.0	75.310	59.118	746	13 400	13.4	70.0	536	2.67	948	2.34
40a	400	100	10.5	18	18.0	9.0	75.068	58.928	879	17 600	15.3	78.8	592	2.81	1 070	2.49
40b		102	12.5	18	18.0	9.0	83.068	65.208	932	18 600	15.0	82.5	640	2.78	1 140	2.44
40c		104	14.5	18	18.0	9.0	91.068	71.488	986	19 700	14.7	86.2	688	2.75	1 220	2.42

注：截图表和表中标注的圆弧半径 r、r_1 的数据用于孔型设计，不做交货条件。

表4 热轧工字钢(GB/T 706—2008)

符号意义:
h——高度;
b——腿宽度;
d——腰宽度;
t——平均腿宽度;
r——内圆弧半径;
r₁——腿端圆弧半径;
I——惯性矩;
W——截面系数;
i——惯性半径;
S——半截面的静力矩。

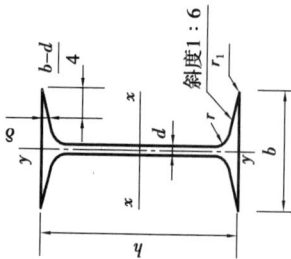

型号	尺寸/mm						截面面积 /cm²	理论质量 /(kg·m⁻¹)	参考数值						
	h	b	d	t	r	r_1			x-x				y-y		
									I_x /cm⁴	W_x /cm³	i_x /cm	$I_x:S_x$ /cm	I_y /cm⁴	W_y /cm³	i_y /cm
10	100	68	4.5	7.6	6.5	3.3	14.345	11.261	245	49.0	4.14	8.59	33.0	9.72	1.52
12	120	74	5.0	8.4	7.0	3.5	17.818	13.987	436	72.7	4.95	—	46.9	12.7	1.62
12.6	126	74	5.0	8.4	7.0	3.5	18.118	14.223	488	77.5	5.20	10.8	46.9	12.7	1.61
14	140	80	5.5	9.1	7.5	3.8	21.516	16.890	712	102	5.76	12.0	64.4	16.1	1.73
16	160	88	6.0	9.9	8.0	4.0	26.131	20.513	1 130	141	6.58	13.8	93.1	21.2	1.89
18	180	94	6.5	10.7	8.5	4.3	30.756	24.143	1 660	185	7.36	15.4	122	26.0	2.00
20a	200	100	7.0	11.4	9.0	4.5	35.578	27.929	2 370	237	8.15	17.2	158	31.5	2.12
20b	200	102	9.0	11.4	9.0	4.5	39.578	31.069	2 500	250	7.96	16.9	169	33.1	2.06

型号															
22a	220	110	7.5	12.3	9.5	4.8	42.128	33.070	3 400	309	8.99	18.9	225	40.9	2.31
22b	220	112	9.5	12.3	9.5	4.8	46.528	36.524	3 570	325	8.78	18.7	239	42.7	2.27
24a	240	116	8.0	13.0	10.0	5.0	47.741	37.477	4 570	381	9.77	—	280	48.4	2.42
24b	240	118	10.0	13.0	10.0	5.0	52.541	41.245	4 800	400	9.57	—	297	50.4	2.38
25a	250	116	8.0	13.0	10.0	5.0	48.541	38.105	5 020	402	10.2	21.6	280	48.3	2.40
25b	250	118	10.0	13.0	10.0	5.0	53.541	42.030	5 280	423	9.94	21.3	309	52.4	2.40
27a	270	122	8.5	13.7	10.5	5.3	54.554	42.825	6 550	485	10.9	—	345	56.6	2.51
27b	270	124	10.5	13.7	10.5	5.3	59.954	47.064	6 870	509	10.7	—	366	58.9	2.47
28a	280	122	8.5	13.7	10.5	5.3	55.404	43.492	7 110	508	11.3	24.6	345	56.6	2.50
28b	280	124	10.5	13.7	10.5	5.3	61.004	47.888	7 480	534	11.1	24.2	379	61.2	2.49
30a	300	126	9.0	15.0	11.0	5.5	61.254	48.084	8 950	597	12.1	—	400	63.5	2.55
30b	300	128	11.0	15.0	11.0	5.5	67.254	52.794	9 400	627	11.8	—	422	65.9	2.50
30c	300	130	13.0	15.0	11.0	5.5	73.254	57.504	9 850	657	11.6	—	445	68.5	2.46
32a	320	130	9.5	15.0	11.5	5.8	67.156	52.717	11 100	692	12.8	27.5	460	70.8	2.62
32b	320	132	11.5	15.0	11.5	5.8	73.556	57.741	11 600	726	12.6	27.1	502	76.0	2.61
32c	320	134	13.5	15.0	11.5	5.8	79.956	62.765	12 200	760	12.3	26.8	544	81.2	2.61
36a	360	136	10.0	15.8	12.0	6.0	76.480	60.037	15 800	875	14.4	30.7	552	81.2	2.69
36b	360	138	12.0	15.8	12.0	6.0	83.680	65.689	16 500	919	14.1	30.3	582	84.3	2.64
36c	360	140	14.0	15.8	12.0	6.0	90.880	71.341	17 300	962	13.8	29.9	612	87.4	2.60
40a	400	142	10.5	16.5	12.5	6.3	86.112	67.598	21 700	1 090	15.9	34.1	660	93.2	2.77
40b	400	144	12.5	16.5	12.5	6.3	94.112	73.878	22 800	1 140	15.6	33.6	692	96.2	2.71
40c	400	146	14.5	16.5	12.5	6.3	102.112	80.158	23 900	1 190	15.2	33.2	727	99.6	2.65
45a	450	150	11.5	18.0	13.5	6.8	102.446	80.420	32 200	1 430	17.7	38.6	855	114	2.89
45b	450	152	13.5	18.0	13.5	6.8	111.446	87.485	33 800	1 500	17.4	38.0	894	118	2.84
45c	450	154	15.5	18.0	13.5	6.8	120.446	94.550	35 300	1 570	17.1	37.6	938	122	2.79

续表

型号	尺寸/mm						截面面积 /cm²	理论质量 /(kg·m⁻¹)	参考数值							
									x-x				y-y			
	h	b	d	t	r	r_1			I_x /cm⁴	W_x /cm³	i_x /cm	$I_x:S_x$ /cm	I_y /cm⁴	W_y /cm³	i_y /cm
50a	500	158	12.0	20.0	14.0	7.0	119.304	93.654	46 500	1 860	19.7	42.8	1 120	142	3.07
50b		160	14.0	20.0	14.0	7.0	129.304	101.504	48 600	1 940	19.4	42.4	1 170	146	3.01
50c		162	16.0	20.0	14.0	7.0	139.304	109.354	50 600	2 080	19.0	41.8	1 220	151	2.96
55a	550	166	12.5	21.0	14.5	7.3	134.185	105.335	62 900	2 290	21.6	—	1 370	164	3.19
55b		168	14.5	21.0	14.5	7.3	145.185	113.970	65 600	2 390	21.2	—	1 420	170	3.14
55c		170	16.5	21.0	14.5	7.3	156.185	122.606	68 400	2 490	20.9	—	1 480	175	3.08
56a	560	166	12.5	21.0	14.5	7.3	135.435	106.316	65 600	2340	22.0	47.7	1 370	165	3.18
56b		168	14.5	21.0	14.5	7.3	146.635	115.108	68 500	2450	21.6	47.2	1 490	174	3.16
56c		170	16.5	21.0	14.5	7.3	157.835	123.900	71 400	2 550	21.3	46.7	1 560	183	3.16
63a	630	176	13.0	22.0	15.0	7.5	154.658	121.407	93 900	2 980	24.5	54.2	1 700	193	3.31
63b		178	15.0	22.0	15.0	7.5	167.258	131.298	98 100	3 160	24.2	53.5	1 810	204	3.29
63c		180	17.0	22.0	15.0	7.5	179.858	141.189	102 000	3 300	23.8	52.9	1 920	214	3.27

注：1. 截面图和表中标注的圆弧半径 r、r_1 的数据用于孔型设计，不做交货条件。

2. 表 4 中保留了原来 GB 706—88 中 $I_x:S_x$ 数值，但此项内容在 GB/T 706—2008 中已不再给出，故新增的工字钢型号中没有此项的数值。